CÓMO FUNCIONA
LA BIOLOGÍA

CÓMO
FUNCIONA
LA BIOLOGÍA

DK | Penguin Random House

Consultoría editorial
Chris Clennett, Jo Locke,
Tom Jackson

Edición del proyecto de arte
Francis Wong,
Steve Woosnam-Savage

Edición de arte
Stephen Bere, Amy Child,
Mik Gates

Ilustración
Edwood Burn, Victoria Clark,
Mark Clifton, Dan Crisp

Diseño de la cubierta
Tanya Mehrotra

Edición de producción
Robert Dunn, Gillian Reid

Control de producción sénior
Meskerem Berhane

Dirección de arte
Karen Self

Textos
Olivia Drake, Jack Challoner,
Tim Harris, Alina Ivan,
Tom Jackson, Nicola Temple

Edición sénior
Peter Frances, Miezan van Zyl

Edición del proyecto
Michael Clark, Sarah MacLeod,
Martyn Page

Edición
Jemima Dunne, Annie Moss

Asistencia editorial
Emily Kho

Edición ejecutiva
Angeles Gavira Guerrero

Edición ejecutiva de arte
Michael Duffy

Dirección editorial
Liz Wheeler

Dirección de publicaciones
Jonathan Metcalf

DE LA EDICIÓN EN ESPAÑOL

Servicios editoriales
Tinta Simpàtica

Traducción
Ismael Belda Sanchis

Coordinación de proyecto
Marina Alcione

Dirección editorial
Elsa Vicente

Publicado originalmente en Gran Bretaña en 2023
por Dorling Kindersley Limited
DK, 20 Vauxhall Bridge Road, Londres, SW1V 2SA
Parte de Penguin Random House

Copyright © 2023 Dorling Kindersley Limited
© Traducción española: 2025 Dorling Kindersley Limited
006-333998-Jun/2025

Título original: *How Biology Works*
Primera edición: 2025

ISBN: 978-0-5939-6974-8

Impreso y encuadernado en China

www.dkespañol.com

MIXTO
Papel | Apoyando la
silvicultura responsable
FSC™ C018179

Este libro se ha impreso con papel
certificado por el Forest Stewardship
Council™ como parte del compromiso
de DK por un futuro sostenible.
Más información: **www.dk.com/uk/
information/sustainability**

CONTENIDOS

¿QUÉ ES LA VIDA?

LOS
ANIMALES

ECOLOGÍA

BIOTECNOLOGÍA

¿QUÉ ES LA VIDA?

Aspectos de la vida

¿Qué significa estar vivo? Hay muchas variedades y formas de organismos vivos con diferentes estrategias para sobrevivir y prosperar, pero todos comparten unas características básicas que los diferencian de los objetos inanimados.

Todos los seres vivos aumentan de tamaño. Los organismos complejos, como los mamíferos y los árboles, se desarrollan a partir de una sola célula hasta convertirse en un complejo cuerpo multicelular con muchas partes distintas. Los organismos unicelulares también crecen antes de dividirse en dos.

Un cuerpo vivo se constituye según un conjunto de instrucciones de su ADN (genes). El «propósito» del cuerpo es generar nuevas copias del ADN y así crear nuevos cuerpos que transmitan el ADN a la siguiente generación.

Los seres vivos necesitan abastecerse de nutrientes como fuente de energía y para obtener las materias primas para construir y mantener sus cuerpos. Las plantas obtienen estos nutrientes del suelo, el agua y el aire, mientras que los animales y los hongos los obtienen al consumir el cuerpo o los desechos de otros organismos.

ORGANISMO VIVO

Todos los seres vivos utilizan todos los procesos vitales fundamentales al menos en algún momento de su vida. El alga microscópica de agua dulce *Dinobryon* (imagen de arriba) es atípica porque tiene dos métodos de nutrición: la fotosíntesis y el consumo de bacterias.

Los procesos fundamentales de la vida

Tras la gran complejidad de los organismos vivos, hay siete procesos fundamentales para producir la vida. Hay objetos inertes que pueden realizar algunas de esas funciones; por ejemplo, un cristal puede crecer, y un motor puede liberar energía a partir de combustible, además de moverse y eliminar los desechos. Pero solo los seres vivos utilizan todos esos procesos a la vez.

Los organismos son sensibles a los cambios que se dan en su entorno y pueden responder a ellos. Sus respuestas pueden ser simples, como una bacteria que forma un quiste protector en ausencia de humedad, o complejas, como la reacción de lucha o huida de un mamífero.

La energía para sustentar la vida proviene de la respiración, un proceso químico que tiene lugar en cada célula viva y descompone en sustancias más simples los combustibles químicos, como los azúcares, liberando así energía que puede ser utilizada por las células del organismo.

SE ESTIMA QUE **HAY** EN LA TIERRA UNOS **8,7 MILLONES DE ESPECIES**

EXCRECIÓN

Los procesos vitales crean productos de desecho que deben ser eliminados del cuerpo. Por ejemplo, la respiración de los animales produce como desecho dióxido de carbono. Los animales también producen y expelen orina, la cual contiene sustancias tóxicas.

MOVIMIENTO

Hasta cierto punto, todas las formas de vida son capaces de moverse. Los animales son las más móviles, mientras que las plantas pueden abrir y cerrar poros en sus hojas y orientarlas a la luz. Hay organismos unicelulares que se desplazan mediante una especie de pelos llamados cilios o flagelos.

Funciones vitales
La vida es un conjunto de procesos vitales que sustentan la forma y la función de un cuerpo, al menos durante un espacio de tiempo lo bastante largo para que produzca descendencia.

Células y vida

Las células son las unidades estructurales y funcionales básicas de los seres vivos. Contienen ADN, la información genética que controla sus funciones y permite que se produzcan nuevas células. Uno de los principios básicos de la biología es la teoría celular, formulada en la década de 1830, cuando los científicos observaron la estructura detallada de las células a través de un microscopio. Según esta teoría, la vida está basada en las células, cada cuerpo vivo está formado por al menos una célula y cada célula nueva solo puede surgir de una más antigua.

¿POR QUÉ LA VIDA SE BASA EN EL CARBONO?

Los átomos de carbono se combinan entre sí y con otros muchos tipos de átomos, lo que les permite formar una gran cantidad de compuestos complejos útiles para la vida.

Un cuerpo de células
Un cuerpo vivo comienza con una sola célula, creada por un organismo más antiguo. Esa célula se divide y se especializa en diferentes tipos de células para construir el cuerpo.

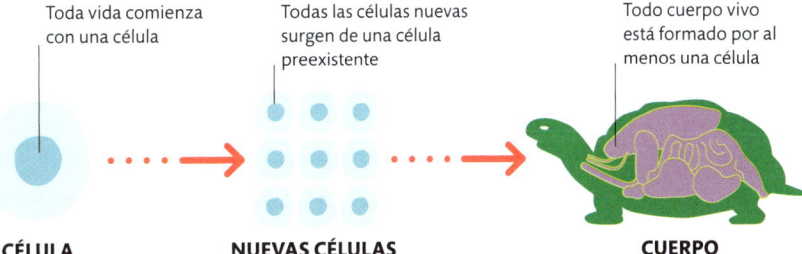

Toda vida comienza con una célula

Todas las células nuevas surgen de una célula preexistente

Todo cuerpo vivo está formado por al menos una célula

CÉLULA　　　**NUEVAS CÉLULAS**　　　**CUERPO**

ENTROPÍA Y VIDA

Los procesos vitales crean estructuras ordenadas, como células y cuerpos, a partir de materias primas desordenadas. Esta creación de orden parece contravenir las leyes de la termodinámica, según las cuales la entropía de los sistemas naturales siempre aumenta (se vuelven más desordenados). Pero los procesos metabólicos de la vida también descomponen moléculas grandes y producen calor, lo que aumenta la entropía del sistema.

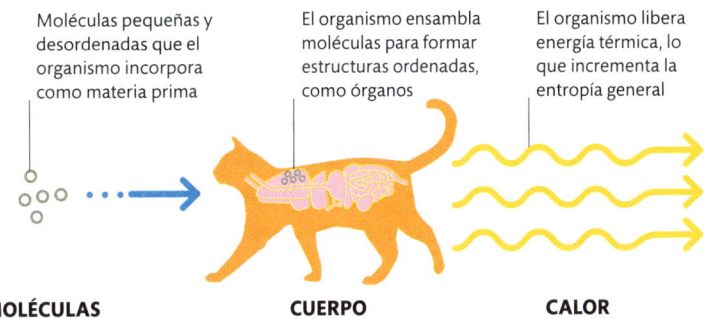

Moléculas pequeñas y desordenadas que el organismo incorpora como materia prima

El organismo ensambla moléculas para formar estructuras ordenadas, como órganos

El organismo libera energía térmica, lo que incrementa la entropía general

MOLÉCULAS　　　**CUERPO**　　　**CALOR**

Homeostasis

Para funcionar, un ser vivo mantiene un equilibrio interno constante. Lo logra con un proceso llamado homeostasis, que consiste en que varios mecanismos interconectados regulan factores internos como la temperatura, el nivel de agua y el equilibrio químico de los fluidos corporales.

Retroalimentación

La homeostasis se basa en un sistema de retroalimentación negativa que responde a cualquier cambio en las condiciones internas para mantenerlas lo más estables posible. Un sistema de retroalimentación consta de varias fases y devuelve las condiciones internas a un estado óptimo, al contrarrestar cualquier cambio que se detecte.

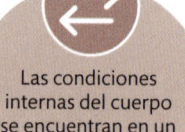

Las condiciones internas del cuerpo se encuentran en un estado óptimo y equilibrado.

Un evento dentro o fuera del cuerpo desequilibra las condiciones internas del cuerpo.

El mecanismo efector trabaja para devolver las condiciones internas a un estado óptimo.

Conservar el equilibrio
El cuerpo se autorregula gracias a receptores que captan cambios en las condiciones y efectores que alteran esas condiciones. Los receptores son generalmente células nerviosas; los efectores pueden ser mecanismos físicos, químicos o conductuales.

Un receptor detecta el cambio en las condiciones internas y envía una señal al centro de control.

El centro de control envía una señal a un mecanismo efector para contrarrestar el cambio.

Un centro de control, a menudo en el cerebro, recibe la señal que indica que las condiciones han cambiado.

Balance hídrico

El agua es el ingrediente principal de todos los cuerpos vivos, y el control del nivel de agua (osmorregulación) es crucial. El agua se traslada por ósmosis desde un área de baja concentración de sal a un área de alta concentración. El objetivo de la osmorregulación es mantener en niveles óptimos las concentraciones de sustancias químicas en el citoplasma de las células y en otros fluidos corporales para que los procesos metabólicos funcionen de manera eficiente. Esto implica eliminar el exceso de agua y absorber más cuando falta. El agua se agota debido a diversos procesos corporales, como la producción de orina líquida para eliminar toxinas y, en los animales terrestres, la sudoración que regula la temperatura corporal.

Balance hídrico en diferentes ambientes
La forma en que se gestiona el equilibrio hídrico de un organismo depende de cómo el agua entra y sale del organismo, en lo cual influye mucho su hábitat.

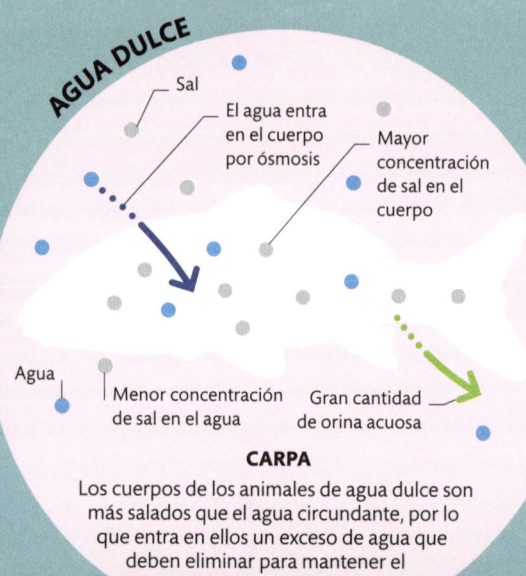

AGUA DULCE

Sal

El agua entra en el cuerpo por ósmosis

Mayor concentración de sal en el cuerpo

Agua

Menor concentración de sal en el agua

Gran cantidad de orina acuosa

CARPA
Los cuerpos de los animales de agua dulce son más salados que el agua circundante, por lo que entra en ellos un exceso de agua que deben eliminar para mantener el equilibrio interno.

Regular la temperatura

Los animales controlan la temperatura corporal (termorregulación) de dos formas. Los endotermos (de sangre caliente) controlan activamente su temperatura con procesos internos como la sudoración o el temblor. Los ectotermos (de sangre fría) dependen del calor o frío externo para regularla. Por ello, los endotermos pueden estar activos en condiciones más frías y habitar en climas diferentes.

ALGUNOS **DINOSAURIOS** TENÍAN **PLUMAS,** LO QUE SUGIERE QUE ERAN **ENDOTERMOS**

LA HOMEOSTASIS EN LAS PLANTAS

Si baja el nivel de agua, la planta cierra sus estomas, unos poros que permiten que gases y vapor de agua entren y salgan de las hojas (p. 147). Los poros están entre dos células que cambian de forma según el agua entra o sale de sus vacuolas para abrir o cerrar los poros.

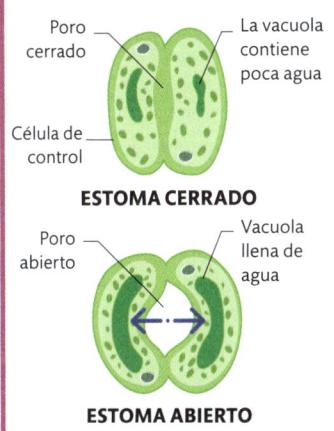

	MANTENERSE CALIENTE	MANTENERSE FRESCO
Endotermos (de sangre caliente)	El aislamiento corporal (como el pelo, las plumas o la grasa) reduce la pérdida de calor. El temblor en los músculos libera calor al resto del cuerpo. Los vasos sanguíneos de la piel se contraen para reducir la cantidad de sangre caliente que llega a la superficie del cuerpo.	La sudoración y el jadeo hacen que el sudor líquido o la saliva se evaporen y se conviertan en vapor, lo que enfría el cuerpo. Los vasos sanguíneos de la piel se dilatan, lo que hace que llegue más sangre a la superficie exterior del cuerpo, y así se pierde calor.
Ectotermos (de sangre fría)	Tomar el sol sobre una roca caliente.	Descansar a la sombra.

ESTOMA CERRADO

Poro cerrado · La vacuola contiene poca agua · Célula de control

ESTOMA ABIERTO

Poro abierto · Vacuola llena de agua

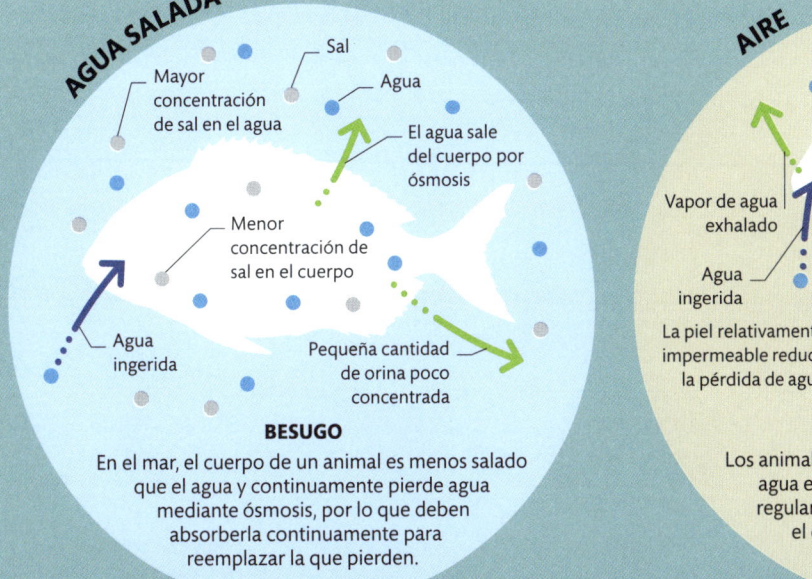

AGUA SALADA

Sal · Agua · Mayor concentración de sal en el agua · El agua sale del cuerpo por ósmosis · Menor concentración de sal en el cuerpo · Agua ingerida · Pequeña cantidad de orina poco concentrada

BESUGO

En el mar, el cuerpo de un animal es menos salado que el agua y continuamente pierde agua mediante ósmosis, por lo que deben absorberla continuamente para reemplazar la que pierden.

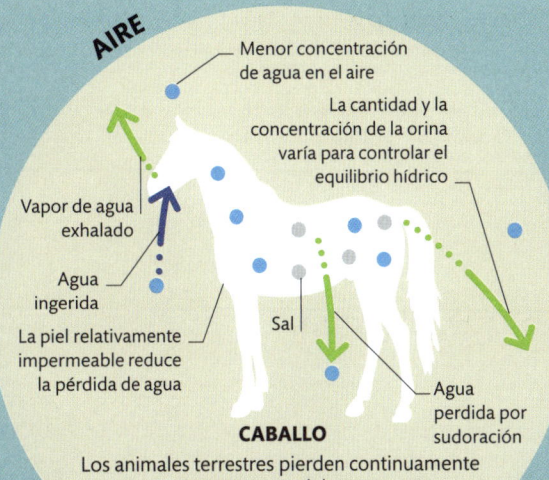

AIRE

Menor concentración de agua en el aire · La cantidad y la concentración de la orina varía para controlar el equilibrio hídrico · Vapor de agua exhalado · Agua ingerida · La piel relativamente impermeable reduce la pérdida de agua · Sal · Agua perdida por sudoración

CABALLO

Los animales terrestres pierden continuamente agua en su entorno, y deben conservar, regular y absorber agua para mantener el correcto equilibrio interno.

Los reinos de la vida

Para ordenar la diversidad de la vida, los organismos se clasifican en taxones, grupos con características compartidas. Los taxones se clasifican por tamaño, empezando por los dominios y por los reinos.

Los cinco reinos

El taxónomo sueco Carlos Linneo, creador del sistema de clasificación más utilizado, creía que la vida se dividía en dos reinos: animales y plantas. Sin embargo, el descubrimiento de los microorganismos y los avances en la biología celular han revelado que la vida se puede agrupar en cinco reinos. Si bien estos reinos tienen ciertas características distintivas a gran escala, la mayoría de las características que los definen solo se ven a nivel celular.

TRES DOMINIOS

En 1977, el microbiólogo Carl Woese vio que las formas de vida se dividen en tres dominios por su estructura celular y la forma de su ARN ribosómico. Los eucariotas son organismos cuyas células tienen un núcleo. Las arqueas y las bacterias no tienen núcleo celular y cada grupo tiene una estructura de membrana celular diferente.

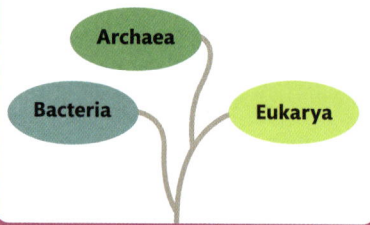

PROCARIONTES (PROKARYOTA)

Este reino comprende las bacterias y las arqueas (un grupo distinto de organismos primitivos). Los procariotas son microorganismos unicelulares. Sus células son más pequeñas que las de otros reinos, suelen tener formas simples, no contienen núcleo ni otras estructuras rodeadas de membranas, y el ADN está agrupado en un cromosoma único y simple.

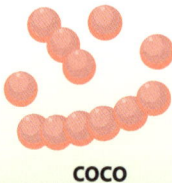

COCO

BACILO

ESPIRILO

PROTISTAS (PROTISTA)

Estos organismos pueden tener paredes celulares, cilios o flagelos móviles, o estar encapsulados en quistes (especie de caparazones). Las células de protistas tienen un núcleo que contiene ADN en cromosomas y orgánulos internos. Algunos, por ejemplo las amebas, ingieren alimentos como los animales. Otros, como las diatomeas, obtienen su energía mediante fotosíntesis, igual que las plantas.

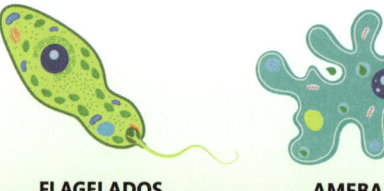

FLAGELADOS

AMEBA

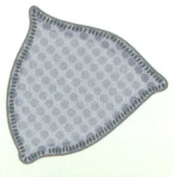

DIATOMEA

PLANTAS (PLANTAE)

Las plantas son organismos multicelulares que obtienen energía para sobrevivir mediante la fotosíntesis. Este reino incluye plantas simples, como musgos y helechos, y otras más grandes y complejas, como coníferas y angiospermas (plantas con flores). Sus células poseen paredes (normalmente de celulosa) y núcleo, así como orgánulos internos, por ejemplo cloroplastos.

ÁRBOL

HELECHO

PLANTA CON FLORES

Reino Chromista

Según algunos científicos, existe un sexto reino llamado Chromista al que pertenecen organismos unicelulares extraídos de Protista y algas marinas multicelulares, como las del género Laminaria, hoy consideradas plantas. Las células tienen orgánulos con clorofila, o estructuras que evolucionaron a partir de estos. Como resultado, Chromista también incluye al parásito *Plasmodium*, que provoca la malaria.

Las hojas contienen clorofila para la fotosíntesis

El estípite soporta las frondas

El anclaje la sujeta al sustrato

Sustrato de roca

LAMINARIA

Nombrar organismos

Las especies se clasifican mediante un sistema binomial para el género (grupo general) y la especie (organismo particular). Esto elimina la confusión de nombres locales. Por ejemplo, tanto en Reino Unido como en América del Norte existen aves llamadas en inglés *robin*, pero son especies distintas y se clasifican de manera diferente.

**PETIRROJO
(EUROPEAN ROBIN)
ERITHACUS RUBECULA**

**ZORZAL ROBÍN
(AMERICAN ROBIN)
TURDUS MIGRATORIUS**

HONGOS (FUNGI)

Todas las células de hongos utilizan la quitina, un polímero biológico, para construir sus paredes celulares. Muchos animales invertebrados usan la misma sustancia. Los hongos son saprófitos, lo que significa que crecen en su fuente de alimento, a menudo en redes de filamentos apenas perceptibles, y segregan enzimas para digerirla de forma externa. Las setas son cuerpos fructíferos temporales que propagan esporas.

SETA

LEVADURA

MOHO

ANIMALES (ANIMALIA)

Los animales son organismos multicelulares, a menudo muy complejos, que necesitan ingerir otros organismos para alimentarse y obtener energía. Sus células tienen núcleo y orgánulos internos, como mitocondrias, pero no tienen una pared celular rígida. Muchos animales pueden moverse libremente durante al menos parte de su ciclo de vida, y la mayoría necesita oxígeno para realizar el metabolismo (los procesos celulares necesarios para la vida).

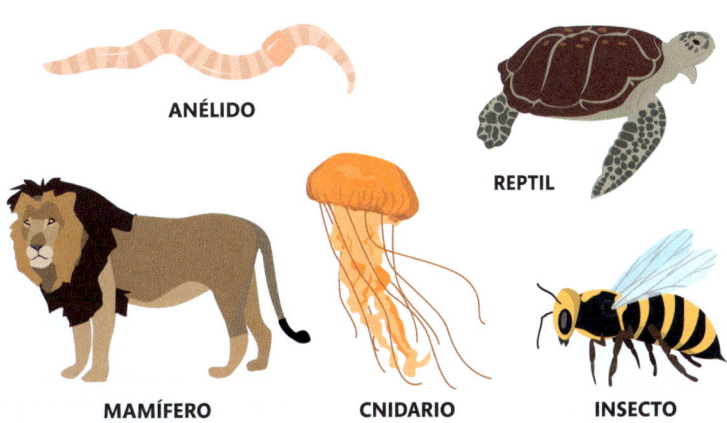

ANÉLIDO

REPTIL

PEZ

AVE

MAMÍFERO

CNIDARIO

INSECTO

Los virus

Un virus es un paquete de ADN o ARN (material genético) parasitario. Un parásito roba los recursos de un huésped. Los virus se apoderan de la maquinaria de una célula para replicar sus propios genes, lo que provoca enfermedades al huésped.

Estructura de los virus

Los virus no son células y no tienen las estructuras celulares necesarias para realizar los procesos vitales. Constan esencialmente de una hebra de material genético, ADN o ARN, dentro de una capa protectora de proteínas. La mayoría de los virus son pequeños en comparación con una célula del cuerpo humano. Normalmente, unas 50 veces más pequeños.

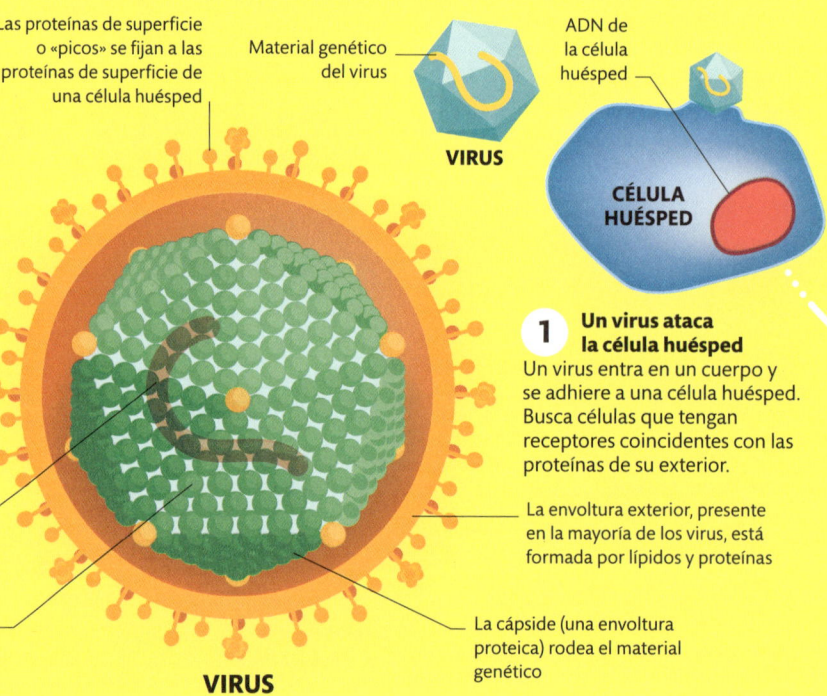

Las proteínas de superficie o «picos» se fijan a las proteínas de superficie de una célula huésped

Material genético del virus

VIRUS

ADN de la célula huésped

CÉLULA HUÉSPED

1 Un virus ataca la célula huésped

Un virus entra en un cuerpo y se adhiere a una célula huésped. Busca células que tengan receptores coincidentes con las proteínas de su exterior.

La envoltura exterior, presente en la mayoría de los virus, está formada por lípidos y proteínas

Una sola hebra de ARN o una doble hebra de ADN contiene el material genético del virus

Las unidades proteicas de los capsómeros forman la cápside. Los genes víricos llevan el código del capsómero y otras proteínas virales

La cápside (una envoltura proteica) rodea el material genético

VIRUS

Formas de virus

Existe una gran diversidad en el tamaño y la forma de los virus, y se desconoce cuántos virus existen. Se han identificado muchos miles en mamíferos, aves y plantas, pero es probable que aún queden millones de tipos por investigar que atacan a otros organismos.

HAY **MÁS VIRUS** EN **1 LITRO** DE **AGUA MARINA** QUE **PERSONAS** EN LA TIERRA

Baciliforme

Solo unos cuantos virus de ARN presentan esta estructura en forma de pastilla o de bala, por ejemplo el virus de la rabia.

Complejos

Estos virus, llamados bacteriófagos, se posan sobre las bacterias con sus «patas» y les inyectan su ADN.

Varilla helicoidal

Estos virus tienden a atacar a las plantas. El ADN o ARN y la cubierta de proteínas tienen forma de muelle.

Esféricos

Muchos virus humanos comunes tienen esta forma. La envoltura exterior es esférica, pero la cápside interior es helicoidal.

Filamentoso

Virus helicoidales que forman hebras largas y finas, como el virus del ébola humano.

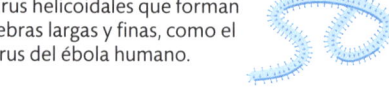

Icosaédrico

Su envoltura externa tiene muchas caras, normalmente veinte (formando un icosaedro), por ejemplo los adenovirus.

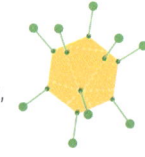

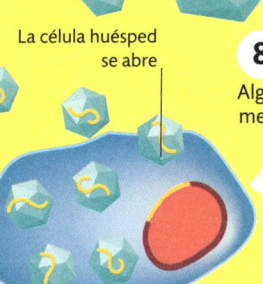

La célula huésped
se abre

8 **Se liberan nuevas partículas víricas**
La célula estalla y libera nuevos virus.
Algunos virus pueden robar parte de la
membrana de la célula al emerger.

7 **Formación de nuevas partículas víricas**
Todas las partes del virus se ensamblan para
producir nuevas partículas víricas, capaces de atacar
nuevas células huésped.

Nueva partícula
vírica

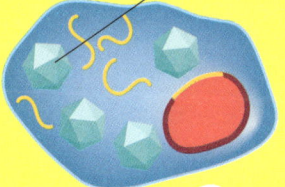

Proteínas de la
envoltura vírica

Replicación viral

Un virus no puede reproducirse por sí solo. Para hacerlo, necesita
apoderarse de una célula huésped y utilizarla para replicar su propio
material genético. De esta forma, la célula produce muchas
copias del virus y finalmente muere. Esta destrucción de
células provoca enfermedades como la gripe y la COVID-19.

6 **Se genera una
envoltura vírica**
Los genes víricos ordenan a la
célula que produzca proteínas
que las nuevas partículas víricas
necesitan para formar una
cápside alrededor de su ADN.

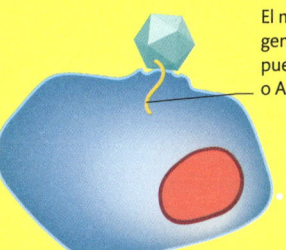

El material
genético del virus
puede ser ADN
o ARN

Genes víricos en el
ADN de la célula

Copia de
los genes
víricos

5 **La célula huésped
replica el ADN viral**
De forma alternativa, la célula
huésped produce numerosas
copias del ADN del virus, que
llenan el citoplasma de la célula.

2 **Los genes virales entran en la célula**
La envoltura viral permanece fuera de
la célula huésped, pero el material genético
del virus, generalmente con la cápside, se
inyecta a través de la membrana celular.

3 **Los genes virales se unen
al ADN del huésped**
A veces, el ADN viral se replica con material
del citoplasma de la célula, o bien se añade
al material genético de la célula.

4 **La célula huésped se divide
y replica el ADN**
El ADN vírico se copia mediante el ADN de
la célula huésped cuando la célula se divide.
Las células hijas llevan consigo el virus.

VIRUS CAUSANTES DE ENFERMEDADES

Adenovirus
Grupo de virus icosaédricos que causan diversas enfermedades
en humanos, como varios tipos de resfriado común.

VIH
Virus esférico que daña el sistema inmunitario humano, lo
que lleva a otras infecciones graves.

Coronavirus
Virus en forma de corona que afectan las vías respiratorias de
los humanos, como la COVID-19 y los causantes de resfriados.

Virus de la rabia
Virus baciliforme que ataca el cerebro humano y de muchos
otros mamíferos y causa la muerte si no se trata a tiempo.

Virus de la varicela-zóster
Virus icosaédrico que puede causar varicela y herpes zóster
en humanos. Otros virus similares causan herpes labial.

Virus del ébola
Virus filamentoso que afecta a humanos y a otros mamíferos
y provoca hemorragias internas graves, a menudo mortales.

Virus del papiloma humano
Grupo de virus icosaédricos, algunos de los cuales causan
verrugas o ciertos cánceres, como el cáncer de cuello uterino.

Virus del mosaico del tabaco
Un virus de varilla helicoidal que ataca a las plantas de tabaco.
Se descubrió a finales del siglo XIX y fue el primer virus conocido.

La biosfera

La biosfera es la región situada en la superficie o cerca de la superficie de la Tierra en la que es posible la vida. Por definición, toda la vida en nuestro planeta existe dentro de la biosfera, y solo los humanos han logrado viajar al exterior de esta.

Energía y recursos

Las formas de vida no sobreviven por sí mismas, sino que se asocian en comunidades llamadas ecosistemas (ver pp. 182-83). La biosfera es la región de la Tierra que contiene todos estos ecosistemas. Cada ecosistema tiene un conjunto de factores ecológicos que gobiernan su funcionamiento, entre ellos factores no vivos o abióticos. Entre estos factores abióticos hay fuentes de energía, como la luz, y sustancias químicas útiles, como oxígeno, agua líquida y minerales rocosos, y todos provienen de tres esferas o capas: la litosfera, la hidrosfera y la atmósfera. La biosfera es la región donde estas esferas se combinan para crear condiciones compatibles con la vida.

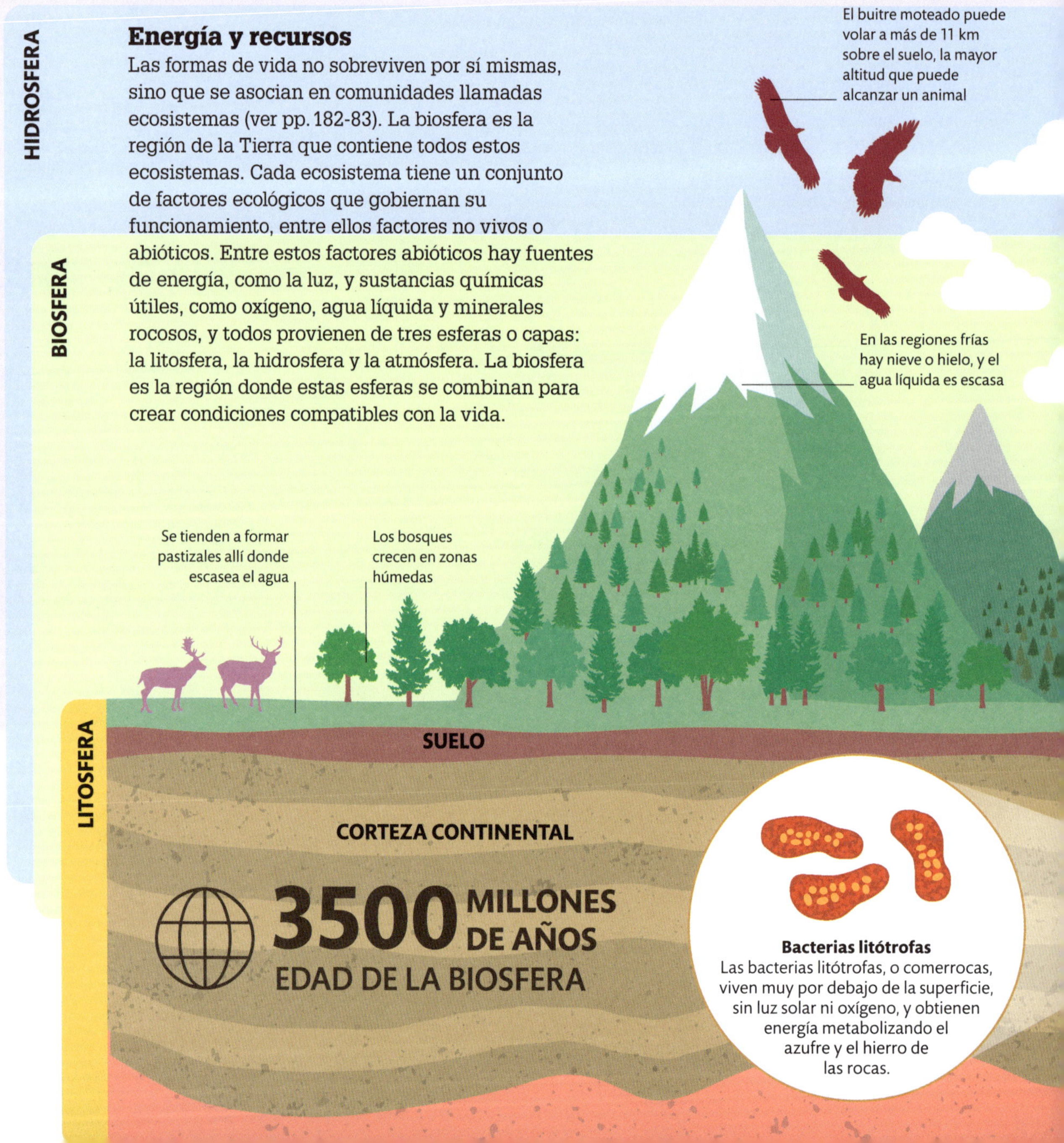

ATMÓSFERA
HIDROSFERA
BIOSFERA
LITOSFERA
El buitre moteado puede volar a más de 11 km sobre el suelo, la mayor altitud que puede alcanzar un animal
En las regiones frías hay nieve o hielo, y el agua líquida es escasa
Se tienden a formar pastizales allí donde escasea el agua
Los bosques crecen en zonas húmedas
SUELO
CORTEZA CONTINENTAL
3500 MILLONES DE AÑOS
EDAD DE LA BIOSFERA

Bacterias litótrofas
Las bacterias litótrofas, o comerrocas, viven muy por debajo de la superficie, sin luz solar ni oxígeno, y obtienen energía metabolizando el azufre y el hierro de las rocas.

Límites de la biosfera

Los límites de la biosfera dependen del suministro de energía y de nutrientes, y también del nivel de oxígeno y la temperatura. Por encima de los 6 km de altitud, la atmósfera es demasiado tenue para que respiren la mayoría de los animales. El límite inferior está determinado por la temperatura, que aumenta al aumentar la profundidad. Una vez que las rocas profundas alcanzan unos 120 °C, ni siquiera las bacterias sobreviven.

Atmósfera
Además de contener oxígeno y dióxido de carbono, la atmósfera es la principal fuente de nitrógeno, que se usa para formar proteínas y otras sustancias químicas esenciales para la vida.

Hidrosfera
Esta capa contiene agua, principalmente líquida, aunque puede congelarse o evaporarse y adoptar así forma de hielo o de vapor. La hidrosfera ocupa los océanos, pero también incluye grandes cantidades de agua subterránea en las rocas.

Biosfera
La parte más poblada de la biosfera es la tierra firme. Esta forma una superficie sólida en la que crecen densos ecosistemas, como los bosques. Los océanos representan alrededor del 97 por ciento del espacio habitable de la biosfera, pero contienen solo en torno al 10 por ciento de la vida terrestre debido a la relativa falta de nutrientes en el gran volumen de agua.

Los vientos atmosféricos propagan esporas de hongos, semillas de plantas, microorganismos e incluso animales diminutos a través de la biosfera

Los nutrientes minerales de la tierra llegan a los océanos

La mayoría de los animales marinos viven a menos de 500 m de la superficie

OCÉANO

SEDIMENTO

CORTEZA OCEÁNICA

MANTO SUPERIOR

Litosfera
A pesar de ser roca sólida, se han hallado bacterias en la litosfera a hasta 10,5 km por debajo del fondo del océano.

¿QUÉ TAMAÑO TIENE LA BIOSFERA?

No se conoce el tamaño exacto de la biosfera, pero se considera que ocupa un volumen unas dos veces mayor que el de todos los océanos de la Tierra juntos.

BIOSFERAS ARTIFICIALES

Para vivir lejos de la Tierra, los seres humanos necesitaríamos una biosfera artificial, con una atmósfera respirable así como otros elementos esenciales, como alimento y agua. Lo principal es que fuera autosostenible. En la década de 1990 se construyó una biosfera artificial experimental (Biosfera 2) en el desierto de Arizona, suroeste de Estados Unidos. La mayor parte de Biosfera 2 era, en efecto, un enorme invernadero con distintos hábitats. El proyecto también estudió cómo se enfrentan los seres humanos al aislamiento prolongado. Transcurrida más de una década, el proyecto finalizó sin demostrar la viabilidad de un entorno artificial.

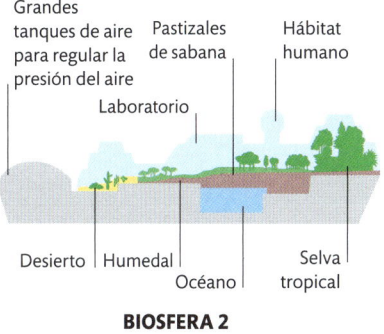

Grandes tanques de aire para regular la presión del aire

Pastizales de sabana

Hábitat humano

Laboratorio

Desierto   Humedal

Océano

Selva tropical

BIOSFERA 2

Ciclos de nutrientes

El 95 por ciento de los cuerpos vivos están formados por cuatro elementos que circulan por la biosfera: hidrógeno, oxígeno, carbono y nitrógeno. El hidrógeno y el oxígeno se combinan para producir agua, en un ciclo en gran medida físico. Por el contrario, los ciclos del carbono y del nitrógeno son de tipo biológico.

Actividad humana

Procesos bioquímicos

Al quemar materia orgánica, como combustibles fósiles, se libera calor, cenizas y CO_2. Al quemar combustibles fósiles para generar energía, el carbono pasa de los sumideros subterráneos a la atmósfera. El nivel de carbono atmosférico está aumentando, lo que provoca el cambio climático.

Casi todos los seres vivos producen CO_2 como producto de desecho de la respiración, el proceso bioquímico que libera energía de los alimentos. El carbono de los organismos muertos es liberado por las bacterias y por otros descomponedores.

Erupciones volcánicas

COMBUSTIÓN ARTIFICIAL

RESPIRACIÓN Y DESCOMPOSICIÓN

CLAVE
Partes del ciclo del carbono tienen lugar en nuestra vida. Otras tardan millones de años.

— Lento (millones de años)
— Rápido, natural (durante nuestra vida)
— Rápido, artificial (durante nuestra vida)

COMBUSTIBLES FÓSILES
Los depósitos de carbono subterráneos que se formaron a partir de restos fosilizados de vida se extraen para su uso como combustible.

Plantas

Animales

Reemplazo de minerales

SERES VIVOS Y MATERIA MUERTA
Todas las formas de vida contienen carbono. La materia muerta también contiene carbono.

ROCAS
La piedra caliza y el carbón son rocas sedimentarias formadas a partir de restos de organismos ricos en carbono. Durante las erupciones, el magma que forma las rocas volcánicas, como el basalto, libera grandes cantidades de CO_2 a la atmósfera.

La materia muerta que queda enterrada con poco oxígeno no se descompone por completo, por lo que su carbono permanece en el suelo. A lo largo de millones de años, el material que antes estaba vivo se transforma en carbón sólido, en petróleo líquido y en gas natural, como el metano.

Materia muerta

Algas unicelulares

Erosión

El ciclo el carbono
El 20 por ciento de un organismo se compone de carbono, pero este solo es el 0,2 por ciento del material natural no vivo. La vida toma carbono del ambiente, principalmente con la fotosíntesis. Los seres vivos, durante la respiración y al morir, liberan carbono, que regresa a los sumideros de carbono naturales, como la atmósfera, las rocas y los depósitos de petróleo y gas. Sin embargo, la actividad humana está alterando este ciclo natural del carbono.

FOSILIZACIÓN

PROCESOS GEOLÓGICOS

Sedimentación

Durante millones de años, los sedimentos ricos en carbono que se acumulan en el fondo marino a partir de organismos muertos se transforman en roca. Al mismo tiempo, el agua de mar, que es un poco ácida, ataca la roca y libera más carbono disuelto en un proceso de erosión.

Atmósfera
El dióxido de carbono (CO_2) solo es el 0,04 por ciento de la atmósfera, pero tiene un papel vital en los procesos de la vida y un efecto importante en el clima global.

Absorber CO_2

Las plantas terrestres usan la energía de la luz solar para retener el CO_2 en moléculas más grandes y complejas, como los azúcares. Las algas unicelulares realizan una hazaña equivalente en las aguas superficiales del océano. El carbono orgánico pasa luego a las cadenas alimentarias.

FOTOSÍNTESIS

Intercambio de CO_2

TRANSFERENCIA DEL AIRE AL MAR

El CO_2 atmosférico se disuelve fácilmente en los océanos. El proceso es reversible, y hay un intercambio lento y equilibrado entre el aire y el agua. Con el carbono disuelto, la vida marina forma caparazones de carbonato, que luego crearán sedimentos que formarán rocas en el fondo marino.

OCÉANOS
El carbono se almacena en el agua de mar como CO_2, ácido carbónico, carbonato de hidrógeno y carbonato.

El ciclo del nitrógeno

El nitrógeno es un componente esencial de las proteínas, que son muy importantes para la vida. El nitrógeno es el gas más abundante de la atmósfera, pero no es reactivo. La mayoría de los seres vivos dependen de las bacterias para asimilar o «fijar» el nitrógeno del aire y convertirlo en nitratos, que después son usados por otros organismos.

3500 MILLONES DE PERSONAS DEPENDEN DE FERTILIZANTES DE NITRATO SINTÉTICO PARA CULTIVAR ALIMENTOS

Muerte y excreción

Plantas comidas por animales

Algunas raíces tienen bacterias que fijan nitrógeno

DESECHOS ORGÁNICOS

GAS NITRÓGENO EN EL AIRE

Descomponedores, como bacterias y hongos, liberan compuestos nitrogenados simples, como el amoníaco

Las bacterias nitrificantes fijan el nitrógeno del aire. Los relámpagos combinan nitrógeno y oxígeno en el aire

Descomposición por bacterias desnitrificantes

AMONÍACO

Absorción de nitratos por las raíces de las plantas, que los usan para crecer y curarse

NITRATOS EN EL SUELO

Las bacterias del suelo convierten el amoníaco en compuestos orgánicos de nitrato

INFLUENCIA HUMANA EN EL CICLO DEL CARBONO

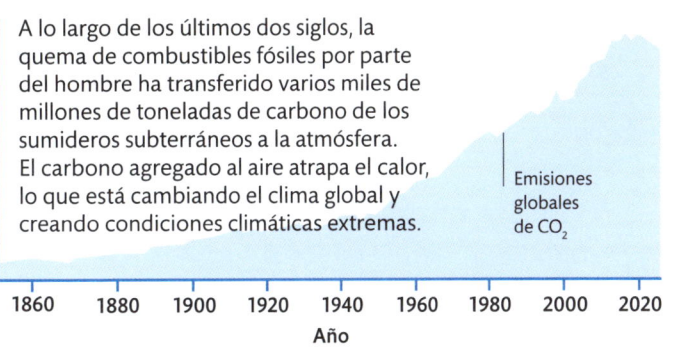

A lo largo de los últimos dos siglos, la quema de combustibles fósiles por parte del hombre ha transferido varios miles de millones de toneladas de carbono de los sumideros subterráneos a la atmósfera. El carbono agregado al aire atrapa el calor, lo que está cambiando el clima global y creando condiciones climáticas extremas.

Emisiones globales de CO_2

Emisiones de CO_2 (miles de millones de toneladas)

40
35
30
25
20
15
10
5
0

1860   1880   1900   1920   1940   1960   1980   2000   2020

Año

Entornos extremos

La temperatura promedio del aire en la Tierra es de 14 °C, y la de la superficie del océano, de 20 °C. La mayoría de los organismos viven bien en estas condiciones, pero algunos sobreviven al frío o al calor severo o toleran sustancias químicas dañinas. Son los extremófilos.

Extremófilos

«Extremófilo» significa «que ama las condiciones extremas». La mayoría de los extremófilos son bacterias y arqueas, que evolucionaron cuando la biosfera era un lugar mucho más hostil, aunque algunos tipos de ranas, peces, insectos y crustáceos también se encuentran en hábitats extremos. Los extremófilos están adaptados a un extremo específico. Algunos sobreviven a un calor que destruiría las enzimas de los organismos ordinarios, o resisten condiciones de congelación en las que se detendría el metabolismo celular normal. Otros pueden hacer frente a altos niveles de sustancias químicas que normalmente alterarían la capacidad de un organismo para regular sus funciones normales.

SOBREVIVIR A LA RADIACIÓN

La radiactividad daña las células, y cuando intentan dividirse se destruyen. Los niveles nocivos de radiactividad son en gran medida un fenómeno provocado por los humanos. En la naturaleza, los niveles son relativamente bajos. Sin embargo, algunas formas de vida son más resistentes que otras: la radiación tiene menos impacto en los insectos, ya que sus células se dividen con menos frecuencia que las de los mamíferos, que producen miles de millones de nuevas células cada día.

LA BACTERIA *DEINOCOCCUS RADIODURANS* ES UNO DE LOS **MICROORGANISMOS MÁS RESISTENTES**; PUEDE **SOBREVIVIR** INCLUSO AL **VACÍO DEL ESPACIO**

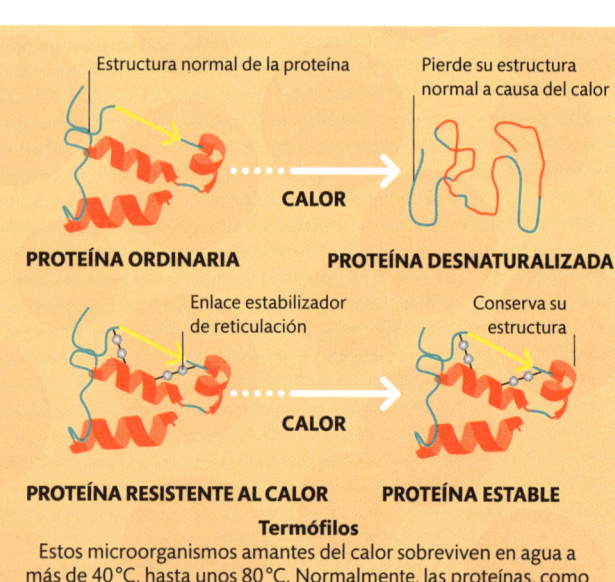

Estructura normal de la proteína — Pierde su estructura normal a causa del calor

CALOR

PROTEÍNA ORDINARIA — **PROTEÍNA DESNATURALIZADA**

Enlace estabilizador de reticulación — Conserva su estructura

CALOR

PROTEÍNA RESISTENTE AL CALOR — **PROTEÍNA ESTABLE**

Termófilos

Estos microorganismos amantes del calor sobreviven en agua a más de 40 °C, hasta unos 80 °C. Normalmente, las proteínas, como las enzimas, se desnaturalizan a altas temperaturas: pierden su estructura y su función normales. Los termófilos tienen proteínas resistentes al calor reforzadas con enlaces reticulados para mantener su forma y seguir funcionando a altas temperaturas.

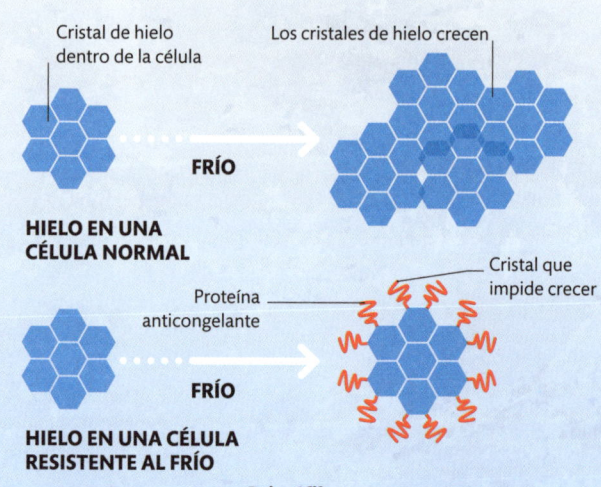

Cristal de hielo dentro de la célula — Los cristales de hielo crecen

FRÍO

HIELO EN UNA CÉLULA NORMAL

Proteína anticongelante — Cristal que impide crecer

FRÍO

HIELO EN UNA CÉLULA RESISTENTE AL FRÍO

Psicrófilos

Estos amantes del frío son resistentes a la congelación. Entre ellos hay ranas que pasan el invierno en el agua de ríos helados. Si una célula normal está en condiciones de congelación, se forman grandes cristales de hielo en su citoplasma (p. 54) que la destruyen. El citoplasma de los psicrófilos tiene crioprotectores o proteínas anticongelantes que hacen que el hielo forme cristales diminutos.

Tardígrados

Estos animales microscópicos sobreviven en agua hirviendo, congelados a -200°C e incluso en el espacio. Los tardígrados suelen vivir en ambientes húmedos, como la tierra y los sedimentos marinos o de agua dulce. Sin embargo, en condiciones secas o sin oxígeno y en otras condiciones extremas, algunas especies asumen estados inactivos en los que pueden sobrevivir años o incluso siglos.

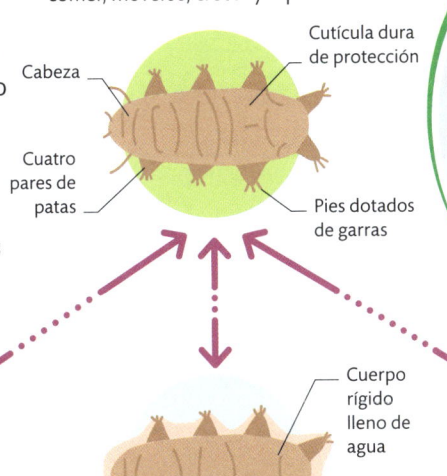

Estado activo
En condiciones favorables, un tardígrado es completamente funcional y capaz de comer, moverse, crecer y reproducirse.

Cabeza

Cutícula dura de protección

Cuatro pares de patas

Pies dotados de garras

¿PUEDEN SER ÚTILES LOS EXTREMÓFILOS?

Las enzimas resistentes al calor de las bacterias termófilas se usan en la reacción en cadena de la polimerasa (PCR, p. 204), en que se calienta el ADN para analizarlo. La PCR se usa para detectar infecciones como la COVID-19.

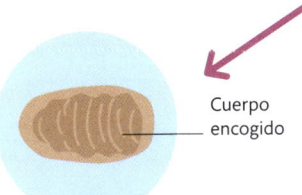

Cuerpo encogido

Cuerpo rígido lleno de agua

Múltiples capas de cutícula

Cuerpo encogido

Tonel
En condiciones extremadamente frías, saladas o secas, los procesos de vida se suspenden. El cuerpo del tardígrado se seca, se encoge y se enrosca. Este estado se llama estado de tonel.

Anoxobiosis
Las condiciones de falta de oxígeno hacen que el cuerpo del tardígrado absorba mayores niveles de agua, por lo que se hincha y se vuelve rígido e inmóvil. El tardígrado queda inactivo.

Quiste
Para resistir los cambios lentos como los cambios estacionales, el tardígrado acumula capas adicionales de cutícula. Su cuerpo se arruga dentro de una cutícula gruesa y endurecida, y produce un quiste.

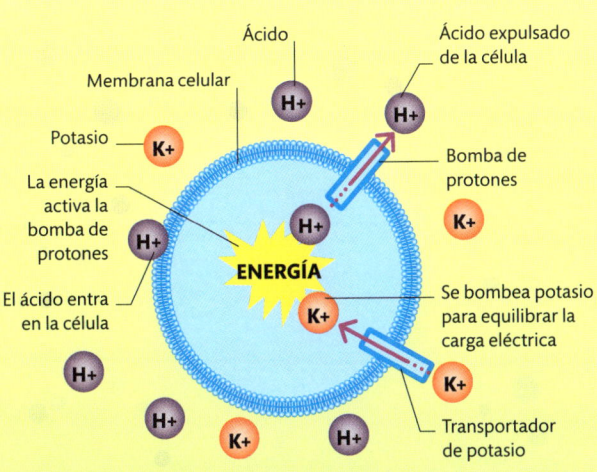

Ácido

Membrana celular

Potasio

La energía activa la bomba de protones

El ácido entra en la célula

ENERGÍA

Ácido expulsado de la célula

Bomba de protones

Se bombea potasio para equilibrar la carga eléctrica

Transportador de potasio

Acidófilos
Un ácido, al mezclarse con agua, aumenta la concentración de iones de hidrógeno cargados positivamente ($H+$). Estos dañan la mayoría de las células, pero los acidófilos tienen una bomba de protones que los expulsa para así mantener neutro el pH interno de la célula. Para evitar que las células se carguen negativamente y atraigan más iones $H+$, se introducen iones de potasio ($K+$).

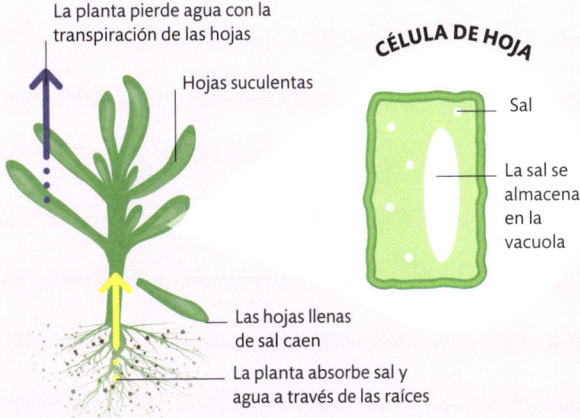

La planta pierde agua con la transpiración de las hojas

Hojas suculentas

CÉLULA DE HOJA

Sal

La sal se almacena en la vacuola

Las hojas llenas de sal caen

La planta absorbe sal y agua a través de las raíces

SALADILLA

Halófilos
Estos extremófilos amantes de la sal viven principalmente donde el agua de mar se evapora y deja altas concentraciones de sal. Así, la saladilla es una planta que crece cerca de costas donde los niveles de sal son demasiado altos para otras especies. La planta absorbe agua salada y almacena la sal en una vacuola (p. 63). Las hojas más viejas contienen más sal y se eliminan para así librarse de ella.

Origen de la vida

Se cree que la vida comenzó hace 3700 millones de años, unos cientos de millones de años después de formarse el planeta. Se desconoce el proceso, llamado abiogénesis, por el cual se generaron las primeras formas de vida a partir de material no vivo, pero se han propuesto varias teorías.

INGREDIENTES INORGÁNICOS

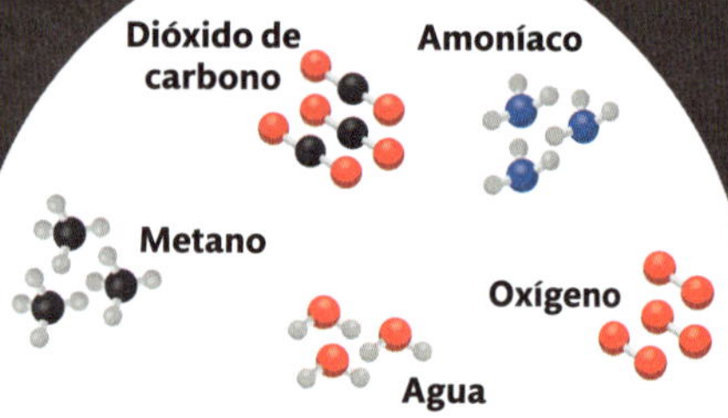

Dióxido de carbono

Amoníaco

Metano

Oxígeno

Agua

1 La atmósfera primitiva de la Tierra estaba llena de compuestos simples, ricos en carbono y nitrógeno liberados por la actividad volcánica. Estos se disolvieron en el agua de los océanos.

MOLÉCULAS ORGÁNICAS SIMPLES

Aminoácidos

Azúcares

2 Rayos, erupciones volcánicas o la luz solar y ultravioleta hicieron que los compuestos se unieran para formar sustancias orgánicas simples como azúcares y aminoácidos.

ENERGÍA DEL CALOR GEOTÉRMICO Y DE LOS RAYOS

EL **OXÍGENO** ERA **TÓXICO** PARA **LAS PRIMERAS** FORMAS DE **VIDA**

MOLÉCULAS ORGÁNICAS COMPLEJAS

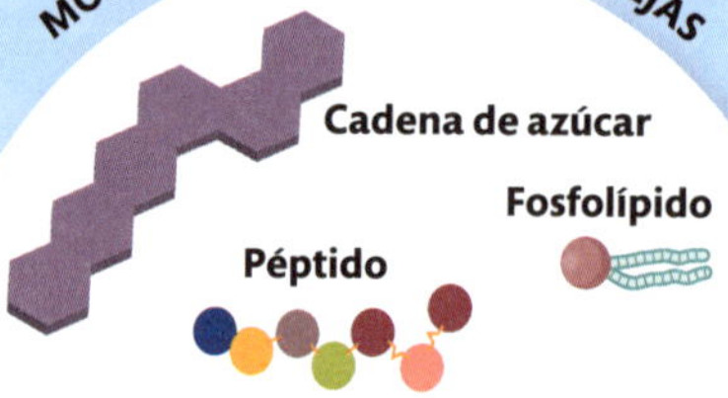

Cadena de azúcar

Fosfolípido

Péptido

3 El proceso de creación de moléculas más complejas siguió y las moléculas orgánicas simples formaron polímeros (moléculas largas hechas de cadenas más pequeñas), creando proteínas primitivas (péptidos), lípidos (grasas) y carbohidratos (azúcares).

El caldo primigenio

La primera teoría científica importante sobre el origen de la vida, la teoría del «caldo primordial», se planteó a principios del siglo xx. Según esta teoría, los primeros océanos de la Tierra contenían las materias primas para la vida, y las estructuras químicas complejas, como el ADN y las proteínas, se crearon a partir de ellas durante un largo período de interacciones químicas aleatorias.

¿HAY ESPECIES QUE AÚN EVOLUCIONAN?

Sí, constantemente se desarrollan nuevas especies, y las existentes siguen aún evolucionando, aunque el ritmo de esos cambios puede ser lento.

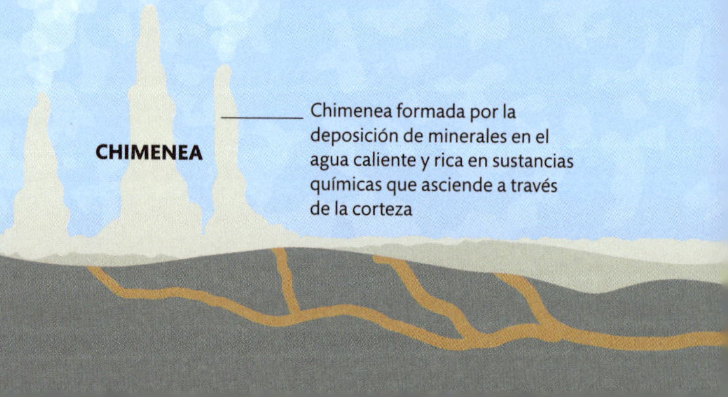

CHIMENEA

Chimenea formada por la deposición de minerales en el agua caliente y rica en sustancias químicas que asciende a través de la corteza

REPLICADORES

ARN

4 Se cree que algunos polímeros podían autocatalizarse: una molécula actuaba como plantilla para construir una segunda. Estas sustancias autorreplicantes competían por las materias primas y evolucionaron por selección natural hasta que surgió el ARN.

CÉLULAS

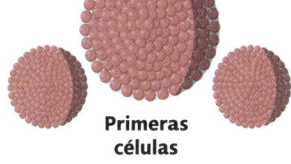

Primeras células

5 Las primeras protocélulas pudieron ser un simple polímero replicante en una vesícula membranosa que almacenaba las materias y sustancias químicas usadas en unas cadenas de reacciones que eran la forma más temprana de metabolismo.

MEMBRANAS

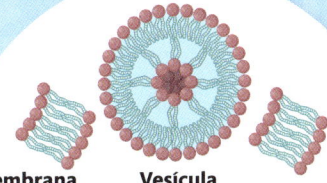

Membrana   **Vesícula**

4 En algunas moléculas orgánicas, un extremo repele el agua y el otro se siente atraído por ella. En el agua, estas moléculas se agruparon en membranas con el extremo atraído por el agua como capa exterior. Algunas membranas formaron sacos o vesículas.

Fuentes hidrotermales

Según una teoría, la vida surgió en respiraderos hidrotermales del fondo del océano, donde el calor y los minerales brotan de la corteza terrestre. El calor y la presión dieron las condiciones para la creación de sustancias complejas, que luego podrían combinarse para formar protocélulas. El rico suministro de productos químicos y minerales puede haber impulsado reacciones químicas en esas protocélulas.

Se liberan estructuras primitivas similares a células (protocélulas)

Se forman vesículas en las regiones más frías

Se forman moléculas replicadoras complejas

Circulación del agua

Los cristales minerales actúan como catalizadores para la formación de moléculas complejas

Los minerales del interior de la Tierra se enfrían y solidifican para formar chimeneas

Moléculas simples en el agua del interior de la corteza terrestre

El agua rica en sustancias químicas, calentada por el magma, sube por fisuras en la corteza

El agua más fría del océano se mezcla

FUENTE HIDROTERMAL

Vida en otros planetas

La astrobiología busca organismos fuera de la Tierra. Esta ciencia busca planetas, lunas y zonas alrededor de estrellas donde puedan existir condiciones favorables para la vida.

Zona habitable

Una región alrededor de una estrella en que la temperatura de los cuerpos en órbita permite que el agua permanezca líquida en su superficie se llama zona habitable. Se supone que la vida extraterrestre necesita agua, como la de la Tierra, y es más probable que un planeta o luna con agua líquida sea favorable a la vida. La Tierra ocupa la zona habitable del sistema solar. Las zonas habitables de otros sistemas dependerán del tamaño y la temperatura de la estrella correspondiente. La mayoría de las estrellas son enanas rojas, más frías y pequeñas que el Sol, por lo que las zonas habitables a su alrededor estarán mucho más cerca de esas estrellas que la Tierra del Sol.

¿PODREMOS VISITAR A LOS EXTRATERRESTRES?

El planeta potencialmente habitable más cercano está a más de 4 años luz de distancia. Incluso la nave espacial más rápida actual tardaría 73 000 años en llegar.

ZONA HABITABLE

SOL

MERCURIO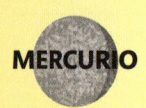

VENUS

TIERRA

MARTE

Demasiado caliente ← ...

Adecuado ↔ ...

Factores que sustentan formas de vida complejas

Nuestra galaxia contiene unos 400 000 millones de planetas. Puede que muchos estén en zonas habitables y posean las condiciones para la vida, pero deben darse muchos factores para que un planeta disfrute de largos períodos de estabilidad y puedan desarrollarse especies complejas y diversas como en la Tierra.

 Temperatura de superficie
El promedio debe estar por encima de los 0 °C , punto de congelación del agua, pero a menos de 40 °C, temperatura a la que las moléculas delicadas, como las proteínas, comienzan a descomponerse.

 Agua en la superficie
El planeta necesita una masa de agua permanente. Se supone que la vida extraterrestre utiliza el agua como medio en el que puedan tener lugar los procesos metabólicos.

 Estrella estable
Las estrellas inestables sufren cambios significativos de brillo a lo largo de su vida y emiten poderosas tormentas solares que irradian planetas, lo cual crearía eventos de extinción masiva.

 Localización en la galaxia
Un planeta debe estar cerca del centro de la galaxia para obtener elementos necesarios para un planeta sólido, pero lo suficientemente lejos para que no llegue a él la radiación letal.

 Un enorme vecino
La Tierra se beneficia de la gravedad de Júpiter, que atrae cometas y asteroides antes de que lleguen al sistema solar interior, reduciendo así el riesgo de que la Tierra sea alcanzada por meteoritos.

 Luna grande
Nuestra luna es grande en relación con la Tierra. Esto provoca mareas de gran amplitud y creó hábitats costeros en los que la vida podía emerger del agua a la tierra.

EN NUESTRA **GALAXIA** HAY **6000 MILLONES** DE PLANETAS PARECIDOS A LA **TIERRA**

Europa

Europa, una de las lunas de Júpiter, tiene una superficie de hielo sólido que cubre un océano con al menos el doble de agua líquida que los océanos de la Tierra. Se cree que podría existir vida alrededor de respiraderos hidrotermales en el fondo del océano de Europa, como ocurre en la Tierra.

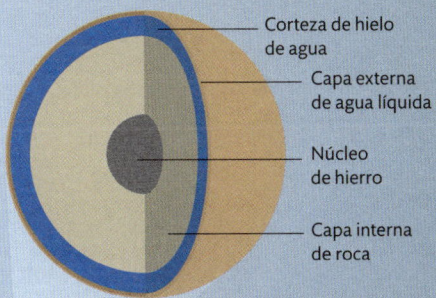

Corteza de hielo de agua

Capa externa de agua líquida

Núcleo de hierro

Capa interna de roca

BUSCANDO VIDA

Los astrobiólogos esperan nuevos telescopios que revelen la actividad química de los procesos de vida activos en las atmósferas de planetas lejanos. También se revisan las emisiones de radio del espacio en busca de signos de comunicación extraterrestre.

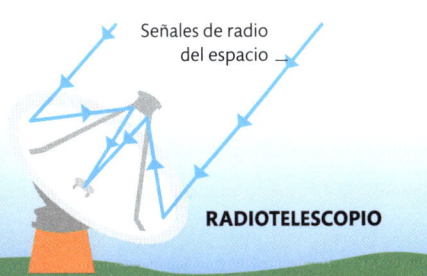

Señales de radio del espacio

RADIOTELESCOPIO

JÚPITER

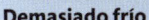

Demasiado frío

SATURNO

Corteza de hielo

Océano global

Núcleo rocoso

Penachos de vapor con moléculas orgánicas

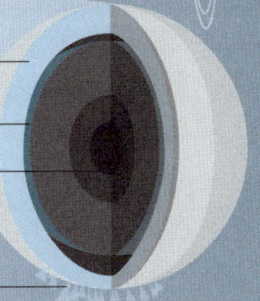

URANO

NEPTUNO

Encélado

Encélado, la luna de Saturno, emite nubes de agua salada que contienen compuestos simples de carbono y nitrógeno. Esas nubes pueden ser el resultado del calentamiento de agua bajo la corteza helada, tal vez por actividad volcánica, lo cual podría crear las condiciones para la vida.

Núcleo grande, cálido y metálico

El núcleo de la Tierra genera un poderoso campo magnético que genera la magnetosfera, la cual protege la Tierra de las partículas electrificadas del Sol.

Rotación e inclinación

La gravedad de la Luna mantiene a la Tierra en una rotación estable y minimiza las oscilaciones alrededor de su eje, por lo que la duración del día y los cambios estacionales no fluctúan demasiado.

Masa suficiente

El planeta debe ser lo bastante grande y denso como para tener una fuerza gravitacional capaz de retener una atmósfera densa que atrape el calor y recicle nutrientes.

Placas tectónicas

Una superficie activa, con continentes y océanos en constante movimiento, puede impulsar la biodiversidad al aislar grupos de vida salvaje para que evolucionen de diferentes maneras.

Atmósfera

La atmósfera debe contener grandes cantidades de carbono y nitrógeno como materias primas para la vida, así como agua, que puede caer en forma de lluvia para crear océanos.

Compuestos del carbono

El planeta debe orbitar dentro de la «línea de hollín», donde el calor de la estrella descompone compuestos complejos de carbono y crea moléculas de carbono simples útiles para la vida.

LA QUÍMICA DE LA VIDA

El metabolismo

El metabolismo, palabra que tiene origen en el vocablo griego que significa «cambio», designa las reacciones y procesos químicos que ocurren dentro de un organismo para mantenerlo vivo.

MOVIMIENTO

Contracción de músculo

Los músculos utilizan una molécula transportadora de energía llamada ATP (trifosfato de adenosina) como fuente de energía para la contracción muscular.

Procesos vitales

Todos los organismos realizan constantemente miles de procesos metabólicos para mantenerse con vida. Estas reacciones permiten a un organismo obtener energía de sus alimentos, realizar funciones corporales esenciales (como respirar y moverse), mantener y reparar sus células y tejidos, gestionar sus hormonas y regular su temperatura.

Cómo funciona el metabolismo

Una vaca necesita una serie de elementos externos, por ejemplo alimento, para realizar los procesos metabólicos esenciales para la vida. Además de producir productos útiles, estas reacciones también generan desechos.

LIBERACIÓN DE ENERGÍA

Proteína

Aminoácido

Descomponer moléculas, por ejemplo las que se encuentran en los alimentos que ingiere un animal, en moléculas más pequeñas es una reacción metabólica que libera energía.

TASA METABÓLICA

La cantidad de energía que un organismo necesita para realizar procesos metabólicos se llama tasa metabólica. Se puede medir en calorías por día (kcal/día).

RATÓN
20 KCAL/DÍA

GATO
120-180 KCAL/DÍA

SER HUMANO
1900-2300 KCAL/DÍA

ELEFANTE
70000 KCAL/DÍA

Se necesita oxígeno para metabolizar la comida

Los procesos metabólicos ocurren dentro de cada célula del cuerpo

OXÍGENO

La vaca obtiene agua de las plantas que come y del agua que bebe

AGUA

HIERBA

1 Aportaciones
El oxígeno, el agua y la energía necesarios para las reacciones metabólicas de la vaca provienen del aire que respira, el agua que bebe y los azúcares y fibras que contienen las plantas que come.

2 Procesos
Los alimentos se descomponen en aminoácidos, ácidos grasos y azúcares. Los aminoácidos se usan para formar proteínas que mantienen las células, y los azúcares y ácidos grasos aportan energía.

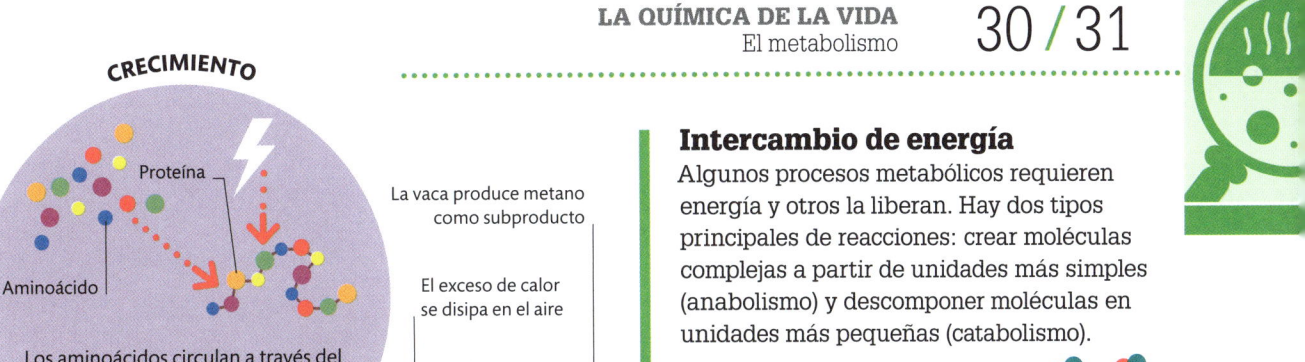

CRECIMIENTO

Proteína

Aminoácido

Los aminoácidos circulan a través del torrente sanguíneo de un animal y se acumulan para formar proteínas que pueden usarse para el crecimiento de huesos y músculos.

La vaca produce metano como subproducto

El exceso de calor se disipa en el aire

CALOR

GASES

Intercambio de energía

Algunos procesos metabólicos requieren energía y otros la liberan. Hay dos tipos principales de reacciones: crear moléculas complejas a partir de unidades más simples (anabolismo) y descomponer moléculas en unidades más pequeñas (catabolismo).

Catabolismo

Las reacciones catabólicas descomponen moléculas más grandes en otras más pequeñas y simples, por ejemplo en la digestión. Esto libera energía que puede usarse en procesos corporales esenciales como la respiración.

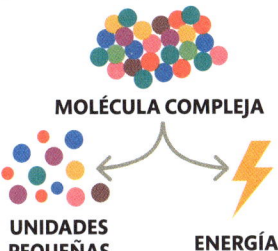

MOLÉCULA COMPLEJA

UNIDADES PEQUEÑAS

ENERGÍA

Anabolismo

Las reacciones anabólicas consumen energía al formar moléculas complejas a partir de otras simples. Un ejemplo es la gluconeogénesis, en la que el hígado y los riñones producen glucosa a partir de fuentes distintas de los carbohidratos.

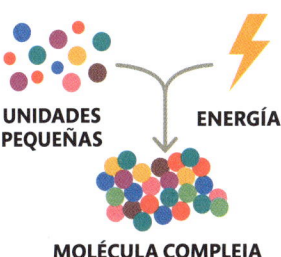

UNIDADES PEQUEÑAS

ENERGÍA

MOLÉCULA COMPLEJA

DIVISIÓN CELULAR

División celular

Célula animal

Dos células

Los aminoácidos forman proteínas que se utilizan en la división celular y en la reparación de células dañadas, por ejemplo en músculos distendidos y en tejido herido.

La defecación consiste en eliminar los alimentos no digeridos en forma de heces a través del ano

HECES

¿CAUSA OBESIDAD UN METABOLISMO LENTO?

La tasa metabólica varía de persona a persona, y no predice la masa corporal. Las personas obesas pueden tener el mismo consumo diario que las personas delgadas.

3 Subproductos
Los productos de reacciones metabólicas que no se pueden utilizar ni almacenar en el cuerpo de la vaca se denominan subproductos. Se eliminan como desechos, en forma de calor, heces, orina y gases.

TODOS LOS DÍAS, UNA BALLENA **CONSUME ENTRE 20 Y 50 MILLONES** DE CALORÍAS, LO QUE EQUIVALE A UNOS **60 000 FILETES DE SALMÓN**

Carbohidratos

Los carbohidratos, junto con las proteínas y los lípidos, son nutrientes esenciales en la dieta de todos los seres vivos. El carbohidrato más común es la glucosa, un tipo de azúcar simple, la principal fuente de energía de células, tejidos y órganos.

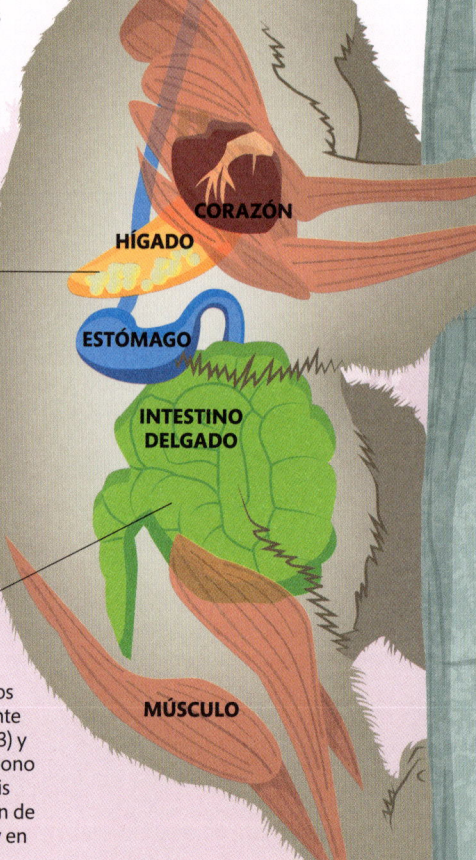

¿Qué son los carbohidratos?

Presentes tanto en plantas como en animales y fundamentales para la vida, forman un gran grupo de compuestos que contienen átomos de carbono, hidrógeno y oxígeno. Las plantas los crean en la fotosíntesis (pp. 46-47) y los almacenan en largas cadenas de polisacáridos llamadas almidones, mientras que los animales deben obtener la mayor parte de sus carbohidratos de lo que comen y almacenarlos como glucógeno.

Funciones de los carbohidratos

Los carbohidratos cumplen muchas funciones en el cuerpo de los animales, como en el caso de este oso pardo. Cuando come carbohidratos, por ejemplo piñas de coníferas, su sistema digestivo descompone los carbohidratos en glucosa, su principal fuente de energía, que usan todas las partes de su cuerpo.

¿CÓMO OBTIENEN CARBOHIDRATOS LOS CARNÍVOROS?

La dieta de los animales carnívoros es rica en grasas y baja en carbohidratos. Obtienen los carbohidratos que necesitan comiendo presas herbívoras ricas en nutrientes.

4 Cerebro
Los carbohidratos son vitales para las funciones cerebrales, ya que el cerebro requiere mucha energía.

Las piñas de coníferas son fuente de carbohidratos, proteínas y lípidos

2 Corazón y sangre
Los azúcares de la digestión pasan a la sangre y el corazón los bombea a todos los tejidos del cuerpo.

El azúcar se convierte en ácidos grasos, que actúan como reserva de energía en todo el cuerpo

3 Hígado
Los azúcares residuales liberados por la digestión de los carbohidratos se almacenan como glucógeno en el hígado. Se convertirán en glucosa para proporcionar energía cuando sea necesario.

Los azúcares se absorben a través de las paredes del intestino delgado

1 Digestión
Los carbohidratos se descomponen durante la digestión (pp. 162-163) y liberan átomos de carbono para su uso en la síntesis bioquímica (producción de moléculas complejas) y en los azúcares.

5 Músculos y respiración
La glucosa es esencial en la respiración, pues proporciona a los músculos energía para mover el cuerpo.

CEREBRO

CORAZÓN

HÍGADO

ESTÓMAGO

INTESTINO DELGADO

MÚSCULO

Tipos de carbohidrato

Químicamente, un carbohidrato se puede clasificar como monosacárido, disacárido, oligosacárido o polisacárido, según el número de moléculas de azúcar que lo componen. Los monosacáridos funcionan como moléculas de almacenamiento de energía y como componentes de azúcares más complejos, y se usan como elementos estructurales. Los disacáridos se utilizan principalmente en el transporte celular. Los polisacáridos sirven como almacén de energía y liberan energía más lentamente que los monosacáridos y los disacáridos.

Monosacáridos

Los monosacáridos, como la glucosa y la fructosa, están formados por una unidad de azúcar. Son los componentes básicos de azúcares más complejos y se usan para almacenar y liberar energía.

Una sola unidad de azúcar

MONOSACÁRIDO

Disacárido

La sacarosa (producida por las plantas), la lactosa (que se encuentra en la leche) y la maltosa son disacáridos. Están formadas por dos monosacáridos unidos.

Dos unidades de azúcar

DISACÁRIDO

Oligosacárido

Los carbohidratos formados por entre tres y seis unidades de azúcar se llaman oligosacáridos. Además de lactosa (un disacárido), la leche materna tiene oligosacáridos.

Tres unidades de azúcar

OLIGOSACÁRIDO

Polisacárido

Los polisacáridos, como la celulosa, el almidón y el glucógeno, son polímeros grandes formados por muchas moléculas de azúcar. Su estructura puede ser ramificada o lineal.

Muchas unidades de azúcar unidas

Estructura ramificada

POLISACÁRIDO

Las crías de los mamíferos obtienen carbohidratos de la leche materna

La celulosa, el carbohidrato más abundante en la naturaleza, es una fibra resistente que se encuentra en las células vegetales y que aporta fuerza y sujeción

Las plantas crean carbohidratos en sus hojas con la fotosíntesis

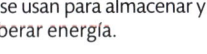

Fuentes de carbohidratos

Los carbohidratos tienen tres formas: azúcares simples, almidones y fibras. Los azúcares simples (monosacáridos y disacáridos) son la principal fuente de energía del cuerpo y constituyen los componentes de azúcares más complejos. Los almidones y las fibras (polisacáridos) son carbohidratos complejos que sirven como fuente almacenada de energía. Están en la leche y las plantas, por ejemplo en frutas, cereales y verduras.

TIPO		FUENTE
	**Azúcares simples**	Los azúcares simples están de forma natural en las frutas. También se fabrican para crear dulces y alimentos procesados, endulzarlos o mejorar su textura.
	**Almidones**	Los almidones están en hojas, frutos, raíces y tallos. Los cereales, los granos y el arroz son fuentes de almidón dietético, y verduras, como patatas, guisantes y maíz.
	**Fibras**	Entre las fuentes de fibra dietética están las legumbres, los frutos secos, los aguacates y el brócoli. También tienen fibra el algodón, el cáñamo, el bambú, la lana y la seda.

Las ramas contienen almidones y azúcares digeribles, así como fibra, que no se puede digerir pero que da estructura a las heces

LA **LACTOSA** DE LA LECHE ES EL **ÚNICO CARBOHIDRATO** DE **ORIGEN ANIMAL**

Lípidos

Como las grasas y los aceites, son clave para el funcionamiento de los organismos. Además de dar textura a muchos de los alimentos que comen los animales, tienen funciones vitales como almacenar energía, formar membranas celulares y actuar como mensajeros químicos.

¿Qué son los lípidos?

Los lípidos son algo más que las grasas y los aceites. Son un grupo diverso de moléculas que incluyen ceras y algunas vitaminas y hormonas, y que forman la mayoría de las membranas celulares de un organismo. Se componen de largas cadenas de átomos de carbono con hidrógeno y oxígeno. Algunos también contienen nitrógeno y fósforo. Pese a tener composiciones variadas, a diferencia de casi todas las demás moléculas de células vivas, son insolubles en agua. Los animales pueden producir algunos lípidos, pero otros deben obtenerlos de los alimentos que comen, como las plantas.

Tipos de lípido

Hay cuatro grupos principales de lípidos: triglicéridos, fosfolípidos, esteroides y ceras. Tienen diferentes estructuras moleculares, lo que los hace aptos para una variedad de funciones vitales en los cuerpos de plantas, animales y otros seres vivos.

Triglicéridos

Un triglicérido está formado por una unidad de glicerol y tres cadenas de ácidos grasos. Estos pueden ser saturados o insaturados. La mayoría de las grasas saturadas son sólidas a temperatura ambiente, mientras que las insaturadas suelen ser líquidas.

Como todas las semillas, las de sésamo contienen altos niveles de grasas saludables

El aguacate tiene un alto contenido de grasas saludables

Los lípidos constituyen un tercio de una loncha de queso

Además de proteínas, la carne de vacuno contiene altos niveles de lípidos

HAMBURGUESA DE VACUNO

Triglicéridos

Las moléculas de triglicéridos, conocidos como grasas y aceites, pueden descomponerse con la digestión y almacenarse como grasa en el cuerpo. Las grasas son sólidas a temperatura ambiente, y los animales las utilizan como aislamiento, como protección y para almacenar energía a largo plazo. Los aceites son líquidos a temperatura ambiente y las plantas los utilizan para almacenar energía a largo plazo.

Grasas saturadas e insaturadas

Una grasa saturada está llena de átomos de hidrógeno y no tiene enlaces dobles carbono-carbono en su estructura química. Una grasa insaturada tiene al menos un doble enlace carbono-carbono. Las grasas saturadas se encuentran sobre todo en alimentos de origen animal –queso, carne o mantequilla–, pero algunos alimentos vegetales también tienen un alto contenido de grasas saturadas, como el aceite de coco y el de palma. Las grasas insaturadas se encuentran en los frutos secos y en algunas semillas y aceites vegetales.

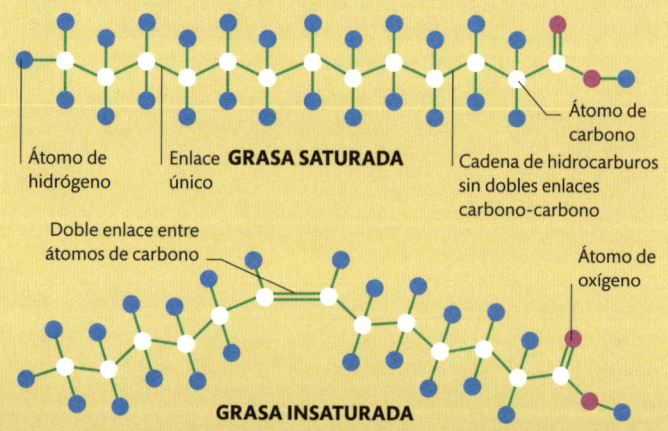

Átomo de hidrógeno

Enlace único **GRASA SATURADA**

Cadena de hidrocarburos sin dobles enlaces carbono-carbono

Átomo de carbono

Doble enlace entre átomos de carbono

Átomo de oxígeno

GRASA INSATURADA

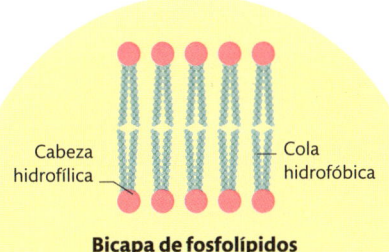

Cabeza hidrofílica

Cola hidrofóbica

Bicapa de fosfolípidos

En las membranas celulares, los fosfolípidos están dispuestos en una doble capa. Las cabezas hidrofílicas miran hacia fuera, en contacto con el líquido acuoso dentro y fuera de la célula, mientras que las colas hidrofóbicas apuntan hacia dentro.

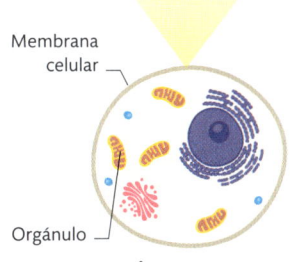

Membrana celular

Orgánulo

CÉLULA ANIMAL

El cortisol, producido por las glándulas suprarrenales, regula el metabolismo y la respuesta inmune

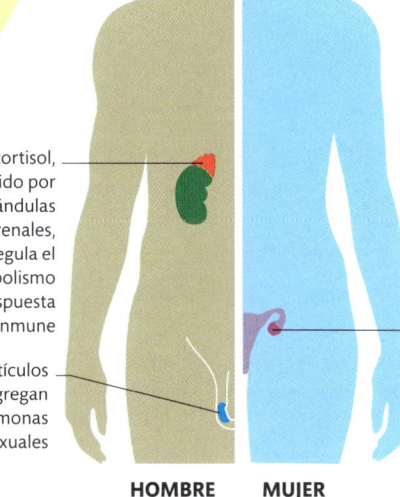

Los testículos segregan hormonas sexuales

Los ovarios segregan hormonas sexuales

HOMBRE   **MUJER**

La glándula de acicalamiento en la base de la cola produce cera para mantener las plumas impermeabilizadas

El flamenco se acicala extendiendo cera sobre sus plumas

FLAMENCO

Fosfolípidos

Estos lípidos forman las membranas y los orgánulos de casi todas las células (pp. 56-57). Cada molécula de fosfolípido se compone de una cola lipídica hidrofóbica (que odia el agua) y una cabeza hidrofílica (que ama el agua). Estas moléculas forman una barrera entre el contenido de una célula y su entorno.

Esteroides

Las hormonas esteroides, como el cortisol y el estrógeno y la testosterona (hormonas sexuales), derivan de un lípido ceroso llamado colesterol. Las hormonas actúan como mensajeros químicos entre células, tejidos y sistemas del cuerpo humano y regulan diversos procesos corporales.

Ceras

Las ceras son lípidos que recubren las plumas de algunas aves acuáticas, las hojas de algunas plantas y las cutículas de algunos insectos. También se encuentran en los oídos de algunos animales para proteger los tímpanos. Las propiedades hidrofóbicas de las ceras ayudan a estos organismos a repeler el agua y a mantenerse secos.

COLESTEROL

El colesterol es un lípido ceroso que se encuentra en la sangre. Es necesario para formar células sanas, pero los niveles altos de colesterol «malo» (llamado LDL) pueden acumularse en las paredes de los vasos sanguíneos e impedir que la sangre y el oxígeno lleguen al corazón, aumentando el riesgo de enfermedad cardíaca.

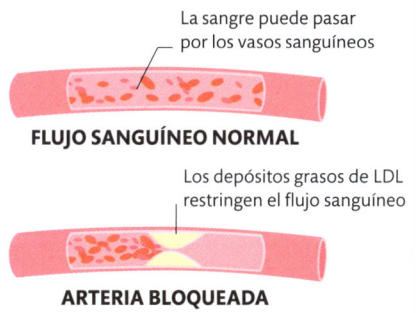

La sangre puede pasar por los vasos sanguíneos

FLUJO SANGUÍNEO NORMAL

Los depósitos grasos de LDL restringen el flujo sanguíneo

ARTERIA BLOQUEADA

¿CÓMO ALMACENAN GRASAS LOS ANIMALES?

Los animales almacenan grasas de varias formas: los insectos usan un órgano llamado cuerpo graso; los tiburones, el hígado, y los peces, las fibras musculares.

ARN

La función principal del ARN (ácido ribonucleico) es traducir el código del ADN para fabricar proteínas. Hay tres tipos diferentes de ARN: ARN mensajero (ARNm), ARN de transferencia (ARNt) y ARN ribosómico (ARNr). El ARN se encuentra en el núcleo y en el citoplasma de las células vegetales y animales. Una cadena de ARN es monocatenaria y más corta que el ADN. Puede tener la forma de una sola hélice o de una molécula recta, o puede estar retorcida sobre sí misma. Al igual que en el caso del ADN, hay cuatro bases posibles unidas a cada azúcar en una molécula de ARN: adenina, citosina, guanina y uracilo (que reemplaza a la timina). La adenina siempre se une al uracilo, mientras que la citosina siempre se une a la guanina.

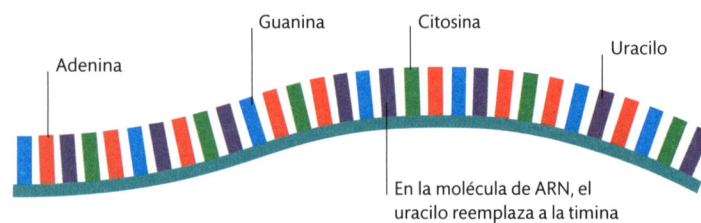

Adenina
Guanina
Citosina
Uracilo

En la molécula de ARN, el uracilo reemplaza a la timina

ARN mensajero
El ADN no puede salir del núcleo, por lo que el ARNm, una plantilla genética, actúa como mensajero entre el ADN y las unidades de ensamblaje de proteínas llamadas ribosomas (p. 59).

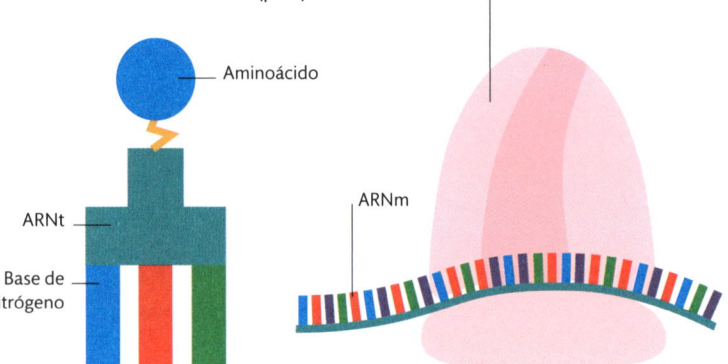

Aminoácido

Ribosoma que contiene ARNr

ARNt

ARNm

Base de nitrógeno

ARN de transferencia
El ARNt es el responsable de unir los componentes básicos de las proteínas, llamados aminoácidos, durante la traducción (p. 91) para formar una cadena peptídica que después se convierte en proteína.

ARN ribosómico
El ARNr es el componente principal de los ribosomas. Un ribosoma lee una secuencia de ARNm y la traduce en aminoácidos para construir moléculas de proteínas.

EL **ARN** CONSTITUYE EL **5 POR CIENTO DEL PESO DEL CUERPO HUMANO**, Y EL **ADN** SOLO **EL 1 POR CIENTO**

ADN MITOCONDRIAL

El ADN mitocondrial (ADNmt) contiene los 37 genes necesarios para que funcionen las mitocondrias. El ADN nuclear se hereda de ambos padres, y el ADNmt se hereda solo de la madre. Tras analizar muestras de ADNmt de miles de personas, los científicos han rastreado un único ancestro femenino común para todos los seres humanos actuales. En la ciencia forense, el ADNmt se utiliza a menudo para analizar viejos dientes, huesos o cabellos con bajo contenido de ADN.

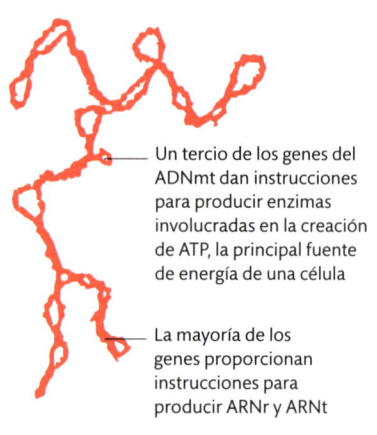

Un tercio de los genes del ADNmt dan instrucciones para producir enzimas involucradas en la creación de ATP, la principal fuente de energía de una célula

La mayoría de los genes proporcionan instrucciones para producir ARNr y ARNt

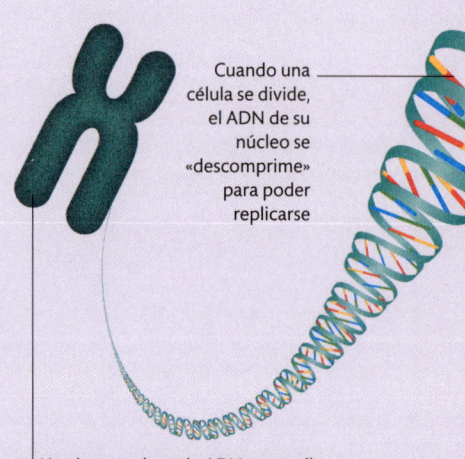

Cuando una célula se divide, el ADN de su núcleo se «descomprime» para poder replicarse

Una larga cadena de ADN se enrolla firmemente junto con proteínas empaquetadoras llamadas histonas para formar una estructura llamada cromosoma (pp. 58-59)

Ácidos nucleicos

Las células vivas tienen ácidos nucleicos. El ADN es esencial para la vida. En él están, codificadas, las instrucciones que el organismo necesita para crecer y desarrollarse. El ARN, también necesario para la vida, traduce las instrucciones del ADN para producir proteínas.

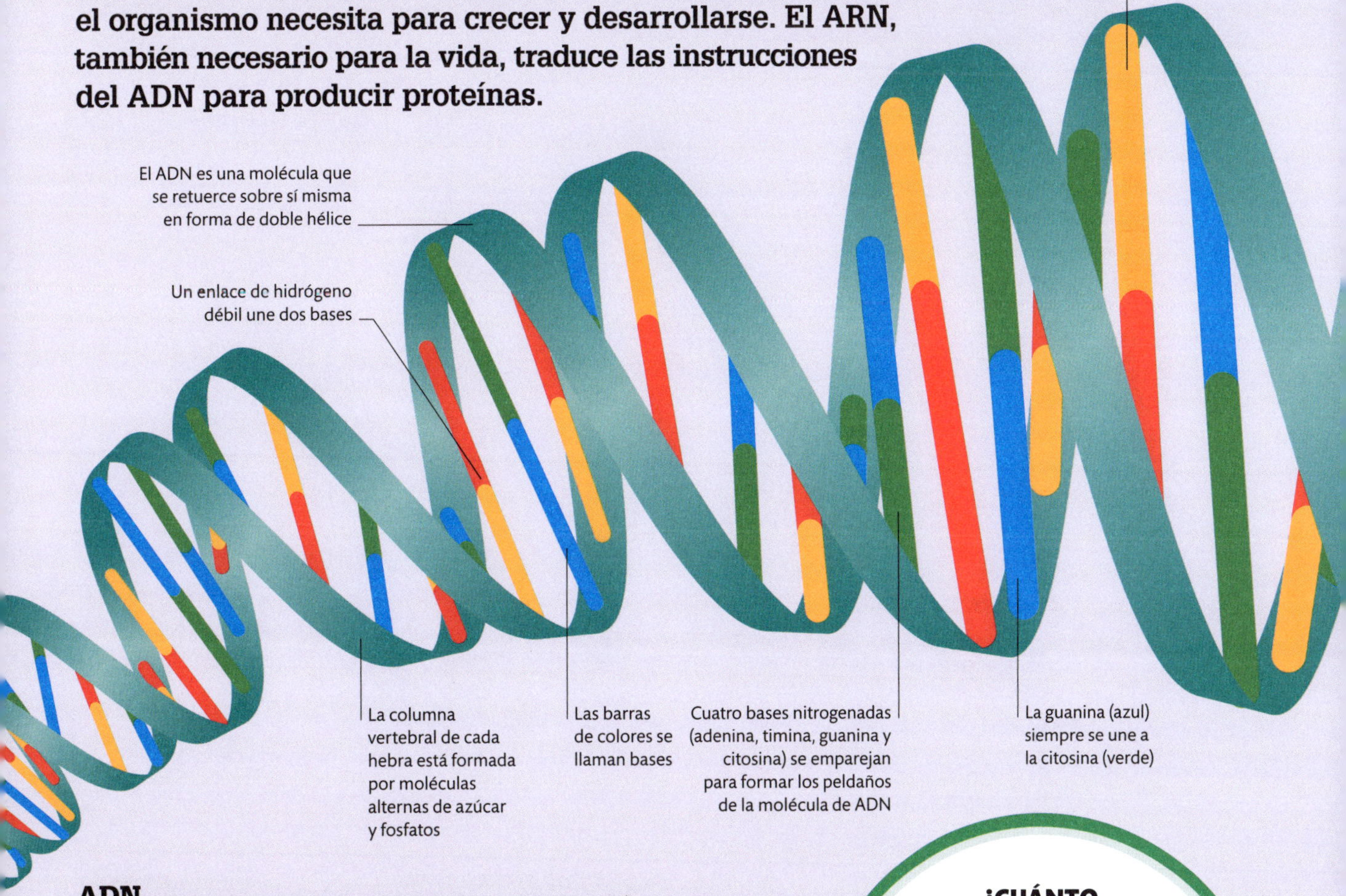

La timina (amarillo) siempre se une a la adenina (rojo)

El ADN es una molécula que se retuerce sobre sí misma en forma de doble hélice

Un enlace de hidrógeno débil une dos bases

La columna vertebral de cada hebra está formada por moléculas alternas de azúcar y fosfatos

Las barras de colores se llaman bases

Cuatro bases nitrogenadas (adenina, timina, guanina y citosina) se emparejan para formar los peldaños de la molécula de ADN

La guanina (azul) siempre se une a la citosina (verde)

ADN

El ácido desoxirribonucleico (ADN) es la molécula que transporta la información genética para que un organismo se desarrolle y funcione. Determina si un ser vivo se convertirá en una planta, un animal u otra cosa, y codifica instrucciones para producir moléculas grandes llamadas proteínas (pp. 38-39). En los animales y las plantas, la mayor parte del ADN está enrollado en forma de cromosomas dentro de los núcleos celulares. Cuando las células se dividen, las moléculas de ADN se replican para que todas las células contengan una copia del código vital. Una molécula de ADN está estructurada como una escalera enroscada sobre sí misma, con azúcares y fosfatos que forman la columna vertebral, y pares de bases nitrogenadas que forman los peldaños.

¿CUÁNTO ADN TENEMOS?

Si se pusieran en fila todas las moléculas de ADN del cuerpo humano, medirían más que la distancia entre el Sol y Plutón, unos 6200 millones de kilómetros.

Proteínas

Todos los seres vivos tienen proteínas. Son grandes moléculas biológicas con miles de funciones metabólicas. La función de cada una está definida por su forma, que depende de su composición química. La información necesaria para construir las proteínas de un cuerpo se almacena en su ADN.

¿PODEMOS DISEÑAR NUEVAS PROTEÍNAS?

Los ordenadores nos permiten predecir la forma de una proteína a partir de su estructura primaria. Esto significa que ahora podemos descubrir qué hace una proteína y ajustar su diseño.

La estructura de las proteínas

Una proteína es un polímero: una molécula larga formada por unidades más pequeñas, que se llaman aminoácidos y son compuestos orgánicos como un átomo de nitrógeno. Las proteínas humanas se construyen con 20 posibles aminoácidos, pero hay algunos más que se usan en otras formas de vida. Cada proteína tiene un orden preciso de aminoácidos encadenados. Una proteína típica contiene unas 500 moléculas de aminoácidos.

ESTRUCTURA PRIMARIA

Aminoácido

Ácidos adyacentes unidos por medio de un enlace peptídico

CADENA DE AMINOÁCIDOS

1 La estructura primaria de una proteína es el orden de sus aminoácidos. Los aminoácidos adyacentes están unidos por un enlace peptídico: un enlace entre un átomo de carbono de un ácido y un átomo de nitrógeno de otro. Una cadena de varios aminoácidos se llama polipéptido.

ESTRUCTURA SECUNDARIA

LÁMINA PLEGADA BETA

Forma en zigzag

Forma espiral

HÉLICE ALFA

2 Los aminoácidos de un polipéptido se enroscan y se pliegan en una estructura secundaria, que sujetan unos enlaces de hidrógeno débiles entre los átomos de su eje. Esta estructura tiene forma de hélice retorcida o de lámina plegada.

Plegado de proteínas

Hay cuatro niveles en la forma definitiva de una proteína. Esto se debe a que los numerosos componentes de una molécula de proteína larga atraen y repelen otras partes de la cadena, por lo que la proteína se pliega en una forma tridimensional compleja.

PRIONES

Un prion es una proteína mal plegada que puede causar enfermedades si hace que otras también cambien de forma. Las enfermedades priónicas son muy raras.

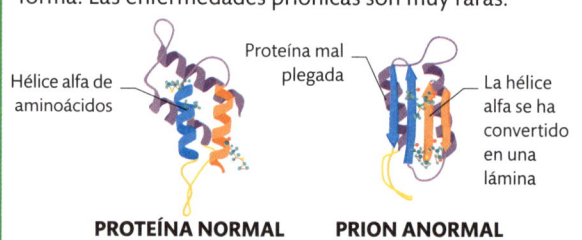

Hélice alfa de aminoácidos

Proteína mal plegada

La hélice alfa se ha convertido en una lámina

PROTEÍNA NORMAL   **PRION ANORMAL**

LA **MOSCA DE LA FRUTA** CONTIENE UNOS **10 000** TIPOS DE **PROTEÍNAS**

ESTRUCTURA CUATERNARIA

Una proteína con dos cadenas polipeptídicas se llama dímero

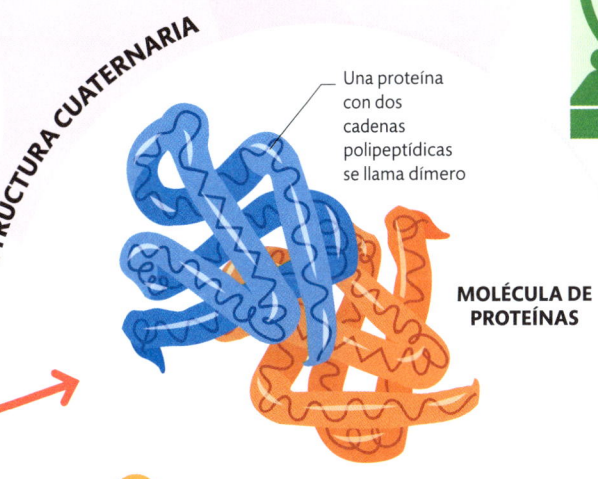

MOLÉCULA DE PROTEÍNAS

ESTRUCTURA TERCIARIA

Un solo cambio de aminoácido puede provocar un cambio en la estructura en 3D de la proteína

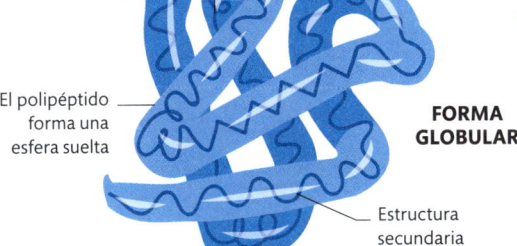

El polipéptido forma una esfera suelta

FORMA GLOBULAR

Estructura secundaria

4 Algunas proteínas están formadas por varias cadenas polipeptídicas que se unen en una única estructura conocida como cuaternaria. Muchas proteínas están formadas por una sola cadena polipeptídica, por lo que no poseen este cuarto nivel.

3 La estructura proteica secundaria se pliega en tres dimensiones para crear una forma globular llamada estructura terciaria. La forma depende en gran medida de la fuerza de los enlaces entre las diferentes partes de la estructura secundaria.

Cómo se usan las proteínas

Las proteínas se utilizan en todas las partes del cuerpo, desde tejidos como la piel y el cartílago, hasta órganos grandes como los músculos, además de funcionar a nivel molecular como enzimas (pp. 40-41). La forma precisa de las proteínas significa que se pueden utilizar de maneras muy específicas. Si la estructura primaria es correcta, cualquier forma cuaternaria también lo será, lo que permite fabricar proteínas en grandes cantidades.

FUNCIONES CLAVE DE LAS PROTEÍNAS

	Estructura celular	El citoesqueleto está formado por cadenas de proteínas. Las proteínas también controlan el movimiento a través de las membranas celulares.	**Sangre**	La hemoglobina, que transporta el oxígeno en la sangre, es una proteína globular formada por cuatro polipéptidos.
	ADN	Los cromosomas organizan el ADN enroscándolo alrededor de proteínas llamadas histonas. Las enzimas se ocupan de la replicación y traducción de genes.	**Enzimas digestivas**	Los nutrientes se descomponen o se digieren en constituyentes simples mediante enzimas proteicas.
	Hormonas	Muchas hormonas que circulan por el cuerpo son proteínas globulares. Por ejemplo, la insulina es una proteína pequeña.	**Neuronas**	Las extensiones de las neuronas, parecidas a cables, tienen poros de proteínas que permiten que los iones cargados entren y salgan para crear pulsos eléctricos.
	Almacenaje	Hay proteínas de almacenaje en las claras de huevo, en las semillas de plantas y en la leche. Guardan aminoácidos en reserva hasta que se necesitan para el crecimiento.	**Proteínas musculares**	Las proteínas actúan juntas para hacer que los músculos se contraigan: una proteína puede superponerse a otra para reducir la longitud total del músculo.

1 Enzima y sustrato

La forma de una enzima complementa la del sustrato sobre el que actúa. Este diagrama muestra una enzima anabólica que convierte dos sustratos químicos en un solo producto. Por el contrario, las enzimas catabólicas (como las enzimas digestivas) descomponen un único sustrato químico en múltiples productos.

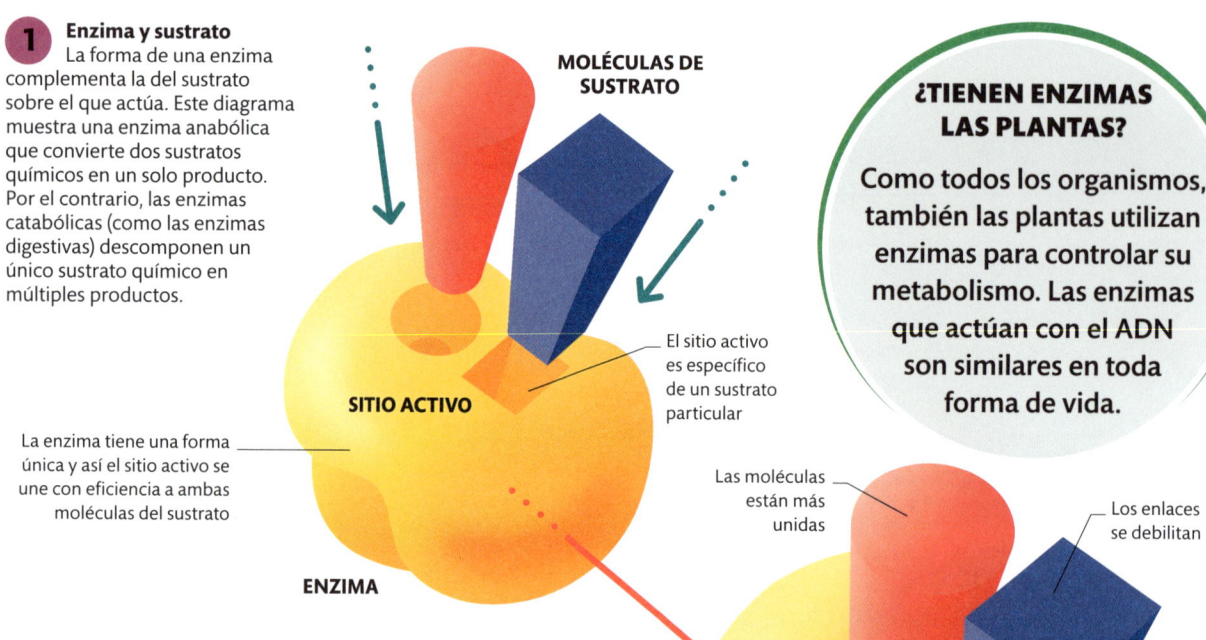

MOLÉCULAS DE SUSTRATO

El sitio activo es específico de un sustrato particular

SITIO ACTIVO

La enzima tiene una forma única y así el sitio activo se une con eficiencia a ambas moléculas del sustrato

ENZIMA

Las moléculas están más unidas

Los enlaces se debilitan

Las moléculas de sustrato forman enlaces temporales con la enzima, lo que desencadena una reacción química

El modelo llave-cerradura

Se cree que todas las enzimas funcionan a través de un mecanismo llamado modelo de llave-cerradura. Cada enzima es capaz de manejar un conjunto específico de materias primas llamado sustrato. Según la analogía, la proteína enzimática es la cerradura porque su molécula contiene una zona, llamada sitio activo, cuya forma permite que las moléculas del sustrato (la llave) se unan a ella. Cuando las moléculas del sustrato se unen al sitio activo (como una llave en una cerradura), se desencadena una reacción química que altera las propiedades químicas del sustrato.

2 Reacción

La unión con la enzima en el sitio activo altera las propiedades químicas de las moléculas del sustrato, acercándolas y debilitando algunos de sus enlaces. Las moléculas rompen esos enlaces y se recombinan para formar un producto nuevo y más grande.

Enzimas

Una enzima es un catalizador biológico: aquella sustancia que facilita o acelera (cataliza) una reacción química. Los organismos vivos utilizan miles de enzimas diferentes para impulsar series consecutivas de reacciones químicas, conocidas como rutas metabólicas, que mantienen la vida. Todas las enzimas se basan en moléculas de proteínas, pero la función de cada tipo de enzima depende de la forma de la molécula.

3 Producto

El producto recién formado tiene propiedades químicas diferentes a las de las moléculas del sustrato original. Eso significa que ya no puede unirse al sitio activo de la enzima y, por lo tanto, es liberado. La enzima no ha sido alterada por la reacción.

ALTERACIÓN DE ENZIMAS

Las enzimas funcionan mejor a una cierta temperatura. Para la mayoría de las humanas es a unos 37 °C. Si hace demasiado frío o demasiado calor, la enzima es menos eficiente. A temperaturas superiores a los 55 °C, la estructura de la enzima cambia o se desnaturaliza. Eso altera la forma del sitio activo y la enzima deja de funcionar.

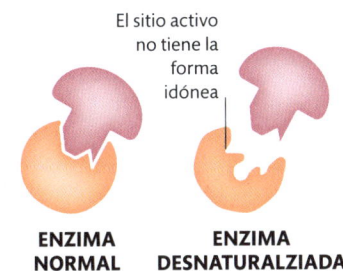

El sitio activo no tiene la forma idónea

ENZIMA NORMAL

ENZIMA DESNATURALZIADA

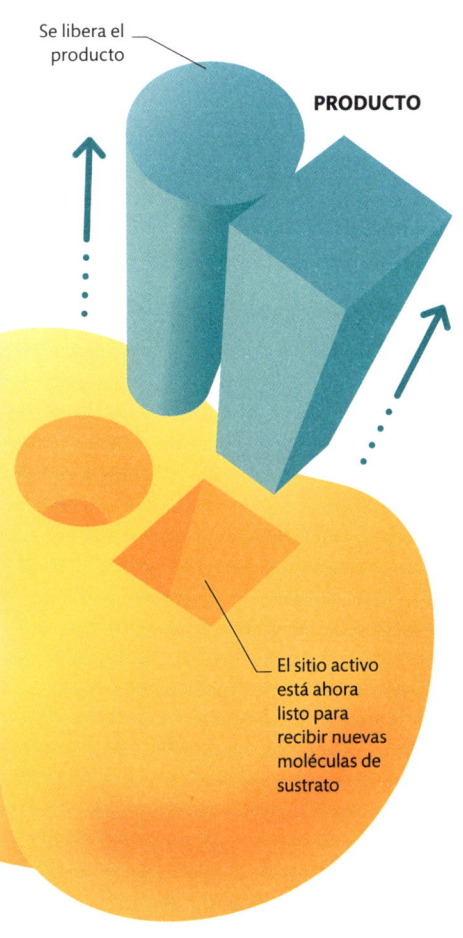

Se libera el producto

PRODUCTO

El sitio activo está ahora listo para recibir nuevas moléculas de sustrato

Enzimas digestivas

Son una parte clave del sistema digestivo de un animal, en el que las moléculas grandes y complejas de los alimentos se descomponen en unidades más simples que el cuerpo puede asimilar mejor. Cada tipo de nutriente es manejado por su propio conjunto de enzimas digestivas. Estas son segregadas por el tracto digestivo, creando jugos digestivos que se mezclan con los alimentos.

Carbohidrasas

Descomponen los carbohidratos complejos, como los almidones, en moléculas de azúcar más pequeñas. Luego el intestino absorbe los azúcares digeridos.

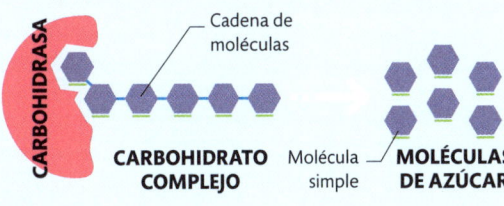

Cadena de moléculas

CARBOHIDRASA

CARBOHIDRATO COMPLEJO

Molécula simple

MOLÉCULAS DE AZÚCAR

Lipasas

Las grasas y los aceites, o lípidos, son digeridos por enzimas lipasas en el intestino delgado. Los lípidos se forman a partir de tres ácidos grasos unidos a un solo glicerol.

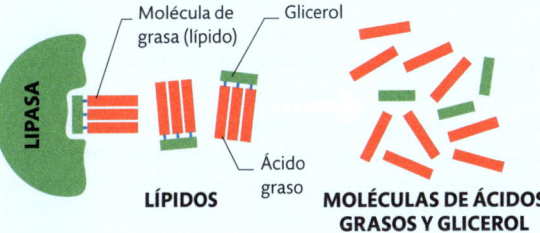

Molécula de grasa (lípido)

Glicerol

LIPASA

LÍPIDOS

Ácido graso

MOLÉCULAS DE ÁCIDOS GRASOS Y GLICEROL

Proteasas

Las proteínas son largas cadenas de unidades llamadas aminoácidos. Las enzimas proteasas las rompen para que los aminoácidos puedan absorberse por separado.

Cadena de aminoácidos

PROTEASA

PROTEÍNA

AMINOÁCIDOS

ENZIMAS EN LA INDUSTRIA

El poder catalítico de las enzimas significa que pueden usarse para fabricar en lugar de productos químicos inorgánicos menos eficientes y más contaminantes. En el futuro, podrían diseñarse enzimas artificiales para facilitar reacciones químicas que no se observan en los organismos vivos.

Plástico

Las enzimas de algunas bacterias pueden digerir plásticos y convertirlos en productos inofensivos.

Detergente

Los productos de lavandería biológicos utilizan enzimas para eliminar la materia orgánica de los tejidos sucios.

Queso

Para hacer queso se usan enzimas estomacales que convierten la leche en un sólido digerible.

Materiales estructurales

Los cuerpos vivos están compuestos por miles de sustancias distintas, pero unos pocos materiales versátiles son los responsables de garantizar su integridad estructural.

Materiales de construcción

Cada reino de la vida usa su propia combinación de materiales estructurales. Los principales son la celulosa, la quitina y el colágeno, a pesar de que cada uno se encuentra en diferentes tipos de organismos. Estos tres materiales son todos polímeros: moléculas que se forman a partir de cadenas de unidades más pequeñas. Sus moléculas se pueden combinar fácilmente para formar fibras y láminas fuertes, lo que las hace fundamentales para dar forma y soporte a todas las partes del cuerpo.

LA CELULOSA ES EL COMPUESTO ORGÁNICO NATURAL MÁS ABUNDANTE

Los tallos de las plantas se fortalecen con tubos vasculares de celulosa

La quitina da rigidez al exoesqueleto de las abejas

CELULOSA

La celulosa es un polisacárido (pp. 32-33) formado por largas cadenas de glucosa. Es el material principal de las paredes de todas las células vegetales. Las paredes de las células dan a las hojas, los tallos y las raíces de la planta una estructura sólida. La madera y la corteza están hechas de fibras de celulosa entrecruzadas con otras moléculas.

Los élitros (cubiertas protectoras rígidas de las alas) del escarabajo están formados por capas de quitina

Cuerpo y alas cubiertos de escamas de quitina

La quitina une los segmentos del cuerpo del centípedo y le permite que se flexione

---

QUERATINA

La queratina, una proteína fibrosa, se encuentra en todo tipo de animales. Sus propiedades la hacen perfecta para crear una capa flexible e impermeable, por lo que se encuentra en la piel, las escamas y el cabello. La queratina también ayuda a fortalecer otras partes externas del cuerpo, como uñas, garras y cuernos.

 **PIEL**

 **ESCAMAS**

 **PELO**

 **PLUMAS**

 UÑAS

 GARRAS

 PEZUÑAS

 CUERNOS

¿ESTÁN VIVOS LOS HUESOS?

El hueso es un tejido vivo. Los minerales ricos en calcio que crean su estructura ligera y rígida se renuevan sin cesar. En su interior tiene conexiones sanguíneas y nerviosas.

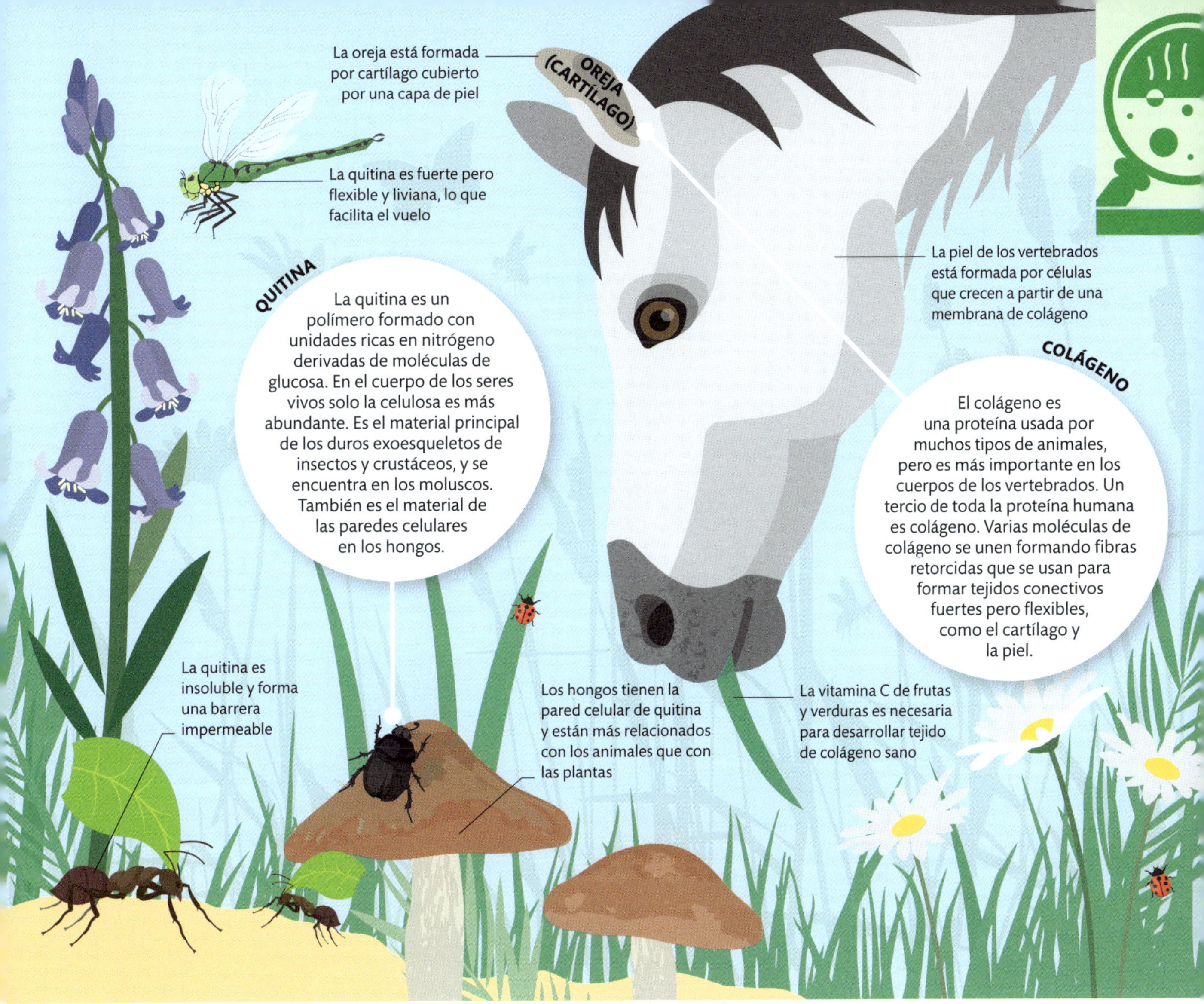

La oreja está formada por cartílago cubierto por una capa de piel

OREJA (CARTÍLAGO)

La quitina es fuerte pero flexible y liviana, lo que facilita el vuelo

QUITINA

La quitina es un polímero formado con unidades ricas en nitrógeno derivadas de moléculas de glucosa. En el cuerpo de los seres vivos solo la celulosa es más abundante. Es el material principal de los duros exoesqueletos de insectos y crustáceos, y se encuentra en los moluscos. También es el material de las paredes celulares en los hongos.

La piel de los vertebrados está formada por células que crecen a partir de una membrana de colágeno

COLÁGENO

El colágeno es una proteína usada por muchos tipos de animales, pero es más importante en los cuerpos de los vertebrados. Un tercio de toda la proteína humana es colágeno. Varias moléculas de colágeno se unen formando fibras retorcidas que se usan para formar tejidos conectivos fuertes pero flexibles, como el cartílago y la piel.

La quitina es insoluble y forma una barrera impermeable

Los hongos tienen la pared celular de quitina y están más relacionados con los animales que con las plantas

La vitamina C de frutas y verduras es necesaria para desarrollar tejido de colágeno sano

Crear esqueletos duros

Los animales necesitan tejidos duros y rígidos que les protejan, como caparazones, o estructuras internas y puntos de anclaje para los músculos, como los huesos. La formación de cristales sólidos en los espacios entre las células fortalece esos tejidos vitales. Los componentes minerales pueden recolectarse como formas solubles en los alimentos o el agua que consume un animal y luego convertirse en sólidos insolubles.

El esmalte dental contiene hidroxiapatita y es el material biológico más duro

El caparazón está hecho de capas de pequeños cristales

La esponja está protegida por púas de sílice microscópicas

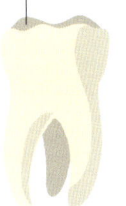

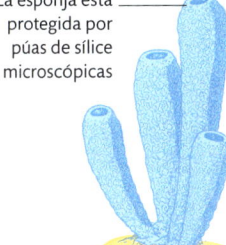

Hidroxiapatita
La hidroxiapatita, una forma natural de fosfato de calcio, se encuentra en huesos y dientes. Constituye alrededor del 70 por ciento del peso del esqueleto humano.

Aragonita
El caparazón de moluscos o crustáceos se endurecen con aragonita, una forma de carbonato de calcio. Las materias primas se extraen del agua de mar.

Sílice
Los cuerpos de algunas esponjas y corales están formados por partículas de sílice. Esta sustancia parecida al vidrio es la forma natural del dióxido de silicio.

Vitaminas

El cuerpo humano necesita pequeñas cantidades de 13 sustancias químicas esenciales diferentes llamadas vitaminas. Tienen una amplia variedad de formas y funciones, y desempeñan un papel importante en los procesos metabólicos. El cuerpo humano no puede producir vitaminas a partir de ingredientes crudos, pero las puede extraer de los alimentos de una dieta equilibrada.

Vitaminas liposolubles

Estas vitaminas se absorben en el intestino encapsuladas en glóbulos de grasa. Pueden almacenarse en los depósitos de grasa del cuerpo. Las vitaminas liposolubles no alcanzan niveles tóxicos en una dieta normal, pero consumir grandes cantidades en forma de suplementos puede causar problemas de salud.

Vitaminas hidrosolubles

Estas vitaminas pasan directamente al torrente sanguíneo desde los jugos digestivos. El cuerpo solo toma lo que necesita, y cualquier exceso en la dieta (o en los suplementos) se expulsa. Las vitaminas solubles en agua no se pueden almacenar, por lo que es necesario consumirlas a diario.

VITAMINA A

La vitamina A desempeña funciones en muchos procesos, como la visión, la función inmune y la formación de huesos. Su deficiencia puede dar problemas de visión, como ceguera nocturna.

VITAMINA E

La vitamina E es un componente importante del sistema inmunológico y protege las membranas celulares de la piel y de los ojos. La deficiencia es rara.

VITAMINAS B

Las vitaminas B son una mezcla de ocho moléculas: B1 a B3, B5 a B7, B9 y B12. Contribuyen en todos los ámbitos a una buena salud y están fácilmente disponibles en una dieta equilibrada.

VITAMINA D

La vitamina D contribuye a la absorción de calcio y fósforo. La deficiencia provoca raquitismo, que ablanda y deforma los huesos.

VITAMINA K

La vitamina K es importante para que la sangre pueda coagularse. Las deficiencias son raras, y los síntomas son piel hinchada y frecuentes hemorragias nasales.

VITAMINA C

La vitamina C está asociada con la defensa de infecciones. La falta de vitamina C causa escorbuto, una enfermedad grave que afecta a muchas partes del cuerpo.

CLAVE

 Carne

 Ave

 Hígado

 Pescado

 Leche

 Hojas verdes

 Brócoli

 Aguacate

 Pescado graso

 Cacahuetes

 Huevos

 Aceite de oliva

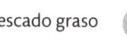 Tomates

 Plátanos

 Naranjas

 Fresas

 Frutos secos

 Beicon

 Cereales integrales

 Patatas fritas

 Comida preparada

 Lechuga

 Olivas

 Queso

Micronutrientes

Las vitaminas y los minerales son micronutrientes, sustancias esenciales que el organismo necesita en pequeñas cantidades para crecer y mantenerse sano. Los micronutrientes a menudo no se pueden almacenar fácilmente, por lo que se requiere un suministro pequeño pero constante.

Minerales

Los millones de sustancias bioquímicas utilizadas por todas las formas de vida se componen principalmente de cuatro elementos: hidrógeno, oxígeno, nitrógeno y carbono. Sin embargo, los procesos metabólicos requieren otros elementos contenidos en compuestos naturales llamados minerales, que están en el suelo y el agua.

ELEMENTOS EN EL CUERPO

Hay cuatro elementos que constituyen más del 96 por ciento del peso corporal humano. Por el contrario, el sodio, el potasio, el cloro, el magnesio y el azufre están presentes solo en pequeñas cantidades, pero el cuerpo no puede sobrevivir sin ellos.

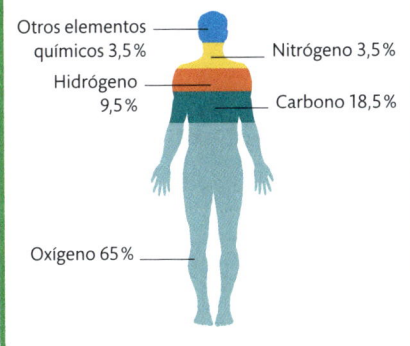

Otros elementos químicos 3,5 %

Nitrógeno 3,5 %

Hidrógeno 9,5 %

Carbono 18,5 %

Oxígeno 65 %

Magnesio
Es el componente central de la clorofila, el pigmento verde utilizado por las plantas y otros organismos fotosintéticos para recolectar energía de la luz solar.

Sodio
Las formas de sodio con carga positiva, llamadas iones, se utilizan ampliamente en reacciones metabólicas y para generar impulsos eléctricos en nervios y músculos.

Cloruro
Los iones de cloruro, los iones de carga negativa más abundantes en un cuerpo vivo, a menudo actúan contra el sodio y el potasio para neutralizar las diferencias eléctricas.

Azufre
Es un componente de varios aminoácidos y se utiliza para producir proteínas en la piel, el cabello, las plumas y los cuernos.

Potasio
Los iones de potasio con carga positiva se utilizan junto con el sodio para crear pequeñas diferencias eléctricas, o voltajes, a través de las membranas.

Fósforo
Este elemento altamente reactivo es un componente de los portadores de energía, como el trifosfato de adenosina (ATP), que usan todas las células.

Calcio
Uno de los minerales más abundantes en los cuerpos vivos. Los iones de calcio se utilizan en el metabolismo, pero también son la base de materiales estructurales como los huesos y la cáscara.

Oligoelementos
Hay muchos elementos, como el zinc, el selenio y el yodo, que aparecen en pequeña cantidad en los tejidos vivos. Muchos parecen contribuir a una buena salud, aunque no siempre se comprenden sus funciones exactas.

A DIFERENCIA DE UN ANIMAL, UNA **PLANTA NO NECESITA VITAMINAS**, SOLO **MINERALES**

La fotosíntesis

Unas diminutas estructuras de las células vegetales captan la energía luminosa del Sol y la convierten en energía química que se almacena en forma de azúcar. Este proceso se denomina fotosíntesis.

¿POR QUÉ LAS HOJAS SON VERDES?

Las moléculas de clorofila de los cloroplastos absorben la luz roja y azul violeta (los colores más eficaces para activar la fotosíntesis) y reflejan la luz verde.

De la luz solar al azúcar

La fotosíntesis tiene lugar en las hojas de las plantas. Requiere luz, dióxido de carbono (CO_2) y agua. Las raíces extraen agua del suelo y el CO_2 entra en las hojas por unos diminutos poros llamados estomas. Los cloroplastos (ver p. 61), unos orgánulos del interior de las células de las hojas, absorben la energía de la luz y unas reacciones químicas la convierten en la energía que la planta necesita.

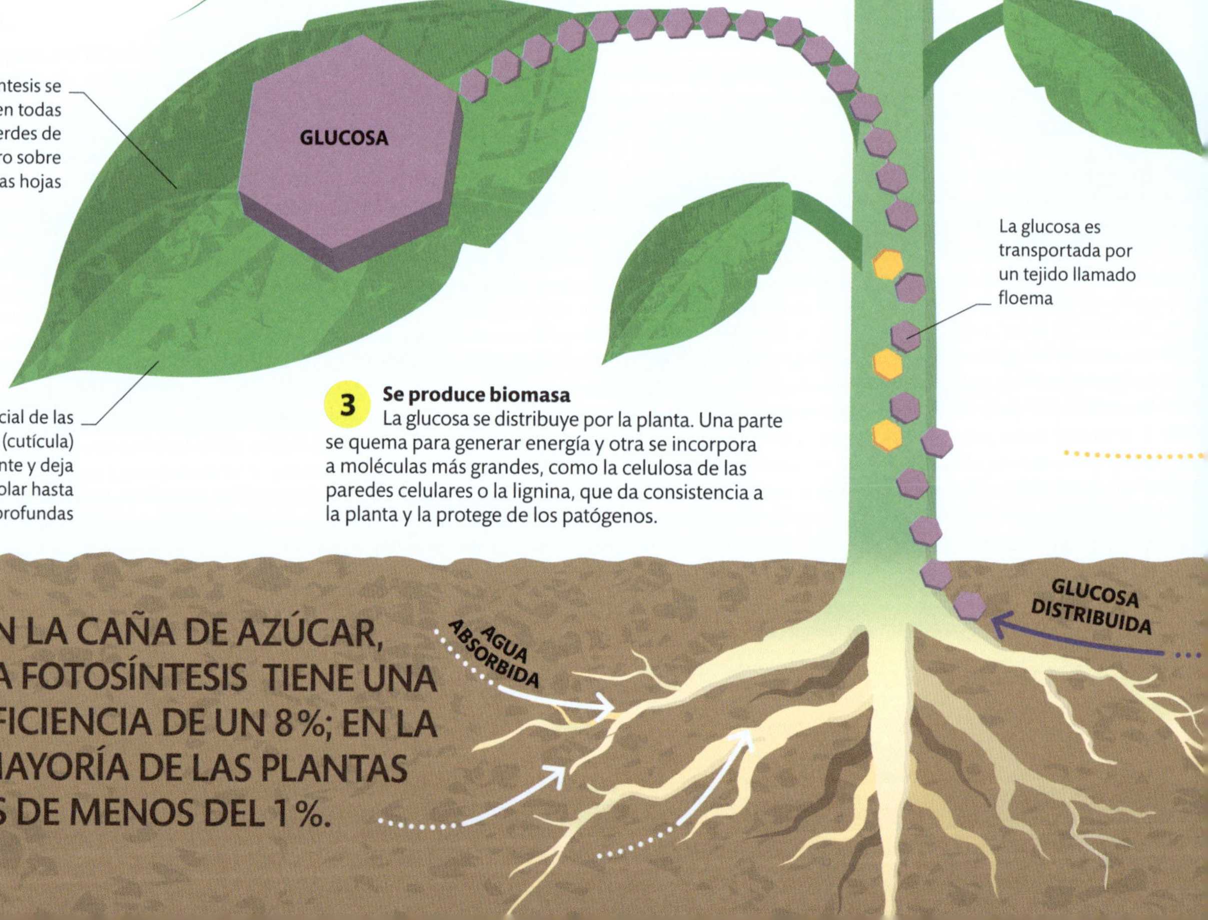

La glucosa ayuda a formar lignina en las partes leñosas de la planta

La fotosíntesis se produce en todas las partes verdes de la planta, pero sobre todo en las hojas

GLUCOSA

La glucosa es transportada por un tejido llamado floema

La capa superficial de las células foliares (cutícula) es transparente y deja pasar la luz solar hasta las capas más profundas

3 Se produce biomasa
La glucosa se distribuye por la planta. Una parte se quema para generar energía y otra se incorpora a moléculas más grandes, como la celulosa de las paredes celulares o la lignina, que da consistencia a la planta y la protege de los patógenos.

GLUCOSA DISTRIBUIDA

EN LA CAÑA DE AZÚCAR, LA FOTOSÍNTESIS TIENE UNA EFICIENCIA DE UN 8%; EN LA MAYORÍA DE LAS PLANTAS ES DE MENOS DEL 1%.

AGUA ABSORBIDA

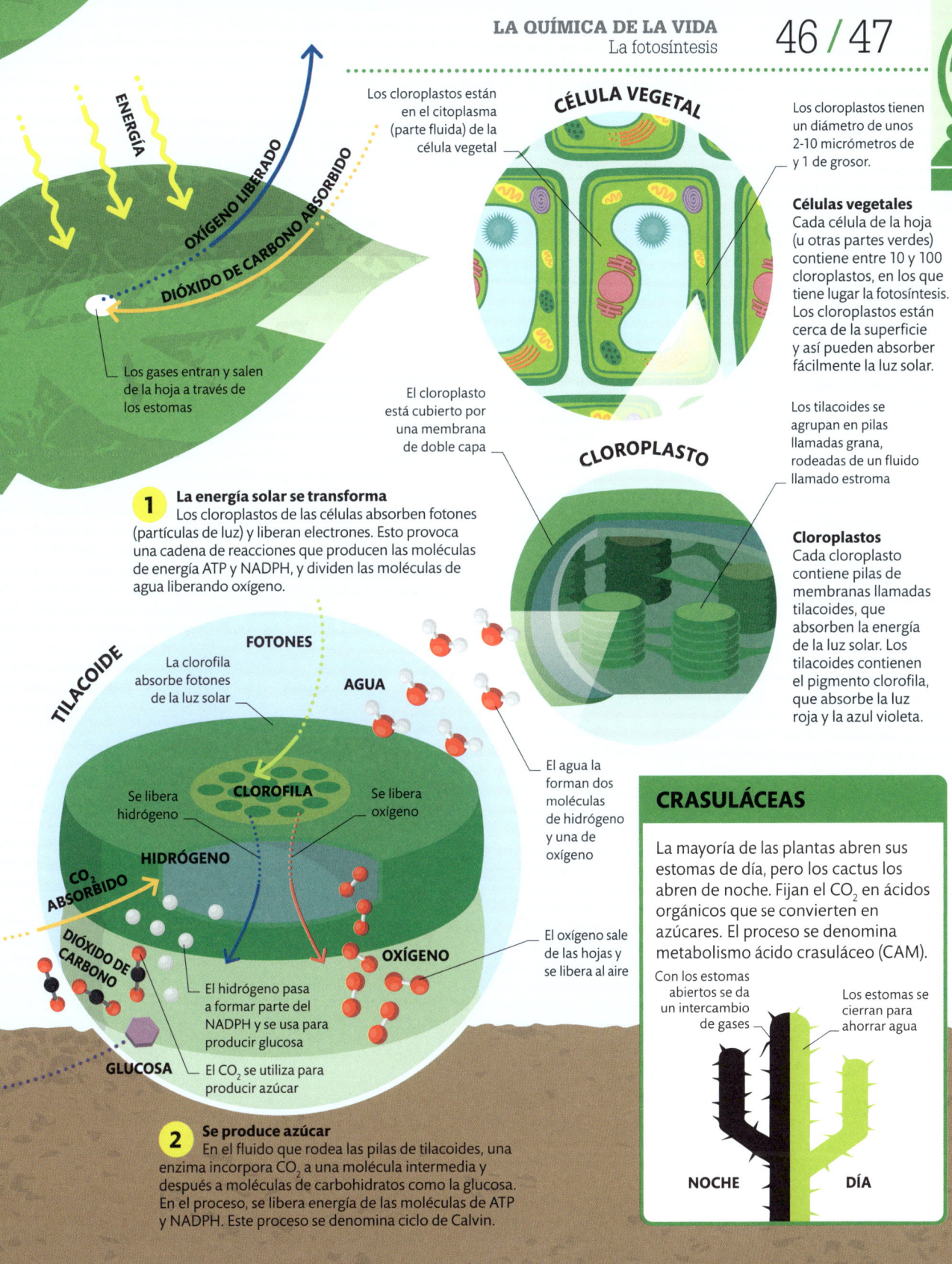

ENERGÍA

OXÍGENO LIBERADO

DIÓXIDO DE CARBONO ABSORBIDO

Los gases entran y salen de la hoja a través de los estomas

Los cloroplastos están en el citoplasma (parte fluida) de la célula vegetal

CÉLULA VEGETAL

Los cloroplastos tienen un diámetro de unos 2-10 micrómetros de y 1 de grosor.

Células vegetales
Cada célula de la hoja (u otras partes verdes) contiene entre 10 y 100 cloroplastos, en los que tiene lugar la fotosíntesis. Los cloroplastos están cerca de la superficie y así pueden absorber fácilmente la luz solar.

El cloroplasto está cubierto por una membrana de doble capa

CLOROPLASTO

Los tilacoides se agrupan en pilas llamadas grana, rodeadas de un fluido llamado estroma

Cloroplastos
Cada cloroplasto contiene pilas de membranas llamadas tilacoides, que absorben la energía de la luz solar. Los tilacoides contienen el pigmento clorofila, que absorbe la luz roja y la azul violeta.

1 **La energía solar se transforma**
Los cloroplastos de las células absorben fotones (partículas de luz) y liberan electrones. Esto provoca una cadena de reacciones que producen las moléculas de energía ATP y NADPH, y dividen las moléculas de agua liberando oxígeno.

TILACOIDE

FOTONES

La clorofila absorbe fotones de la luz solar

AGUA

CLOROFILA

Se libera hidrógeno

Se libera oxígeno

HIDRÓGENO

CO₂ ABSORBIDO

DIÓXIDO DE CARBONO

El hidrógeno pasa a formar parte del NADPH y se usa para producir glucosa

El CO_2 se utiliza para producir azúcar

GLUCOSA

OXÍGENO

El agua la forman dos moléculas de hidrógeno y una de oxígeno

El oxígeno sale de las hojas y se libera al aire

2 **Se produce azúcar**
En el fluido que rodea las pilas de tilacoides, una enzima incorpora CO_2 a una molécula intermedia y después a moléculas de carbohidratos como la glucosa. En el proceso, se libera energía de las moléculas de ATP y NADPH. Este proceso se denomina ciclo de Calvin.

CRASULÁCEAS

La mayoría de las plantas abren sus estomas de día, pero los cactus los abren de noche. Fijan el CO_2 en ácidos orgánicos que se convierten en azúcares. El proceso se denomina metabolismo ácido crasuláceo (CAM).

Con los estomas abiertos se da un intercambio de gases

Los estomas se cierran para ahorrar agua

NOCHE

DÍA

La respiración

El proceso de respiración tiene lugar en las células y consiste en descomponer los nutrientes de los alimentos para producir energía. Puede ser aeróbica (con oxígeno) o anaeróbica (sin oxígeno).

Respiración aeróbica

Utilizada por organismos que tienen un buen suministro de oxígeno, la respiración aeróbica es la más eficiente. El oxígeno que se respira en el aire reacciona con un combustible, como la glucosa (azúcar), y libera energía; esto también genera productos de desecho: dióxido de carbono y agua. Esta reacción es similar a la combustión, en la que un combustible se quema rápidamente en el aire. La respiración aeróbica ralentiza la reacción en pasos pequeños en los que se libera un paquete de energía utilizable.

GLUCOSA + **OXÍGENO** → **DIÓXIDO DE CARBONO** + **AGUA** + **ENERGÍA**

El proceso químico de la respiración aeróbica
La respiración aeróbica se puede representar como una ecuación. La glucosa y el oxígeno reaccionan para formar dióxido de carbono y agua y liberan energía.

1 Llevar combustible
Aquí se muestra la respiración en el tejido muscular, que utiliza mucha energía. La sangre aporta un suministro constante de oxígeno y glucosa a los tejidos. Las células del cuerpo también almacenan combustible en forma de glucógeno, elaborado a partir de cadenas de azúcares.

Oxígeno en la sangre

La glucosa se transporta en la sangre

Se usan seis moléculas de oxígeno por cada molécula de glucosa

Cada molécula de piruvato tiene tres átomos de carbono

La glucosa es un azúcar simple formado por seis átomos de carbono

La glucosa y el oxígeno entran en las células musculares

El glucógeno se produce a partir de cadenas de glucosa y de otros azúcares simples

2 Dividir la glucosa
La primera etapa es la glucólisis, en la que una molécula de glucosa se divide en dos moléculas de piruvato, liberando una pequeña cantidad de energía.

3 Liberar energía
Las moléculas de piruvato entran en las mitocondrias de la célula (ver p. 60), donde se combinan con oxígeno y se descomponen aún más, liberando energía en cada paso.

Las moléculas de piruvato entran en la mitocondria

La energía liberada en cada paso es capturada por una molécula llamada ATP (página opuesta)

CÉLULA MUSCULAR

MITOCONDRIA

El dióxido de carbono y el agua residuales salen de la mitocondria

Dióxido de carbono

Agua

VASO SANGUÍNEO

4 Productos de desecho
El dióxido de carbono y el agua generados por la respiración se difunden fuera de la célula, hacia el líquido tisular circundante, y desde allí hacia el plasma sanguíneo. El dióxido de carbono regresa a los pulmones, desde donde se exhala.

Respiración anaeróbica

Si disponen de oxígeno, los organismos dependen de la respiración anaeróbica. Esta descompone la glucosa y libera energía sin utilizar oxígeno. Algunos organismos, como las bacterias del suelo y las levaduras, utilizan solo este tipo de respiración. Los organismos que suelen respirar aeróbicamente, como los humanos, usan la respiración anaeróbica durante períodos de actividad física intensa, como en las carreras de velocidad.

EL VINO, EL PAN Y LA CERVEZA SE ELABORAN CON LEVADURA QUE REALIZA RESPIRACIÓN ANAERÓBICA

GLUCOSA → ÁCIDO LÁCTICO + ENERGÍA

El proceso químico de la respiración anaeróbica
Esta ecuación muestra la respiración anaeróbica en células animales. Las enzimas descomponen la glucosa en moléculas más pequeñas de ácido láctico, liberando solo una pequeña cantidad de energía.

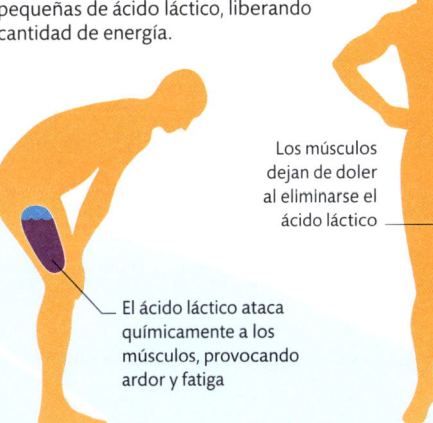

Los músculos dejan de doler al eliminarse el ácido láctico

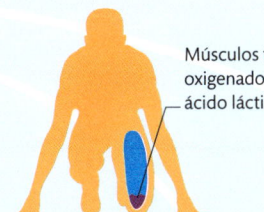

Músculos totalmente oxigenados, con poco ácido láctico

El ácido láctico se acumula en los músculos durante una actividad extenuante

El ácido láctico ataca químicamente a los músculos, provocando ardor y fatiga

Baja actividad
Durante el reposo o la actividad moderada, el cuerpo es capaz de absorber todo el oxígeno que necesita para respirar aeróbicamente y cubrir sus necesidades energéticas.

Actividad intensa
La sangre y los pulmones no pueden suministrar oxígeno a los músculos con suficiente rapidez, por lo que gran parte de la respiración es anaeróbica.

Deuda de oxígeno
El cuerpo absorbe oxígeno adicional al respirar hondo. La cantidad de oxígeno necesaria para descomponer el exceso de ácido láctico se llama deuda de oxígeno.

Recuperación
A medida que aumenta el nivel de oxígeno, el ácido láctico disminuye. Se descompone al oxidarse durante la respiración aeróbica.

LOS TRANSPORTADORES DE ENERGÍA ADP Y ATP

La energía liberada por la respiración es capturada por moléculas portadoras de energía, que la suministran para alimentar otras reacciones químicas en la célula. Los portadores más importantes son el trifosfato de adenosina (ATP) y el difosfato de adenosina (ADP). Cuando se libera un paquete de energía en cada paso de la respiración, se utiliza para agregar un grupo de fosfatos al ADP, convirtiéndolo en ATP. Para impulsar otras reacciones dentro de la célula, el ATP cede su tercer fosfato, liberando su energía almacenada, y se convierte nuevamente en ADP.

La liberación de energía durante la respiración permite agregar grupos fosfato al ADP

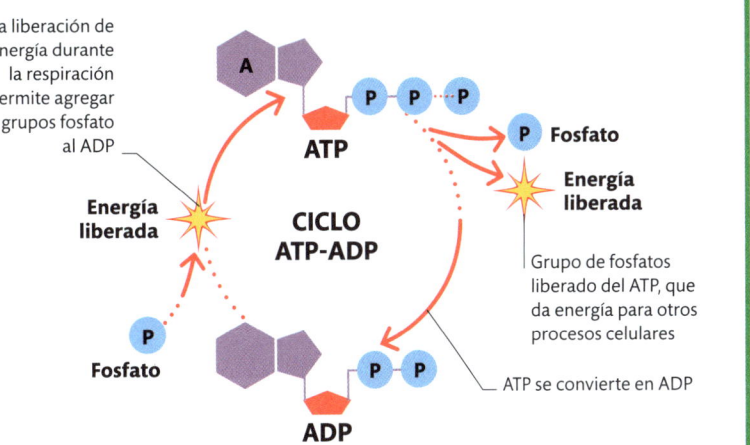

Energía liberada

ATP

P Fosfato

Energía liberada

CICLO ATP-ADP

Grupo de fosfatos liberado del ATP, que da energía para otros procesos celulares

Fosfato

ADP

ATP se convierte en ADP

LAS

CÉLULAS

Imagen de microscopio óptico
Esta imagen del tejido vascular del maíz (ampliada cien veces) es representativa de lo que se puede ver a través de un microscopio óptico. Los tejidos se han teñido para una mayor visibilidad.

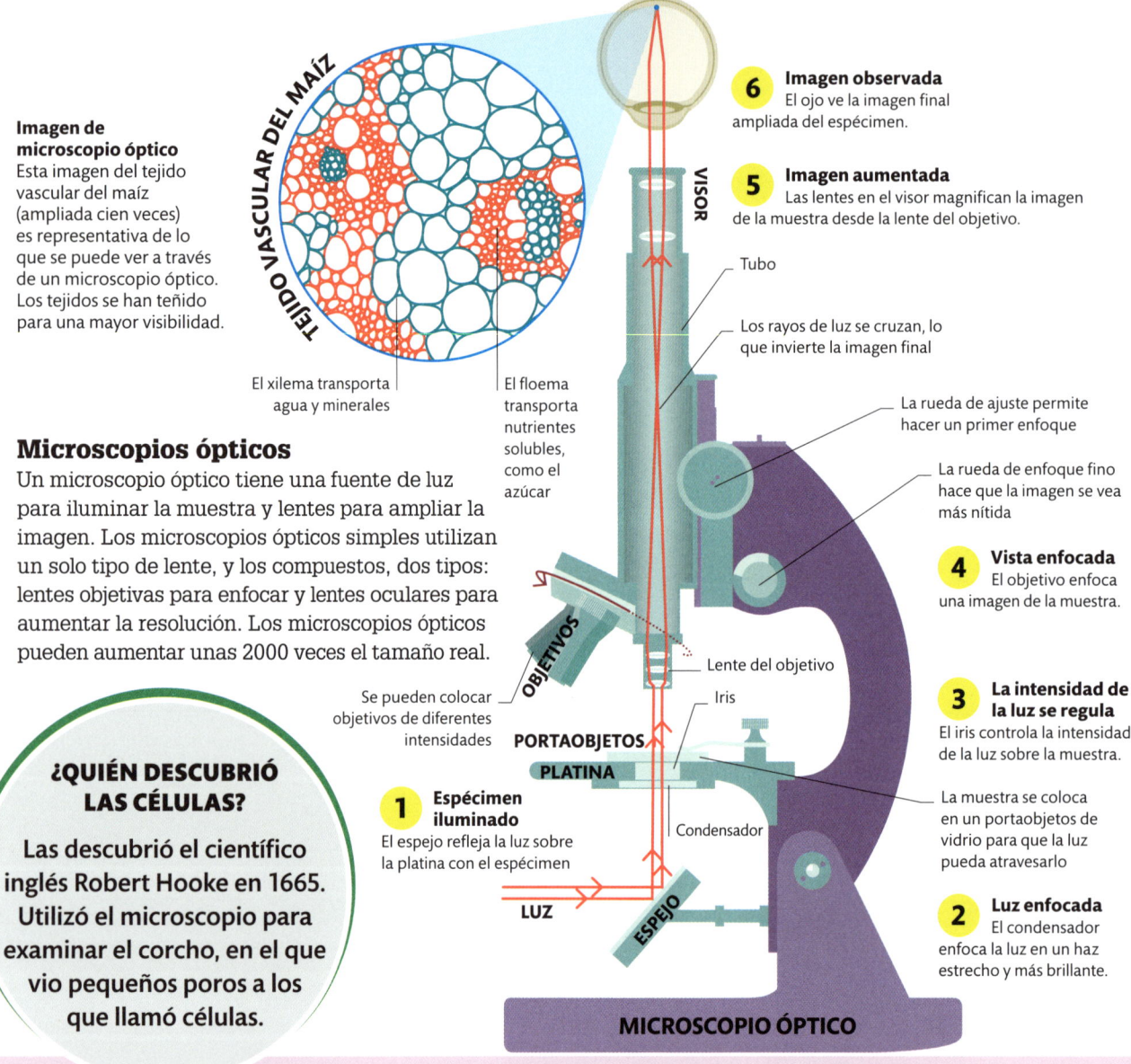

TEJIDO VASCULAR DEL MAÍZ

El xilema transporta agua y minerales

El floema transporta nutrientes solubles, como el azúcar

Microscopios ópticos

Un microscopio óptico tiene una fuente de luz para iluminar la muestra y lentes para ampliar la imagen. Los microscopios ópticos simples utilizan un solo tipo de lente, y los compuestos, dos tipos: lentes objetivas para enfocar y lentes oculares para aumentar la resolución. Los microscopios ópticos pueden aumentar unas 2000 veces el tamaño real.

¿QUIÉN DESCUBRIÓ LAS CÉLULAS?

Las descubrió el científico inglés Robert Hooke en 1665. Utilizó el microscopio para examinar el corcho, en el que vio pequeños poros a los que llamó células.

6 Imagen observada
El ojo ve la imagen final ampliada del espécimen.

5 Imagen aumentada
Las lentes en el visor magnifican la imagen de la muestra desde la lente del objetivo.

VISOR

Tubo

Los rayos de luz se cruzan, lo que invierte la imagen final

La rueda de ajuste permite hacer un primer enfoque

La rueda de enfoque fino hace que la imagen se vea más nítida

4 Vista enfocada
El objetivo enfoca una imagen de la muestra.

OBJETIVOS

Se pueden colocar objetivos de diferentes intensidades

Lente del objetivo

Iris

3 La intensidad de la luz se regula
El iris controla la intensidad de la luz sobre la muestra.

PORTAOBJETOS

PLATINA

1 Espécimen iluminado
El espejo refleja la luz sobre la platina con el espécimen

Condensador

La muestra se coloca en un portaobjetos de vidrio para que la luz pueda atravesarlo

2 Luz enfocada
El condensador enfoca la luz en un haz estrecho y más brillante.

LUZ

ESPEJO

MICROSCOPIO ÓPTICO

Estudiar las células

Las estructuras diminutas, como las células, se estudian con microscopios, unos dispositivos que iluminan objetos y producen imágenes ampliadas. Los microscopios ópticos iluminan muestras con haces de luz y las magnifican con lentes de cristal. Los microscopios electrónicos iluminan muestras y producen imágenes mediante haces de electrones.

LAS **CÉLULAS MÁS GRANDES** SON LAS DEL **ALGA *CAULERPA TAXIFOLIA*,** DE HASTA **30 CM DE LARGO**

Microscopios electrónicos

Un microscopio electrónico genera una imagen usando haces de electrones en el vacío, enfocados con campos magnéticos. Los haces de electrones tienen longitudes de onda cortas, por lo que no se difractan ni crean borrones. Esto permite ampliar objetos hasta 50 millones de veces su tamaño real. Hay dos tipos principales: microscopios electrónicos de transmisión (como el que se muestra aquí), que lanzan electrones a través de una muestra; y microscopios electrónicos de barrido, que reflejan electrones en la superficie de una muestra.

Imagen TEM

Esta imagen de microscopio electrónico de transmisión (TEM) con color mejorado muestra un linfocito humano (un tipo de glóbulo blanco) ampliado unas 6000 veces.

IMAGEN TEM PROCESADA

Mitocondria

Núcleo

MONITOR

ORDENADOR

MICROSCOPIO ELECTRÓNICO

CAÑÓN DE ELECTRONES

PRIMER CONDENSADOR · PRIMER CONDENSADOR

La apertura del condensador bloquea los electrones sueltos

SEGUNDO CONDENSADOR · SEGUNDO CONDENSADOR

ESPÉCIMEN

La apertura del condensador bloquea los electrones sueltos

Portaobjetos y cámara de aire

LENTE DE OBJETIVO · LENTE DE OBJETIVO

HAZ DE ELECTRONES

CAPTURA DE IMAGEN

IMAGEN DIGITAL

1 Se genera un haz de electrones
Un cañón de electrones dispara un haz de electrones a la muestra.

2 Enfoque del haz inicial
El primer condensador enfoca parcialmente el haz de electrones.

3 Enfoque del haz secundario
El segundo condensador enfoca aún más el haz de electrones.

4 Espécimen
El haz de electrones se dispersa al atravesar la muestra.

5 Imagen aumentada
La lente de objetivo detecta los electrones dispersos en la muestra y magnifica la información.

6 Captura de imagen
La información de la lente de objetivo es capturada por una cámara digital o mostrada en un monitor.

7 Imagen procesada
La imagen digitalizada puede enviarse a un ordenador computadora para procesarla y luego a un monitor.

8 Imagen
La imagen procesada se muestra en un monitor.

EL TAMAÑO DE LAS CÉLULAS

Las más pequeñas que podemos ver a simple vista miden 100 micras, o una décima parte de milímetro, por ejemplo los óvulos humanos. Otras células, y las estructuras dentro de ellas, son visibles solo con un microscopio.

CLAVE

- Visible solo con microscopio electrónico
- Visible con microscopio óptico
- Visible a simple vista

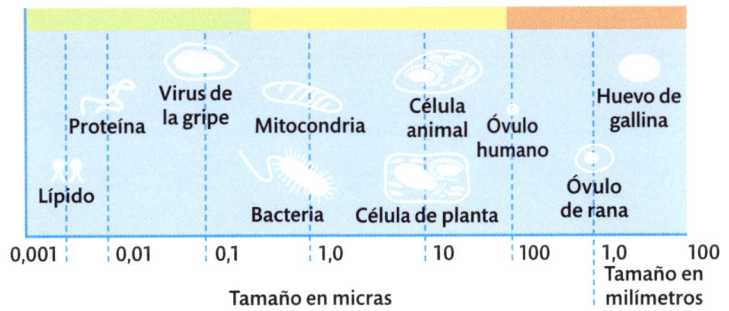

Proteína
Virus de la gripe
Mitocondria
Célula animal
Óvulo humano
Huevo de gallina
Lípido
Bacteria
Célula de planta
Óvulo de rana

| 0,001 | 0,01 | 0,1 | 1,0 | 10 | 100 | 1,0 | 100 |

Tamaño en micras

Tamaño en milímetros

Partes de la célula

La célula es la unidad básica de todas las formas de vida, desde microorganismos unicelulares hasta animales, plantas y hongos. En organismos complejos como animales y plantas, muchas de las células contienen estructuras internas conocidas como orgánulos que realizan funciones específicas.

Células animales

Una célula animal típica tiene un diámetro de entre 10 y 30 micrómetros (millonésimas de metro). Está envuelta en una membrana que permite que las sustancias entren y salgan. Un esqueleto interno llamado citoesqueleto le permite mantener su forma y que las sustancias se transporten en su interior. La mayoría de las células tienen un núcleo central que contiene ADN. Todas las células contienen un líquido acuoso llamado citoplasma, con cuerpos subcelulares llamados orgánulos, almacena energía en forma de glucógeno (que se elabora a partir de glucosa) y contiene las enzimas y los aminoácidos necesarios para las funciones celulares.

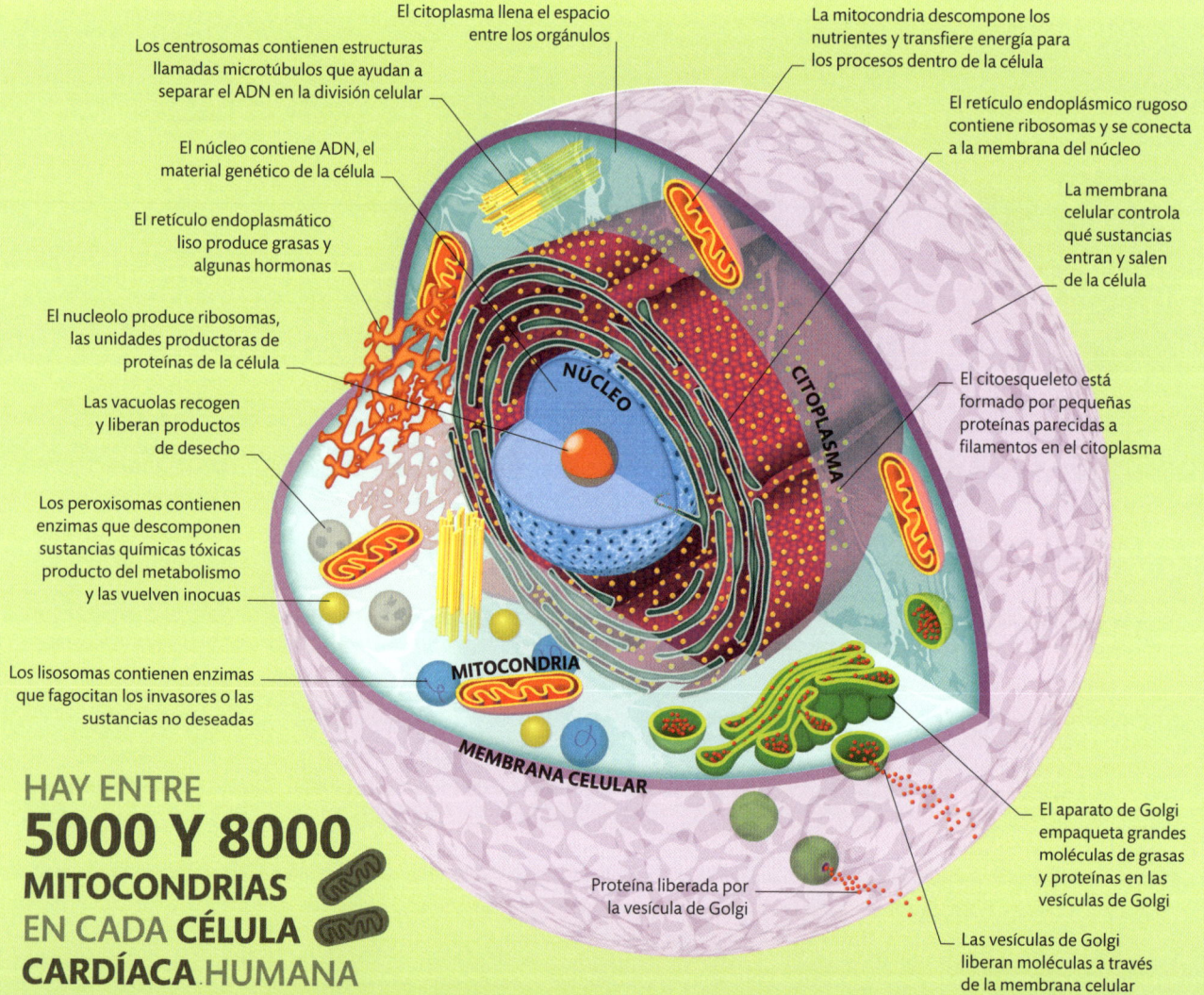

El citoplasma llena el espacio entre los orgánulos

Los centrosomas contienen estructuras llamadas microtúbulos que ayudan a separar el ADN en la división celular

El núcleo contiene ADN, el material genético de la célula

El retículo endoplasmático liso produce grasas y algunas hormonas

El nucleolo produce ribosomas, las unidades productoras de proteínas de la célula

Las vacuolas recogen y liberan productos de desecho

Los peroxisomas contienen enzimas que descomponen sustancias químicas tóxicas producto del metabolismo y las vuelven inocuas

Los lisosomas contienen enzimas que fagocitan los invasores o las sustancias no deseadas

La mitocondria descompone los nutrientes y transfiere energía para los procesos dentro de la célula

El retículo endoplásmico rugoso contiene ribosomas y se conecta a la membrana del núcleo

La membrana celular controla qué sustancias entran y salen de la célula

El citoesqueleto está formado por pequeñas proteínas parecidas a filamentos en el citoplasma

El aparato de Golgi empaqueta grandes moléculas de grasas y proteínas en las vesículas de Golgi

Proteína liberada por la vesícula de Golgi

Las vesículas de Golgi liberan moléculas a través de la membrana celular

NÚCLEO

CITOPLASMA

MITOCONDRIA

MEMBRANA CELULAR

HAY ENTRE
5000 Y 8000
MITOCONDRIAS
EN CADA CÉLULA
CARDÍACA HUMANA

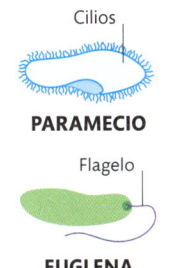

Células vegetales

Como las animales, las células vegetales tienen un núcleo y orgánulos como retícula endoplásmica y mitocondrias. Sin embargo, tienden a ser más grandes: hasta 100 micrómetros. La diferencia más clara es que las células vegetales tienen paredes celulares rígidas, hechas en gran parte de celulosa, que las protegen y dan al cuerpo de la planta su integridad estructural. Otra diferencia importante es que las células vegetales contienen cloroplastos. Estos orgánulos contienen un pigmento verde llamado clorofila que convierte la luz solar en almidón para así obtener energía en un proceso llamado fotosíntesis (pp. 46-47).

CILIOS Y FLAGELOS

Algunas células tienen en sus paredes una especie de pelos para mover células o sustancias sobre la superficie celular, o para impulsar el organismo. Los cilios son grupos de pelos cortos que actúan en ondas. Los flagelos son estructuras más largas, individuales o en pares, que hacen movimientos en forma de látigo.

Cilios

PARAMECIO

Flagelo

EUGLENA

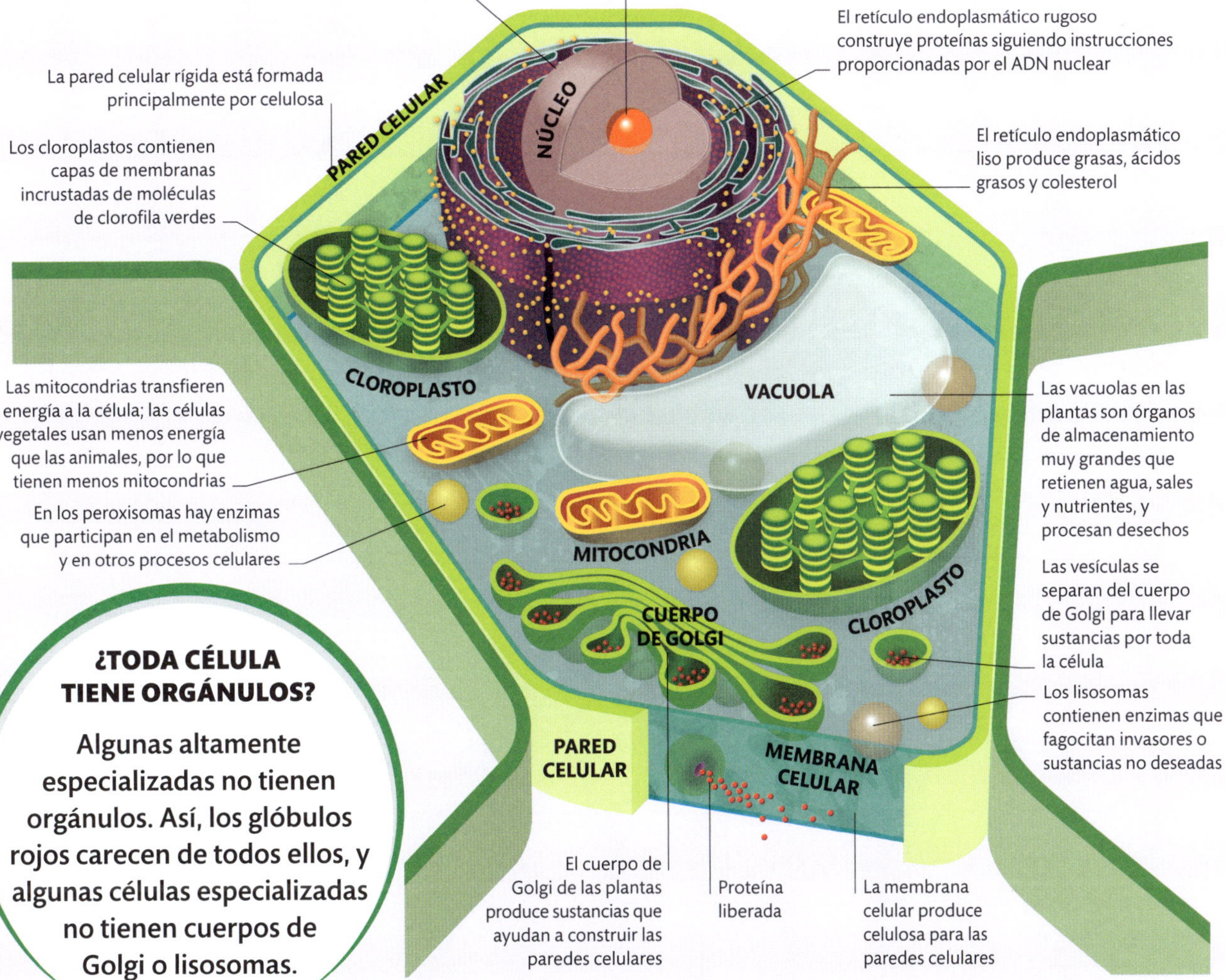

El núcleo contiene ADN, el material genético de la célula

El nucleolo ayuda a producir ribosomas

El retículo endoplasmático rugoso construye proteínas siguiendo instrucciones proporcionadas por el ADN nuclear

La pared celular rígida está formada principalmente por celulosa

Los cloroplastos contienen capas de membranas incrustadas de moléculas de clorofila verdes

El retículo endoplasmático liso produce grasas, ácidos grasos y colesterol

PARED CELULAR

NÚCLEO

CLOROPLASTO

VACUOLA

Las vacuolas en las plantas son órganos de almacenamiento muy grandes que retienen agua, sales y nutrientes, y procesan desechos

Las mitocondrias transfieren energía a la célula; las células vegetales usan menos energía que las animales, por lo que tienen menos mitocondrias

En los peroxisomas hay enzimas que participan en el metabolismo y en otros procesos celulares

MITOCONDRIA

CUERPO DE GOLGI

CLOROPLASTO

Las vesículas se separan del cuerpo de Golgi para llevar sustancias por toda la célula

Los lisosomas contienen enzimas que fagocitan invasores o sustancias no deseadas

¿TODA CÉLULA TIENE ORGÁNULOS?

Algunas altamente especializadas no tienen orgánulos. Así, los glóbulos rojos carecen de todos ellos, y algunas células especializadas no tienen cuerpos de Golgi o lisosomas.

PARED CELULAR

MEMBRANA CELULAR

El cuerpo de Golgi de las plantas produce sustancias que ayudan a construir las paredes celulares

Proteína liberada

La membrana celular produce celulosa para las paredes celulares

La membrana celular

La membrana celular, o membrana plasmática, protege las estructuras internas de la célula. Además, es semipermeable, lo que permite que ciertas sustancias entren y salgan de la célula.

Estructura de la membrana celular

La membrana es una lámina doble de moléculas llamadas fosfolípidos. Tiene un espesor de menos de 10 nanómetros (10 milmillonésimas de metro). También contiene colesterol, que fortalece y estabiliza la célula y regula los niveles de líquidos. Además, contiene proteínas, algunas de las cuales están incrustadas en ella y permiten que moléculas grandes entren y salgan de la célula, y otras están adheridas a la superficie exterior.

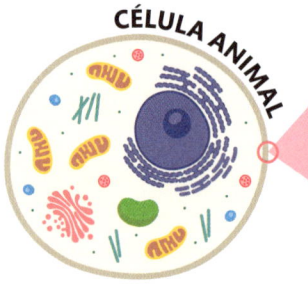

CÉLULA ANIMAL

Capa central de lípidos

Con la cadena de carbohidratos las células se identifican unas a otras

Glicoproteína, que consiste en una proteína unida a una cadena de carbohidratos

INTERIOR DE LA CÉLULA

EXTERIOR DE LA CÉLULA

Molécula de colesterol que estabiliza la membrana celular

El canal de proteínas transporta las sustancias dentro y fuera de la célula

Las cabezas de fosfolípidos forman la superficie interna y externa de la membrana

Moléculas de fosfolípidos
Cada molécula consta de una cabeza de fosfato hidrofílica (que atrae el agua) y dos colas de lípidos que repelen el agua. Las cabezas forman las superficies de la membrana, en contacto con los fluidos acuosos dentro y entre las células, mientras que las colas grasas forman el centro.

La membrana está llena de moléculas de proteínas, algunas de las cuales ocupan todo el ancho

Algunas proteínas se unen a moléculas del exterior de la célula, lo que provoca cambios dentro de la célula

Colas hidrofóbicas (que odian el agua) de moléculas de fosfolípidos

La pared celular

Plantas, hongos y muchos organismos unicelulares tienen una pared alrededor de la membrana celular, hecha de una red de fibras de celulosa entrelazadas con moléculas de hemicelulosa más densas. La pectina, un material parecido a un pegamento, adhiere la pared celular a sus vecinas. Las proteínas fortalecen la pared celular y ayudan al crecimiento.

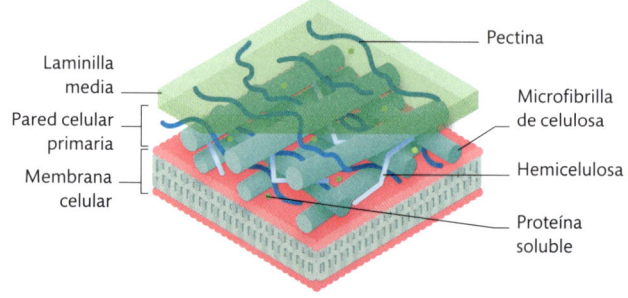

Laminilla media

Pared celular primaria

Membrana celular

Pectina

Microfibrilla de celulosa

Hemicelulosa

Proteína soluble

Transportar sustancias

Las membranas celulares son semipermeables. Pequeñas moléculas como el oxígeno y el dióxido de carbono pueden atravesarlas. Moléculas más grandes, como los nutrientes o las moléculas con carga eléctrica (iones), solo pueden entrar o salir a través de canales en la membrana celular. Para otras moléculas grandes, la célula crea una estructura llamada vesícula que envuelve la molécula para absorberla o expulsarla.

CLAVE

···▸ Absorción (endocitosis) y procesamiento de moléculas útiles

···▸ Síntesis y procesamiento de lípidos

···▸ Procesamiento de proteínas y otras sustancias, y eliminación de sustancias no deseadas (exocitosis)

Vesículas

Algunas vesículas se forman dentro de una célula y se fusionan con la membrana celular para liberar su contenido, un proceso llamado exocitosis. En el proceso opuesto, la endocitosis, se forma una vesícula en la membrana celular para introducir una sustancia en la célula. Aquí se muestran algunos procesos comunes.

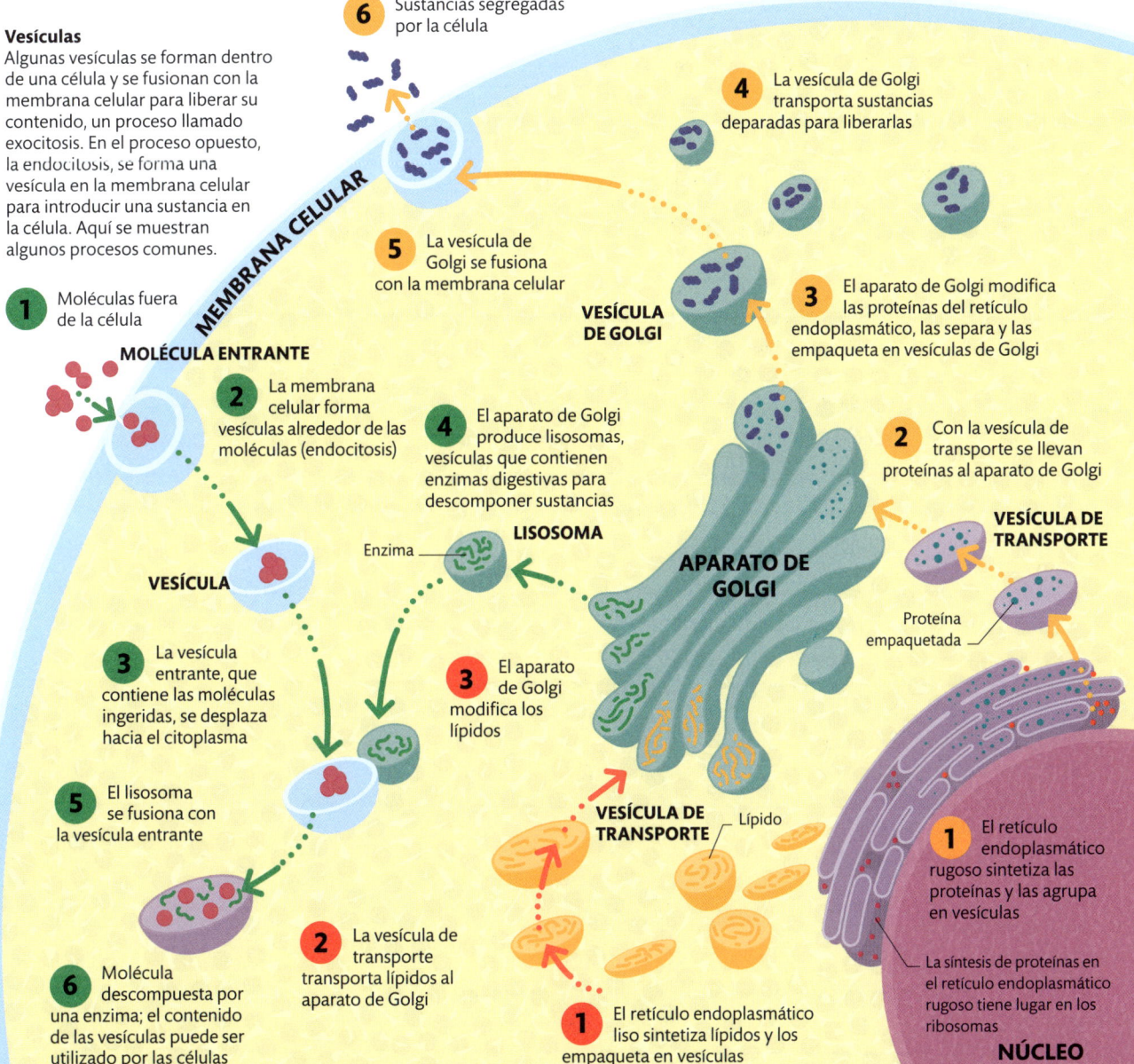

6 Sustancias segregadas por la célula

4 La vesícula de Golgi transporta sustancias deparadas para liberarlas

5 La vesícula de Golgi se fusiona con la membrana celular

VESÍCULA DE GOLGI

3 El aparato de Golgi modifica las proteínas del retículo endoplasmático, las separa y las empaqueta en vesículas de Golgi

1 Moléculas fuera de la célula

MEMBRANA CELULAR

MOLÉCULA ENTRANTE

2 La membrana celular forma vesículas alrededor de las moléculas (endocitosis)

4 El aparato de Golgi produce lisosomas, vesículas que contienen enzimas digestivas para descomponer sustancias

2 Con la vesícula de transporte se llevan proteínas al aparato de Golgi

VESÍCULA DE TRANSPORTE

Enzima

LISOSOMA

APARATO DE GOLGI

Proteína empaquetada

VESÍCULA

3 La vesícula entrante, que contiene las moléculas ingeridas, se desplaza hacia el citoplasma

3 El aparato de Golgi modifica los lípidos

5 El lisosoma se fusiona con la vesícula entrante

VESÍCULA DE TRANSPORTE

Lípido

1 El retículo endoplasmático rugoso sintetiza las proteínas y las agrupa en vesículas

6 Molécula descompuesta por una enzima; el contenido de las vesículas puede ser utilizado por las células

2 La vesícula de transporte transporta lípidos al aparato de Golgi

1 El retículo endoplasmático liso sintetiza lípidos y los empaqueta en vesículas

La síntesis de proteínas en el retículo endoplasmático rugoso tiene lugar en los ribosomas

NÚCLEO

El núcleo

El núcleo es el centro de control de la célula. Contiene ADN, una molécula larga con información genética que se utiliza para fabricar las proteínas que llevan a cabo el desarrollo y las funciones de la célula.

La estructura del núcleo

El núcleo suele ser el orgánulo más grande de una célula. Sus principales funciones son proteger el ADN y proporcionar información para la elaboración de proteínas. El núcleo está lleno de un líquido llamado nucleoplasma, y es ahí donde se guarda el ADN, en forma de largas hebras llamadas cromatina. También contiene al menos un nucleolo (ver página opuesta). La superficie nuclear está formada por una doble capa de membranas. La membrana externa está unida al retículo endoplasmático rugoso (ver p.57), que contiene ribosomas para producir proteínas.

Las membranas nucleares tienen poros que permiten la entrada y salida de sustancias

El núcleo está lleno de una sustancia parecida a un gel llamada nucleoplasma

El nucleolo es donde tiene lugar la síntesis de ribosomas

NÚCLEO

MEMBRANA NUCLEAR

NUCLEOPLASMA

NUCLEOLO

Membrana nuclear de doble capa

RETÍCULO ENDOPLASMÁTICO

Los ribosomas se asientan en el retículo endoplasmático

El ADN se mantiene en el núcleo en forma de largas hebras llamadas cromatina

Las cisternas son unas estructuras planas en forma de saco que forman el retículo endoplasmático rugoso

El retículo endoplasmático rugoso es de una pieza con la membrana nuclear externa

ADN y cromosomas

Cada hebra de ADN del núcleo está enrollada alrededor de histonas. El ADN existe normalmente en forma de cromatina. Cuando una célula se prepara para dividirse en dos nuevas células, las hebras se duplican y se enrollan en estructuras compactas llamadas cromosomas. Cada cromosoma está formado por dos cromátidas idénticas; estas se descomponen en la división para proporcionar un conjunto completo de ADN a cada nueva célula.

La estructura del ADN

La molécula de ADN es una doble hélice con peldaños, como una escalera, enrollada doblemente alrededor de conjuntos de ocho proteínas llamadas histonas y formando una estructura llamada nucleosoma.

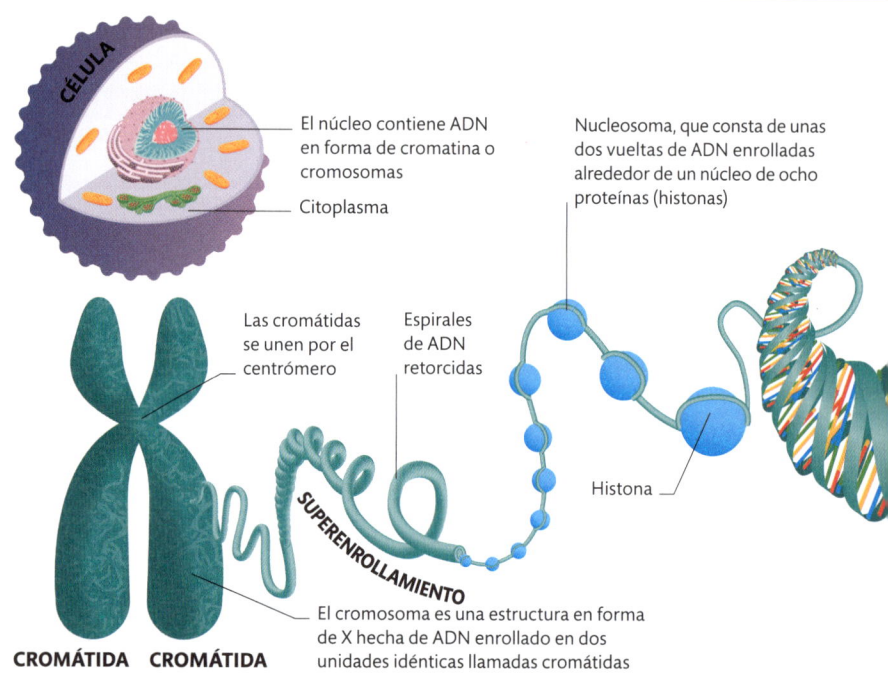

CÉLULA

El núcleo contiene ADN en forma de cromatina o cromosomas

Citoplasma

Nucleosoma, que consta de unas dos vueltas de ADN enrolladas alrededor de un núcleo de ocho proteínas (histonas)

Las cromátidas se unen por el centrómero

Espirales de ADN retorcidas

Histona

SUPERENROLLAMIENTO

El cromosoma es una estructura en forma de X hecha de ADN enrollado en dos unidades idénticas llamadas cromátidas

CROMÁTIDA   CROMÁTIDA

Dentro del nucleolo

El nucleolo es una región densa dentro del núcleo donde el nucleoplasma se vuelve más parecido a un gel. El nucleolo produce ARN ribosómico (ARNr) y proteínas, que se combinan en subunidades entrelazadas que forman los ribosomas. Una vez ensamblados los ribosomas dentro del nucleolo, pasan al citoplasma, donde construyen moléculas de proteínas (p. 91).

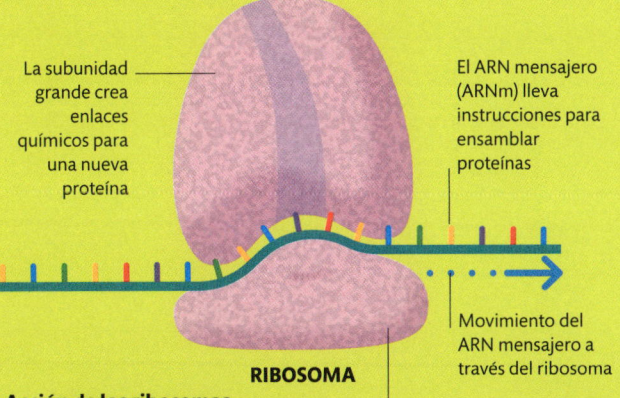

La subunidad grande crea enlaces químicos para una nueva proteína

El ARN mensajero (ARNm) lleva instrucciones para ensamblar proteínas

Movimiento del ARN mensajero a través del ribosoma

RIBOSOMA

Acción de los ribosomas
Los ribosomas se unen al ARN mensajero (ARNm), que llevan instrucciones genéticas del ADN en el núcleo de la célula, y leen las bases para crear una nueva proteína.

Una pequeña subunidad decodifica información del ARNm

¿TODAS LAS CÉLULAS TIENEN UN NÚCLEO?

Solo las células de los eucariotas tienen un núcleo definido. En los seres humanos, los glóbulos rojos maduros y las células cornificadas de la piel, el cabello y las uñas también carecen de núcleo.

EL ADN DE UNA PERSONA **ESTIRADO** IRÍA **DE LA TIERRA AL SOL Y DE VUELTA** 16 VECES

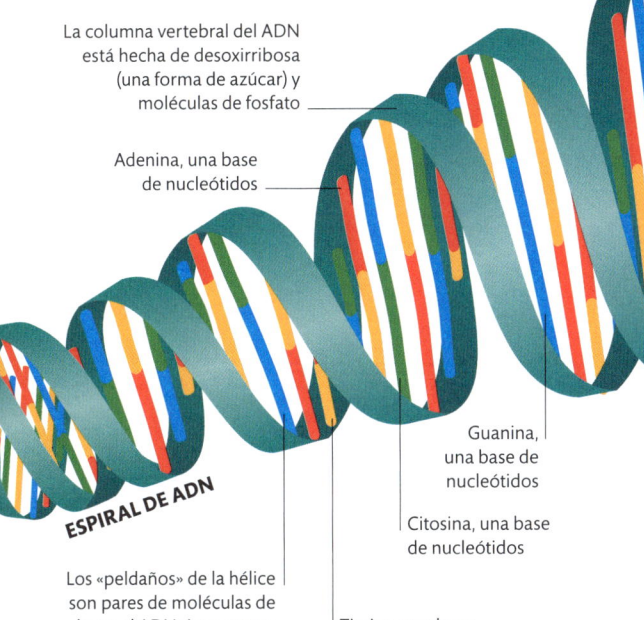

La columna vertebral del ADN está hecha de desoxirribosa (una forma de azúcar) y moléculas de fosfato

Adenina, una base de nucleótidos

ESPIRAL DE ADN

Los «peldaños» de la hélice son pares de moléculas de base; el ADN tiene cuatro tipos de moléculas base

Timina, una base de nucleótidos

Citosina, una base de nucleótidos

Guanina, una base de nucleótidos

SUPERENROLLAMIENTOS

Las moléculas de ADN se enrollan una y otra vez sobre sí mismas para formar superenrollamientos. El núcleo de una célula humana tiene unos 2 m de ADN; la longitud total de 46 cromosomas cuando están superenrollados es de solo 200 nanómetros (milmillonésimas de metro).

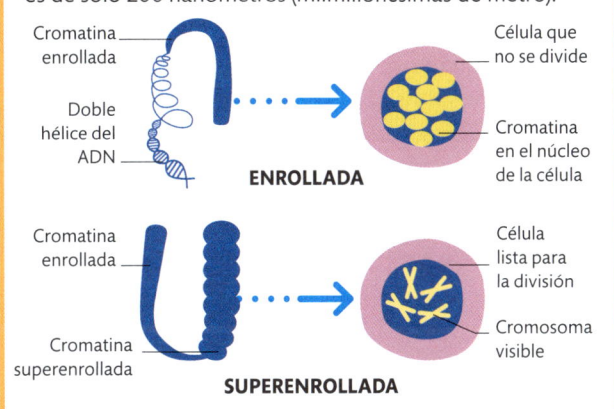

Cromatina enrollada

Doble hélice del ADN

ENROLLADA

Célula que no se divide

Cromatina en el núcleo de la célula

Cromatina enrollada

Cromatina superenrollada

SUPERENROLLADA

Célula lista para la división

Cromosoma visible

Generar energía

La energía de animales y plantas proviene en última instancia de la luz solar. Esta entra en la cadena alimentaria con la fotosíntesis, que tiene lugar en los cloroplastos de plantas y algas, y da como resultado azúcares que se usan como combustible. Este combustible es utilizado por orgánulos productores de energía llamados mitocondrias.

¿DE DÓNDE PROVIENEN LAS MITOCONDRIAS Y LOS CLOROPLASTOS?

Evolucionaron de antiguas bacterias independientes y viven de forma simbiótica dentro de otras células más grandes (pp. 54-55).

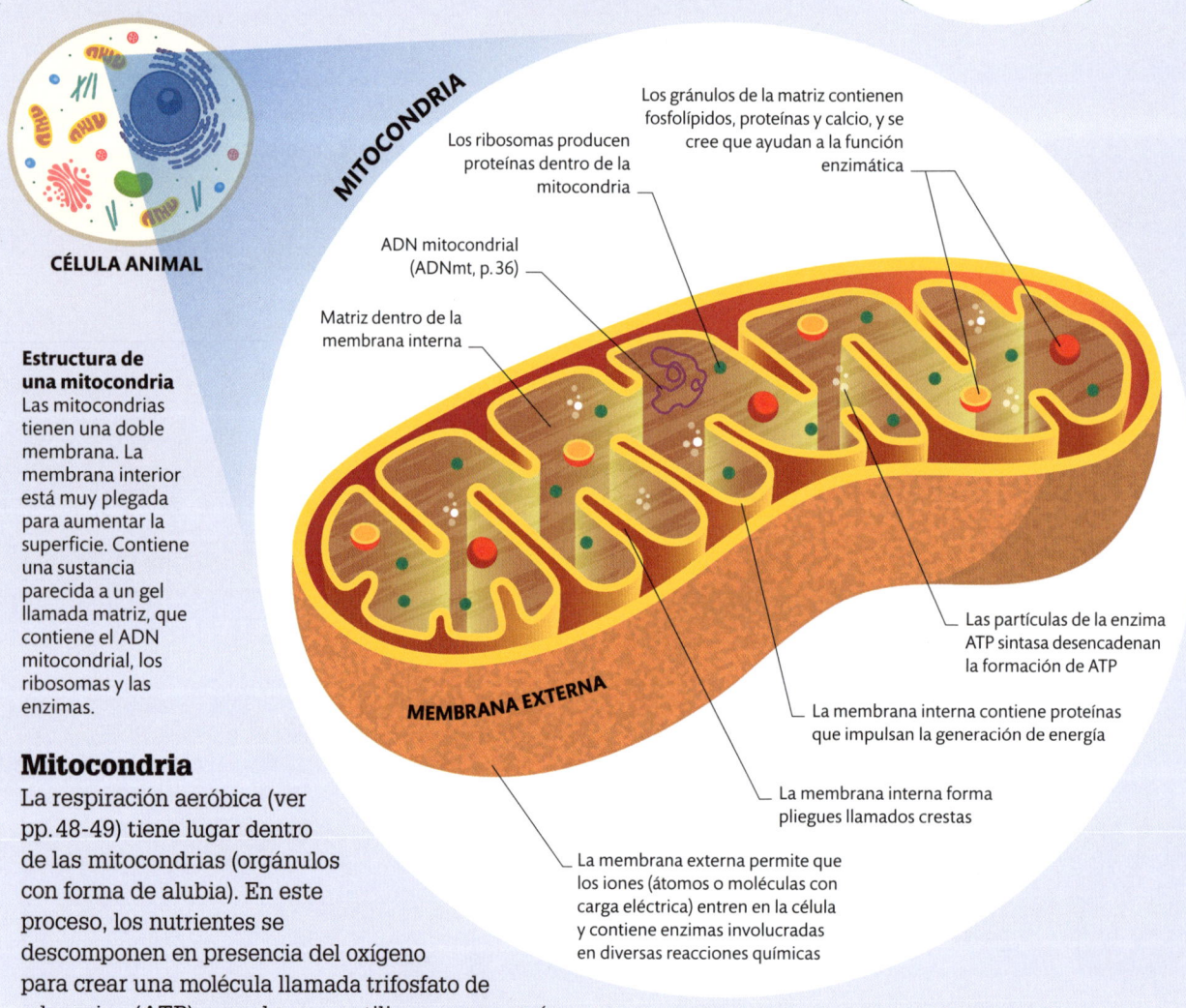

CÉLULA ANIMAL

MITOCONDRIA

Los ribosomas producen proteínas dentro de la mitocondria

Los gránulos de la matriz contienen fosfolípidos, proteínas y calcio, y se cree que ayudan a la función enzimática

ADN mitocondrial (ADNmt, p. 36)

Matriz dentro de la membrana interna

MEMBRANA EXTERNA

Las partículas de la enzima ATP sintasa desencadenan la formación de ATP

La membrana interna contiene proteínas que impulsan la generación de energía

La membrana interna forma pliegues llamados crestas

La membrana externa permite que los iones (átomos o moléculas con carga eléctrica) entren en la célula y contiene enzimas involucradas en diversas reacciones químicas

Estructura de una mitocondria

Las mitocondrias tienen una doble membrana. La membrana interior está muy plegada para aumentar la superficie. Contiene una sustancia parecida a un gel llamada matriz, que contiene el ADN mitocondrial, los ribosomas y las enzimas.

Mitocondria

La respiración aeróbica (ver pp. 48-49) tiene lugar dentro de las mitocondrias (orgánulos con forma de alubia). En este proceso, los nutrientes se descomponen en presencia del oxígeno para crear una molécula llamada trifosfato de adenosina (ATP), que el cuerpo utiliza como energía. Las mitocondrias también controlan otros procesos vitales como el crecimiento, la diferenciación y la muerte celular. Se encuentran en la mayoría de las células de plantas y animales, pero no en organismos como las bacterias.

LAS **MITOCONDRIAS** TIENEN SU **PROPIA FORMA** DE **ADN** LLAMADA **ADNmt**

CROMOPLASTOS

Contienen carotenoides (pigmento naranja), xantófilas (pigmento amarillo) y pigmento rojo, que dan color a las flores, frutos y hojas de otoño. En la fruta madura, se descomponen los tilacoides de los cloroplastos, y los carotenoides se acumulan en forma de cristales y de estructuras lipídicas llamadas plastoglóbulos.

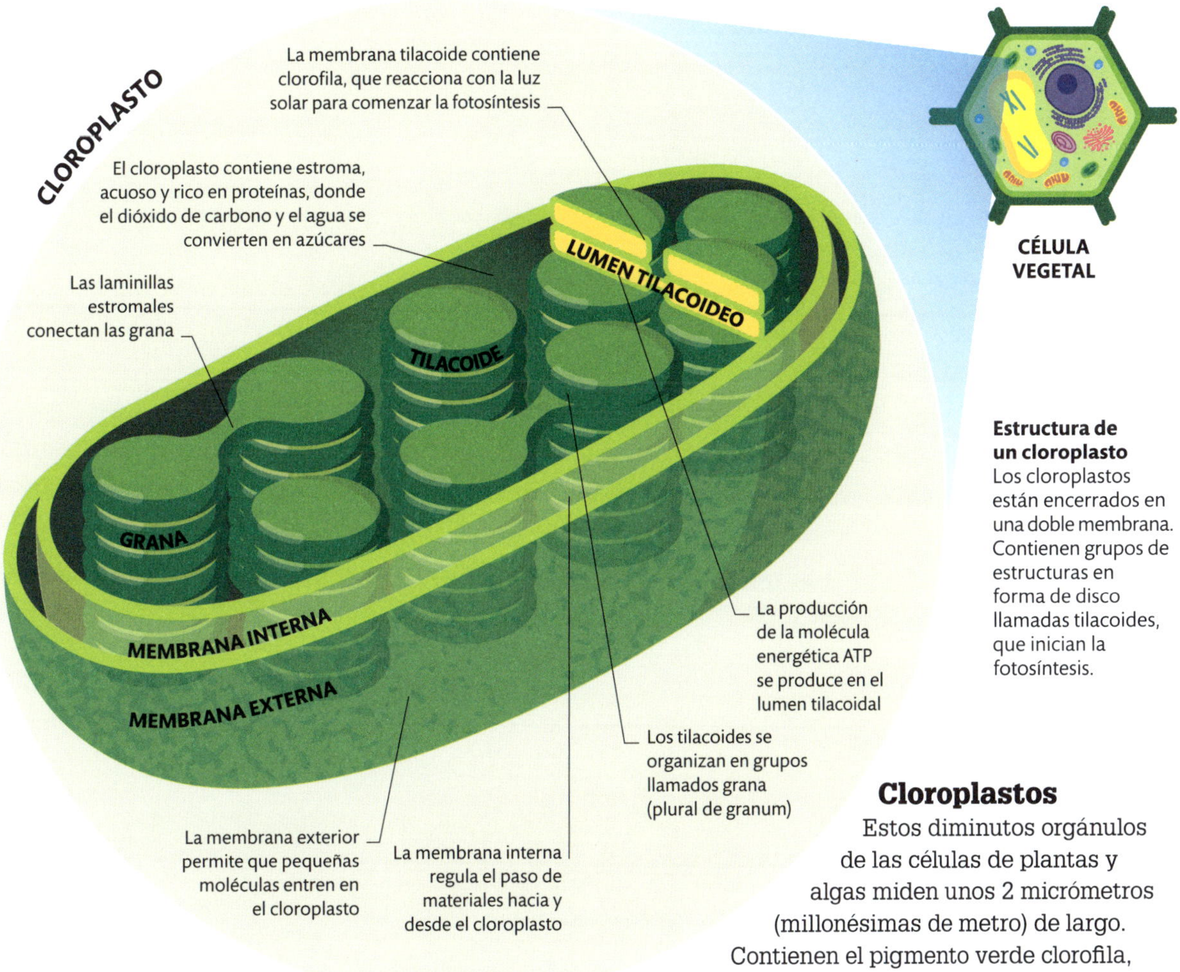

Plastoglóbulo

Tilacoide

FRUTA MADURANDO

Cristal carotenoide

FRUTA NO MADURA

FRUTA MADURA

CLOROPLASTO

La membrana tilacoide contiene clorofila, que reacciona con la luz solar para comenzar la fotosíntesis

El cloroplasto contiene estroma, acuoso y rico en proteínas, donde el dióxido de carbono y el agua se convierten en azúcares

Las laminillas estromales conectan las grana

LUMEN TILACOIDEO

TILACOIDE

GRANA

MEMBRANA INTERNA

MEMBRANA EXTERNA

La producción de la molécula energética ATP se produce en el lumen tilacoidal

Los tilacoides se organizan en grupos llamados grana (plural de granum)

La membrana exterior permite que pequeñas moléculas entren en el cloroplasto

La membrana interna regula el paso de materiales hacia y desde el cloroplasto

CÉLULA VEGETAL

Estructura de un cloroplasto
Los cloroplastos están encerrados en una doble membrana. Contienen grupos de estructuras en forma de disco llamadas tilacoides, que inician la fotosíntesis.

Cloroplastos

Estos diminutos orgánulos de las células de plantas y algas miden unos 2 micrómetros (millonésimas de metro) de largo. Contienen el pigmento verde clorofila, que inicia la fotosíntesis: los cloroplastos capturan energía de la luz solar y la utilizan para convertir dióxido de carbono y agua en glucosa; durante el proceso, se produce una molécula llamada trifosfato de adenosina (ATP), que proporciona energía para impulsar procesos dentro de la célula. También se libera oxígeno.

EN CADA **CÉLULA VEGETAL FOTOSINTÉTICA** HAY UNOS **50-60 CLOROPLASTOS**

Citoesqueleto y vacuolas

El citoplasma de una célula contiene una compleja red de proteínas llamada citoesqueleto que mantiene la estructura interna de la célula. En muchos tipos de células, dentro del citoplasma hay un orgánulo grande en forma de bolsa llamado vacuola.

¿QUÉ DIFERENCIA VACUOLAS Y VESÍCULAS?

Ambas son estructuras en forma de saco dentro de una célula, pero las vesículas son transportadores temporales y las vacuolas, más grandes, tienden a permanecer más tiempo como orgánulos independientes.

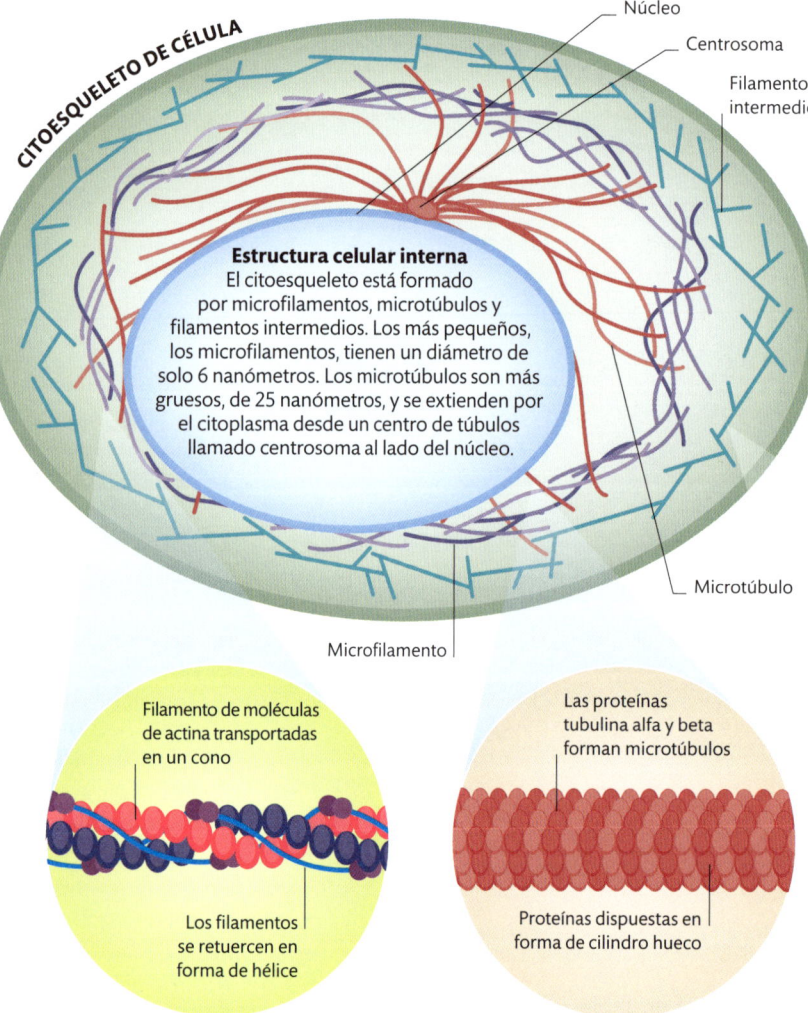

CITOESQUELETO DE CÉLULA

Núcleo

Centrosoma

Filamento intermedio

Estructura celular interna
El citoesqueleto está formado por microfilamentos, microtúbulos y filamentos intermedios. Los más pequeños, los microfilamentos, tienen un diámetro de solo 6 nanómetros. Los microtúbulos son más gruesos, de 25 nanómetros, y se extienden por el citoplasma desde un centro de túbulos llamado centrosoma al lado del núcleo.

Microtúbulo

Microfilamento

El citoesqueleto

El citoesqueleto se adapta constantemente a las necesidades de la célula para mantener su integridad estructural. En las células animales, sin pared celular rígida, los citoesqueletos combinados de millones de células desempeñan un papel importante para dar forma a tejidos y órganos. Entre las funciones secundarias están mover material dentro de la célula y deformar la membrana celular para ayudar a la locomoción o la alimentación. También tienen un papel importante en la división celular (pp. 68-69).

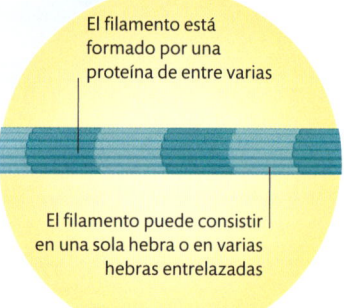

Filamento de moléculas de actina transportadas en un cono

Los filamentos se retuercen en forma de hélice

Las proteínas tubulina alfa y beta forman microtúbulos

Proteínas dispuestas en forma de cilindro hueco

El filamento está formado por una proteína de entre varias

El filamento puede consistir en una sola hebra o en varias hebras entrelazadas

Microfilamento
Las moléculas de actina encadenadas en espirales forman microfilamentos. La actina es una proteína activa que determina la forma de las células y permite que la superficie celular se mueva, lo que posibilita el movimiento celular.

Microtúbulos
Los hilos en forma de tubo llamados microtúbulos están formados por espirales de proteínas llamadas tubulinas. Los tubos mantienen los orgánulos y la membrana celular en su sitio.

Filamentos intermedios
Los filamentos intermedios están formados por distintas proteínas. Actúan como un fuerte soporte estructural para los microtúbulos y tienen menos capacidad de crecer o propagarse a través de la célula.

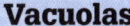

Vacuolas

Una vacuola es un orgánulo grande y relativamente simple envuelto por una membrana. Suelen tener una función de almacenamiento, y retienen agua, sales, alimentos o materiales de desecho, y también son estructuralmente útiles para ayudar a mantener la presión celular. Las vacuolas se encuentran en las células animales, aunque suelen ser pequeñas y difíciles de diferenciar de las vesículas que transportan materiales. Sin embargo, en plantas, hongos y formas de vida unicelulares, son una parte importante de la célula, ya que eliminan el exceso de agua, acumulan gas, retienen iones o nutrientes y actúan como flotadores.

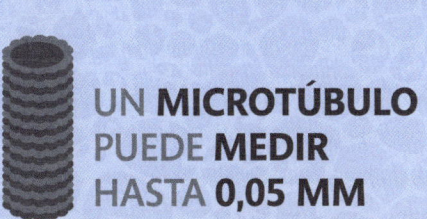

UN **MICROTÚBULO** PUEDE **MEDIR** HASTA **0,05 MM**

TIPOS DE VACUOLAS

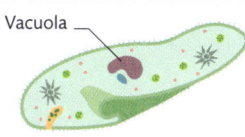

Vacuola

CONTRÁCTIL

Las vacuolas contráctiles se encuentran en los protistas de agua dulce (pp. 126-27). El agua inunda la célula por ósmosis y amenaza con romper la célula. El exceso de agua se queda en la vacuola, que luego se contrae para bombearla al exterior.

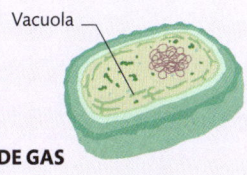

Vacuola

DE GAS

Las cianobacterias, las bacterias fotosintéticas y varias arqueas tienen vacuolas de gas que contienen pequeñas burbujas de aire. Las vacuolas de gas actúan como flotadores, y el organismo puede controlar su flotabilidad y moverse hacia arriba y hacia abajo en el agua.

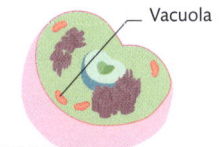

Vacuola

DE ALIMENTO

En muchos protistas, las vacuolas de almacenamiento de alimentos hacen el papel de estómago. Las sustancias nutritivas se recogen en la vacuola y se mezclan con enzimas digestivas, que descomponen las sustancias en materiales más simples.

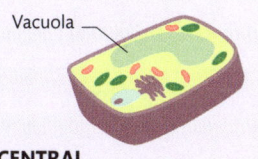

Vacuola

CENTRAL

Las células vegetales tienen grandes vacuolas centrales. Pueden tener hebras de citoplasma que las atraviesan y ocupar el 80 por ciento del volumen celular. La vacuola almacena iones para regular la acidez del citoplasma, y agua para mantener la presión interna de la célula.

EL CENTROSOMA

Muchos microtúbulos del citoesqueleto, incluido el huso, utilizado en la división celular (pp. 68-69), surgen de una región central cercana al núcleo llamada centrosoma. El centrosoma suele estar formado por dos haces cilíndricos de proteínas tubulina llamados centríolos. Esas proteínas se conectan para formar una estructura en forma de tubo. Los centríolos son un importante centro organizador de microtúbulos (MTOC, por sus siglas en inglés), desde donde se desarrollan las estructuras citoesqueléticas. También hay muchos otros MTOC más pequeños repartidos por la celda.

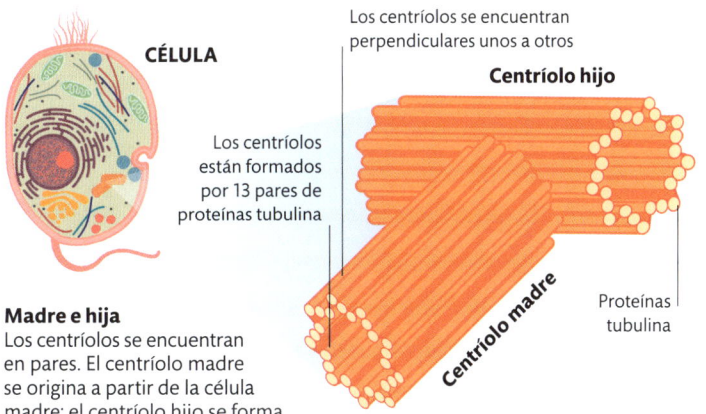

CÉLULA

Los centríolos se encuentran perpendiculares unos a otros

Centríolo hijo

Los centríolos están formados por 13 pares de proteínas tubulina

Centríolo madre

Proteínas tubulina

Madre e hija
Los centríolos se encuentran en pares. El centríolo madre se origina a partir de la célula madre; el centríolo hijo se forma al completarse la división celular.

CENTRÍOLOS

Transporte celular

Las células dependen de un suministro de materiales que entran por sus membranas y se mueven entre orgánulos. Para ello, utilizan una variedad de sistemas de transporte pasivo y activo.

Difusión

Cuando una sustancia tiene libertad de movimiento, tenderá a pasar de zonas donde hay una concentración alta a otras de concentración baja. Este proceso se llama difusión. Al ser un proceso pasivo, no requiere energía, aunque sucede más rápido cuando el material y el medio están más calientes. La difusión siempre ocurre en la misma dirección a lo largo de un gradiente de concentración: las moléculas se mueven de concentraciones altas a bajas. Puede ocurrir en una mezcla de gases, como el aire, o en soluciones más complejas como el citoplasma, que contienen muchas sustancias disueltas.

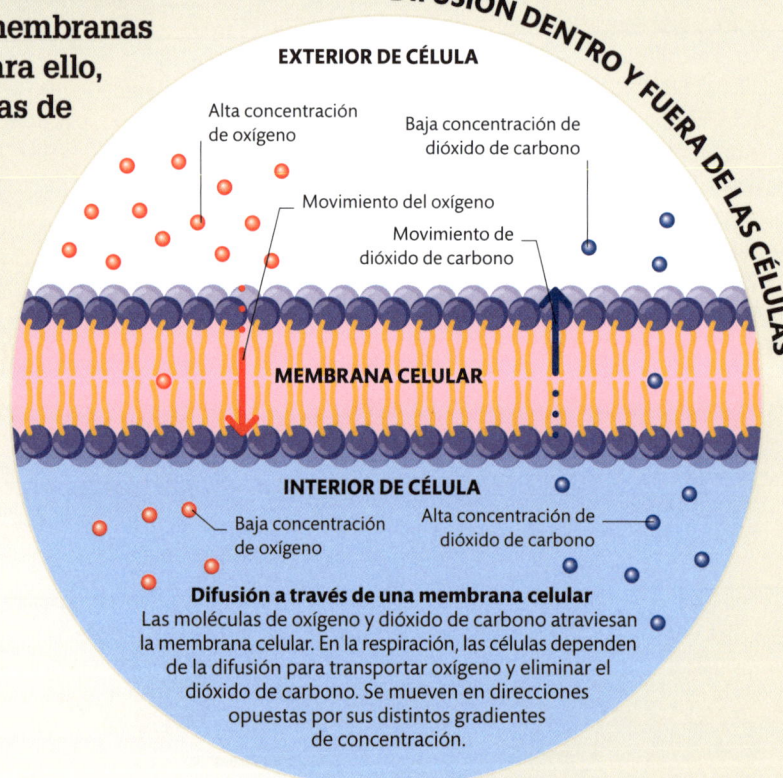

DIFUSIÓN DENTRO Y FUERA DE LAS CÉLULAS

EXTERIOR DE CÉLULA

Alta concentración de oxígeno

Baja concentración de dióxido de carbono

Movimiento del oxígeno

Movimiento de dióxido de carbono

MEMBRANA CELULAR

INTERIOR DE CÉLULA

Baja concentración de oxígeno

Alta concentración de dióxido de carbono

Difusión a través de una membrana celular
Las moléculas de oxígeno y dióxido de carbono atraviesan la membrana celular. En la respiración, las células dependen de la difusión para transportar oxígeno y eliminar el dióxido de carbono. Se mueven en direcciones opuestas por sus distintos gradientes de concentración.

CÉLULA ANIMAL

Difusión dentro de las células
Las moléculas más grandes, como las grasas y los aminoácidos, no pueden difundirse por la membrana celular y deben transportarse activamente dentro y fuera de la célula. Sin embargo, en el citoplasma de la célula, estas moléculas se difundirán desde áreas de alta concentración a áreas de baja concentración hasta que se dispersen de forma uniforme.

LA PIEL SE ARRUGA EN EL AGUA EN PARTE POR LA ENTRADA DE AGUA MEDIANTE ÓSMOSIS

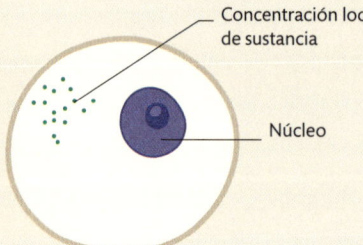

Concentración localizada de sustancia

Núcleo

1 Antes de la difusión
Se produce una sustancia en una parte de la célula y se crea un área de alta concentración. Las moléculas se mueven aleatoriamente en todas direcciones y se extienden gradualmente.

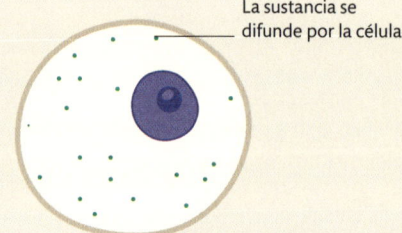

La sustancia se difunde por la célula

2 Tras la difusión
Una vez dispersadas uniformemente, las moléculas siguen haciendo movimientos aleatorios que garantizan que la concentración en el citoplasma se mantiene uniforme.

Ósmosis

Una forma de difusión llamada ósmosis tiene lugar cuando el agua se mueve desde un área de alta concentración a un área de baja concentración. Además, la membrana celular bloquea sustancias disueltas, como la sal. Como resultado, se iguala la concentración de sustancias a ambos lados de la membrana. Cuando no hay suficiente agua, el cuerpo se deshidrata y los líquidos en el exterior de las células se vuelven más concentrados, y entonces la ósmosis hace que el agua fluya fuera de las células.

Presión osmótica

Las células vegetales dependen de la ósmosis al absorber agua y aumentar la presión interna. Si la presión cae, las células se encogen y se vuelven flácidas, lo que hace que la planta se marchite y se arrugue (p. 149).

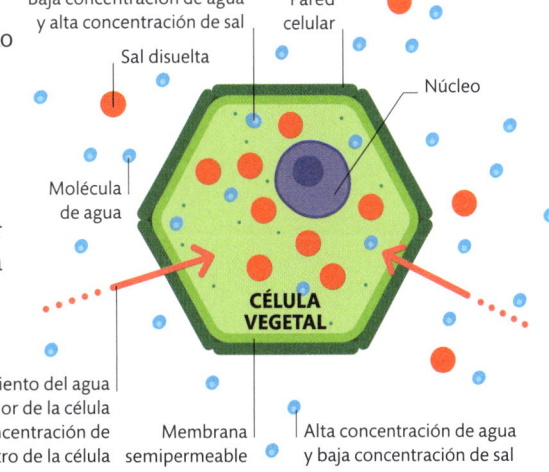

Baja concentración de agua y alta concentración de sal

Sal disuelta

Pared celular

Núcleo

Molécula de agua

CÉLULA VEGETAL

El movimiento del agua hacia el interior de la célula reduce la concentración de sal dentro de la célula

Membrana semipermeable

Alta concentración de agua y baja concentración de sal

Proteínas portadoras

En la membrana hay proteínas portadoras similares a máquinas, que funcionan como bombas o poros en el transporte activo. Los aportes de energía flexionan la forma de la proteína para que pueda bombear moléculas a través de la membrana.

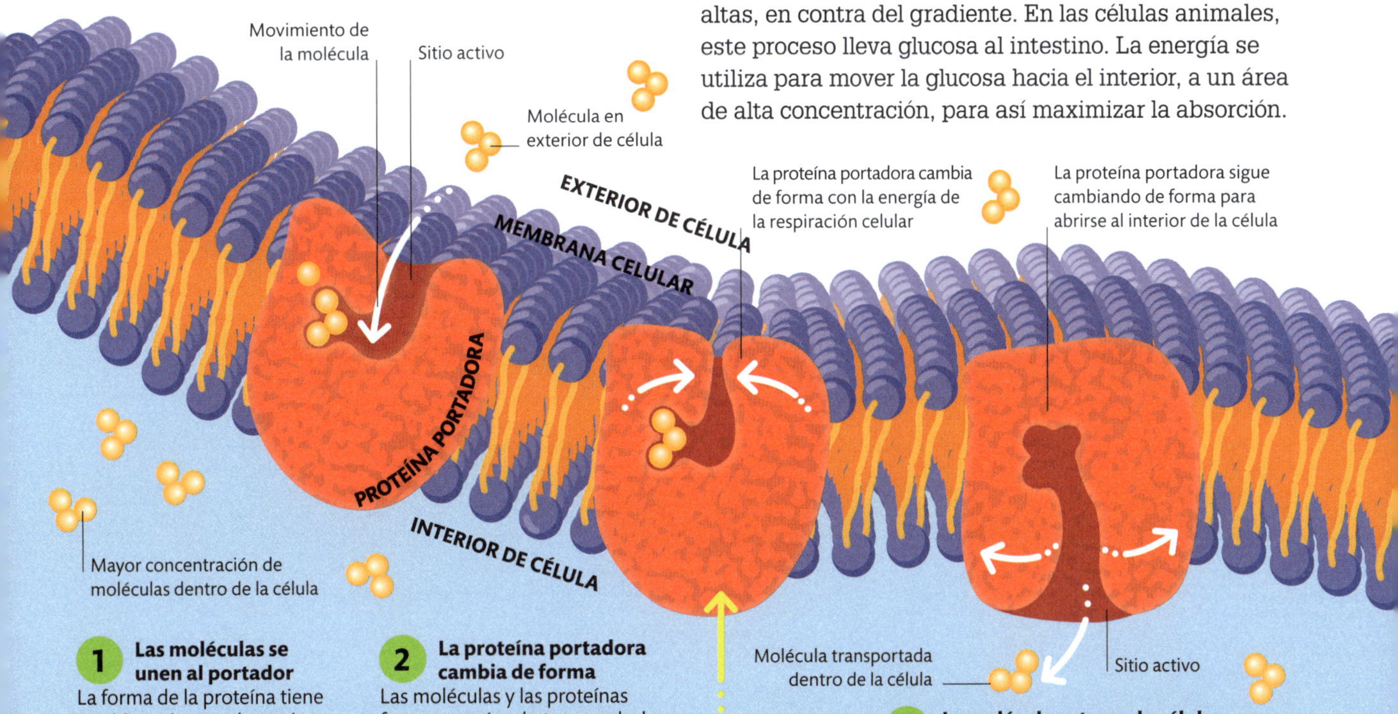

Transporte activo

Una célula debe consumir energía para absorber y secretar sustancias. Esto se conoce como transporte activo, y mueve sustancias de concentraciones bajas a altas, en contra del gradiente. En las células animales, este proceso lleva glucosa al intestino. La energía se utiliza para mover la glucosa hacia el interior, a un área de alta concentración, para así maximizar la absorción.

Movimiento de la molécula

Sitio activo

Molécula en exterior de célula

EXTERIOR DE CÉLULA

MEMBRANA CELULAR

La proteína portadora cambia de forma con la energía de la respiración celular

La proteína portadora sigue cambiando de forma para abrirse al interior de la célula

PROTEÍNA PORTADORA

INTERIOR DE CÉLULA

Mayor concentración de moléculas dentro de la célula

Molécula transportada dentro de la célula

Sitio activo

Energía de la respiración de la célula

1 **Las moléculas se unen al portador**
La forma de la proteína tiene un sitio activo en el exterior de la membrana donde las moléculas pueden unirse a ella. Ese vínculo inicial es pasivo y no requiere energía.

2 **La proteína portadora cambia de forma**
Las moléculas y las proteínas forman un vínculo temporal y la energía por la célula se usa para alterar la forma de la proteína. Este proceso es impulsado por la presencia de las moléculas.

3 **La molécula entra en la célula**
El sitio activo, transformado por la adición de energía y moléculas, se desplaza al otro lado de la membrana. Este cambio de forma permite que las moléculas se liberen en el citoplasma.

Movimiento

Muchas células están incrustadas en tejidos corporales o son transportadas en fluidos como la sangre. Otras tienen partes móviles o incluso pueden moverse por sí mismas.

Flagelos

Un flagelo es una cola larga en forma de látigo en un extremo de la célula. Se encuentran en muchas bacterias, protistas y otros microorganismos; también en las células sexuales de animales y de algunas plantas. En estos organismos, el flagelo está formado por microtúbulos que se deslizan unos contra otros para propulsarse. Los flagelos bacterianos son más rígidos, en forma de tornillo y al girar como una hélice crean movimiento. Otros organismos, como el protista *Euglena*, utilizan ambos tipos de movimiento.

MOVIMIENTO CELULAR EN EL CUERPO HUMANO

Encontramos movimiento mediante flagelos y cilios y de tipo ameboideo. Los espermatozoides son las únicas células del cuerpo con flagelos. Las células con cilios abundan en el revestimiento de los pulmones y las vías respiratorias. Los glóbulos blancos usan movimiento ameboide para moverse a través de la sangre y los tejidos infectados.

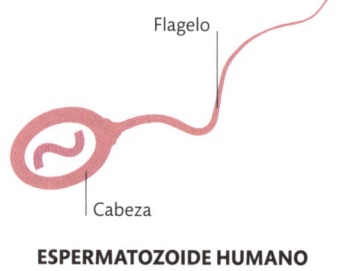

Flagelo

Cabeza

ESPERMATOZOIDE HUMANO

¿CUÁNTO MIDEN LOS FLAGELOS?

En la mayoría de los organismos unicelulares, los flagelos tienen unas 20 micras de largo.

La célula se propulsa hacia delante

Rotación del flagelo en el sentido de las agujas del reloj

NADAR HACIA DELANTE

Movimiento de correr y voltereta
El flagelo gira en el sentido de las agujas del reloj para avanzar. Para cambiar de dirección, gira en el sentido contrario, haciendo que el organismo «dé una voltereta» y mire en otra dirección.

Rotación del flagelo en el sentido contrario a las agujas del reloj

CAMBIO DE DIRECCIÓN

La célula da una voltereta y se mueve en una nueva dirección

El flagelo azota hacia adelante y hacia atrás

NADAR HACIA DELANTE

Dirección del movimiento de *Euglena*

Flagelo en movimiento
En muchos organismos, el flagelo se mueve rápidamente en forma de onda para impulsar la célula hacia delante. Algunos organismos, como *Euglena*, también utilizan sus flagelos como «remos».

LAS **AMEBAS** SE MUEVEN A ENTRE **2 Y 5 MM POR MINUTO**

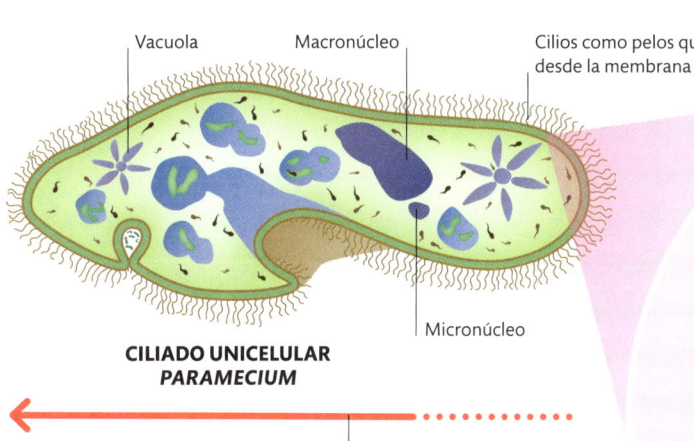

Vacuola   Macronúcleo   Cilios como pelos que se proyectan desde la membrana celular

Micronúcleo

CILIADO UNICELULAR
PARAMECIUM

Dirección del movimiento

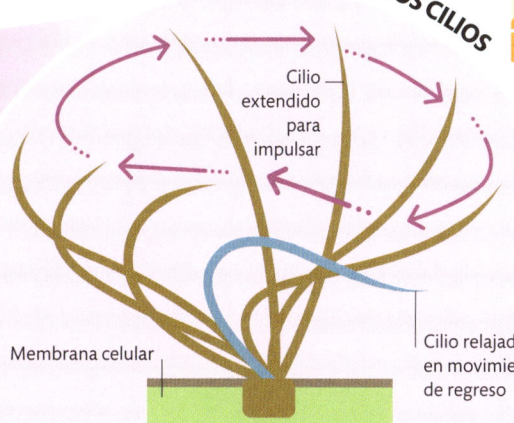

PROTUBERANCIAS DE LOS CILIOS

Cilio extendido para impulsar

Membrana celular

Cilio relajado en movimiento de regreso

Movimiento ciliar
Los grupos de cilios se mueven hacia delante y hacia atrás en un ritmo coordinado para que cada uno realice un impulso en la dirección correcta y en el momento correcto. Juntos, crean una fuerza ondulatoria que empuja los objetos o fluidos circundantes.

Cilios

Un cilio es una protuberancia corta, parecida a un pelo, en una membrana celular. En algunos organismos, llamados ciliados, los cilios mueven toda la célula de forma sincronizada. En otros, los cilios dirigen una corriente de agua alrededor de la célula que trae consigo alimento u oxígeno. También se encuentran células no móviles con cilios en algunos tejidos de animales y plantas, los cuales trasladan material a lo largo de tubos y vasos internos.

Pseudópodos

Algunas células se mueven extendiendo proyecciones de su membrana en forma de extremidades y llamadas pseudópodos (que significa «pies falsos»). Los pseudópodos vuelven a hundirse después en el cuerpo de la célula. Organismos como las amebas se mueven de esta manera, por lo que a veces se llama a esto movimiento ameboide. Los pseudópodos también pueden enviarse en varias direcciones a la vez para engullir partículas de comida.

Movimiento ameboideo
Los cambios en la forma de la célula están controlados por una red microscópica de fibras proteicas en el citoesqueleto (la red de filamentos que da estructura a la célula).

Ectoplasma

Núcleo

Endoplasma

Flujo de citoplasma

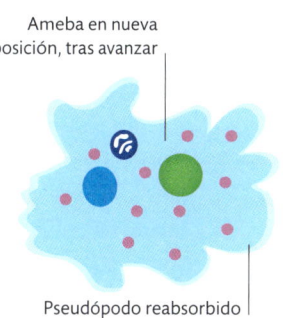

Ameba en nueva posición, tras avanzar

Pseudópodo

Pseudópodo reabsorbido

1 **Estructura de ameba**
El citoplasma del cuerpo de la ameba se compone de una capa externa (ectoplasma) formada a partir de un gel semisólido y de una capa interna (endoplasma) de líquido.

2 **Formas de pseudópodos**
Los filamentos del citoesqueleto se extienden en un pseudópodo. Parte del gel se hace líquido y fluye hacia el pseudópodo, transportando el contenido celular.

3 **Célula impulsada hacia delante**
El flujo del citoplasma empuja toda la célula hacia delante y, como resultado, el pseudópodo se reabsorbe y parte del líquido vuelve a convertirse en gel.

División celular

En todas las formas de vida, las células se reproducen dividiéndose en dos nuevas células hijas. En las bacterias y otros organismos simples, esto ocurre por fisión binaria. En los eucariotas (cuyas células tienen núcleo) ocurre por mitosis.

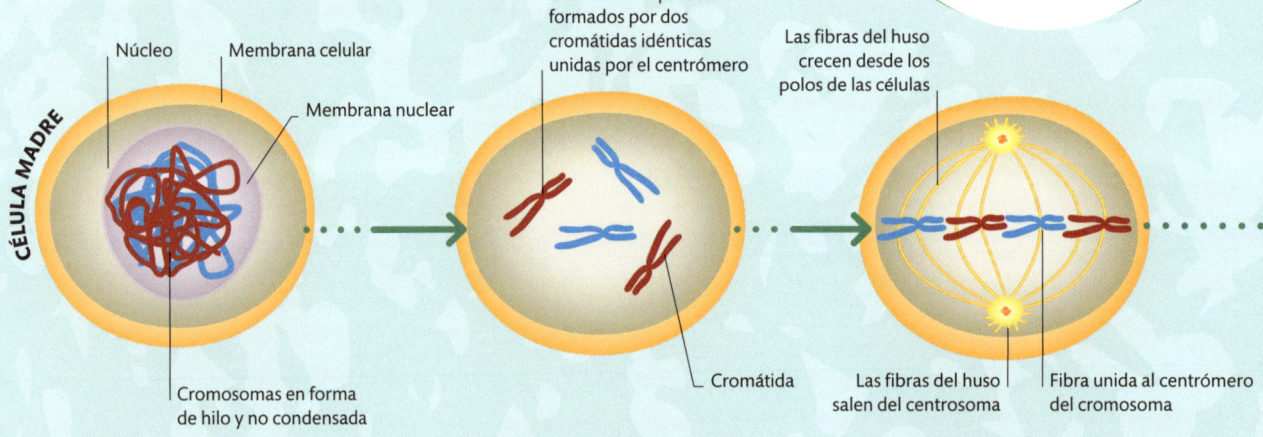

CÉLULA MADRE

Núcleo

Membrana celular

Membrana nuclear

Cromosomas en forma de hilo y no condensada

Cromosomas pareados formados por dos cromátidas idénticas unidas por el centrómero

Cromátida

Las fibras del huso crecen desde los polos de las células

Las fibras del huso salen del centrosoma

Fibra unida al centrómero del cromosoma

1 Interfase
En la fase de no reproducción, cuando no hay división, el material genético se contiene en largas hebras de cromatina, un complejo formado a partir del ADN enrollado alrededor de proteínas llamadas histonas.

2 Profase
Al terminar la interfase, las cadenas de cromatina se duplican. Las hebras se enrollan más en forma de X, formadas por pares de cromosomas duplicados o cromátidas. La membrana nuclear comienza a romperse.

3 Metafase
Los cromosomas, ahora liberados del núcleo, se alinean en el centro de la célula. Las fibras del huso crecen desde los polos opuestos de la célula y se unen a proteínas en el centrómero de cada cromosoma.

Mitosis

Las células de la vida eucariota se dividen por mitosis en dos células hijas idénticas, cada una con una copia del material genético (ADN) de la célula madre. La mitosis es la división de pares de cromosomas (las estructuras que contienen el ADN) en el núcleo celular para producir un conjunto completo de ADN en cada célula hija. El ADN del núcleo se duplica y el contenido de la célula se dispersa por igual. El término «mitosis» deriva del griego *mitos*, que significa «lizo» o «hilo de urdimbre», por las fibras en forma de hilos que se forman para separar los cromosomas de la célula.

EL CICLO DE LA CÉLULA

La mitosis es solo una pequeña parte del ciclo de una célula. La parte más larga, que comienza cuando las células hijas se separan, es la interfase; durante esta la célula crece y hace copias de los orgánulos (estructuras separadas dentro de la célula, como los ribosomas y las mitocondrias). Justo antes de la división, el ADN se duplica en cromátidas. El paso final es organizar el contenido de la célula para que pueda dividirse una vez que comience la mitosis.

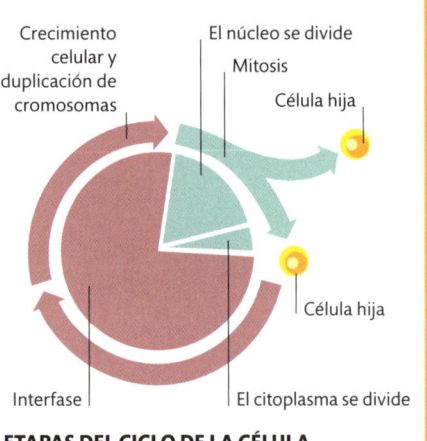

Crecimiento celular y duplicación de cromosomas

El núcleo se divide

Mitosis

Célula hija

Célula hija

Interfase

El citoplasma se divide

ETAPAS DEL CICLO DE LA CÉLULA

EL **CUERPO HUMANO** EXPERIMENTA UNOS **10 000 BILLONES DE DIVISIONES CELULARES** A LO LARGO DE SU VIDA

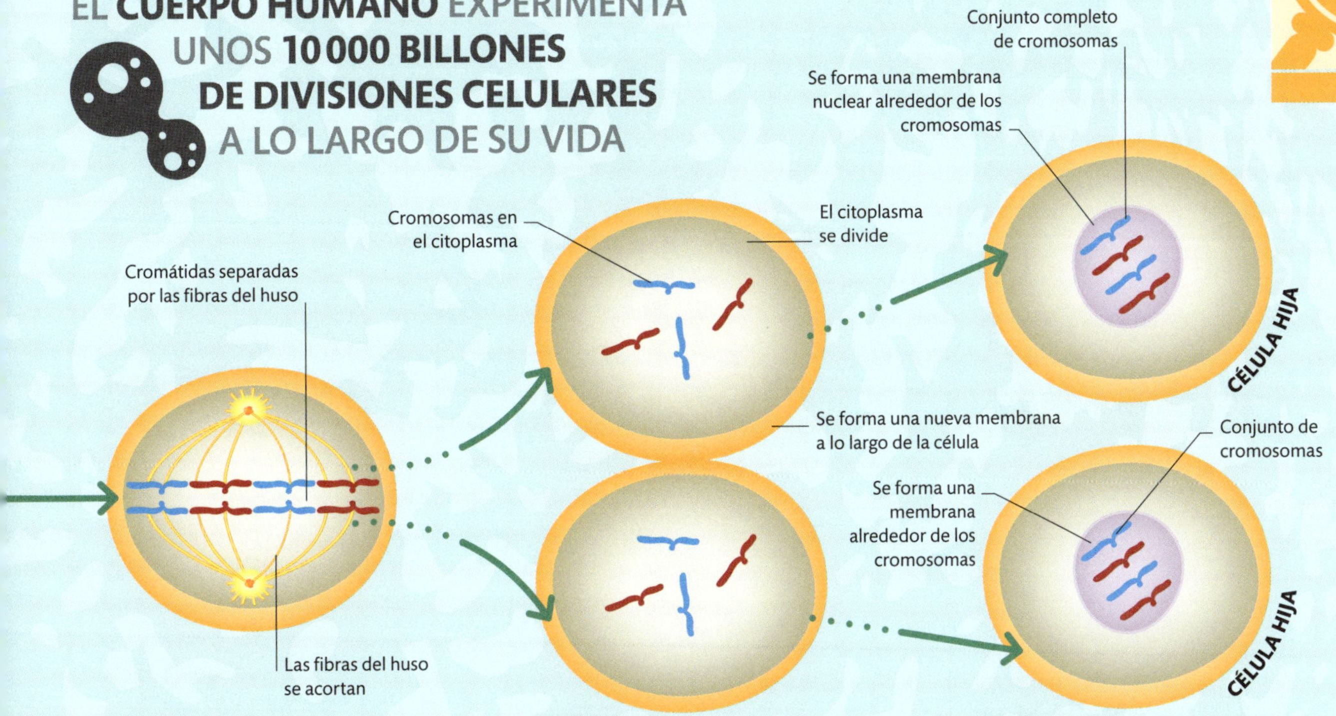

Conjunto completo de cromosomas

Se forma una membrana nuclear alrededor de los cromosomas

El citoplasma se divide

Cromosomas en el citoplasma

Cromátidas separadas por las fibras del huso

CÉLULA HIJA

Se forma una nueva membrana a lo largo de la célula

Conjunto de cromosomas

Se forma una membrana alrededor de los cromosomas

Las fibras del huso se acortan

CÉLULA HIJA

4 Anafase
Las fibras del huso se contraen y separan las cromátidas de cada cromosoma. A medida que las fibras se contraen, los nuevos cromosomas individuales son atraídos hacia los polos de la célula.

5 Telofase
Se forman nuevas membranas alrededor de cada nuevo conjunto de cromosomas. El material celular (citoplasma) se divide por citoquinesis: se forma una membrana en el centro de la célula que la divide en dos partes.

6 Nuevas células
Se forman dos nuevas células hijas idénticas, cada una con un juego completo de cromosomas. Luego, los cromosomas volverán a su forma filiforme de cromatina. Las nuevas células estarán entonces en su propia interfase.

Fisión binaria

Las células de los procariotas (bacterias y arqueas) son mucho más pequeñas que las de los eucariotas y no tienen núcleo ni orgánulos, y se dividen con un proceso más sencillo, la fisión binaria. Al igual que la mitosis, el proceso da como resultado que una célula madre produzca dos hijas, cada una de las cuales porta el mismo material genético.

Fisión binaria en bacteria
La división suele implicar que la célula crece al aumentar el contenido y después se divide en dos células hijas. Algunas bacterias se dividen mediante gemación y generan una célula hija a partir de la célula principal.

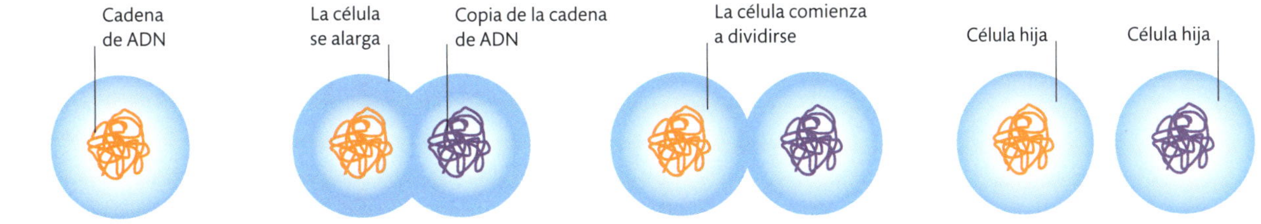

Cadena de ADN

La célula se alarga

Copia de la cadena de ADN

La célula comienza a dividirse

Célula hija

Célula hija

1 Bacteria madre
El material genético de la célula consta de un solo cromosoma, que forma una hebra circular de ADN.

2 El ADN se duplica
La cadena de ADN se duplica. La celda se agranda y las copias se mueven hacia los extremos.

3 El citoplasma se divide
Se forma una membrana y una pared en el centro de la célula, que dividen el citoplasma y los conjuntos de ADN.

4 Las hijas se separan
Las dos células hijas se separan. Son genéticamente idénticas a la madre y pronto podrán dividirse a su vez.

Neuronas

Las neuronas, o células nerviosas, forman parte del sistema nervioso. Transportan información dentro del cerebro y desde el cerebro a todas las partes del cuerpo.

Estructura de una neurona

Una neurona consta de cuatro partes, cada una con una función diferente. El axón genera y transporta una señal o impulso nervioso. El cuerpo celular procesa la señal. La terminal del axón transmite la señal a la siguiente neurona. Una dendrita recibe la señal de una neurona vecina. La mayoría de los axones están aislados en una vaina de mielina, lo que aumenta la velocidad de las señales nerviosas, pero algunos no están mielinizados y transmiten señales más lentamente.

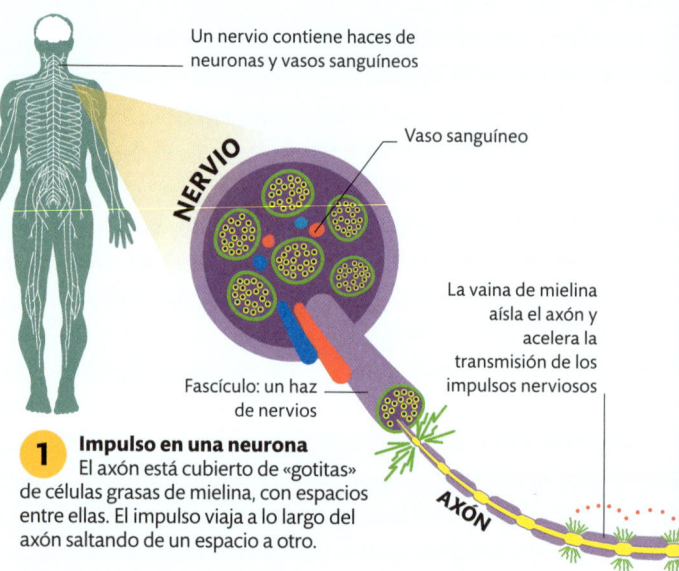

Un nervio contiene haces de neuronas y vasos sanguíneos

Vaso sanguíneo

NERVIO

La vaina de mielina aísla el axón y acelera la transmisión de los impulsos nerviosos

Fascículo: un haz de nervios

AXÓN

1 **Impulso en una neurona**
El axón está cubierto de «gotitas» de células grasas de mielina, con espacios entre ellas. El impulso viaja a lo largo del axón saltando de un espacio a otro.

Señales nerviosas

Las neuronas se comunican entre sí con señales electroquímicas. Cuando una señal es lo bastante fuerte, pasa a lo largo del axón. En la terminal del axón, unas sustancias químicas llamadas neurotransmisores se liberan en la sinapsis, el pequeño espacio entre las neuronas. Los neurotransmisores se unen a los receptores de la siguiente neurona y hacen que se transmita la señal nerviosa.

500 000 000
NÚMERO DE **NEURONAS** EN LA PARED DEL **INTESTINO HUMANO**

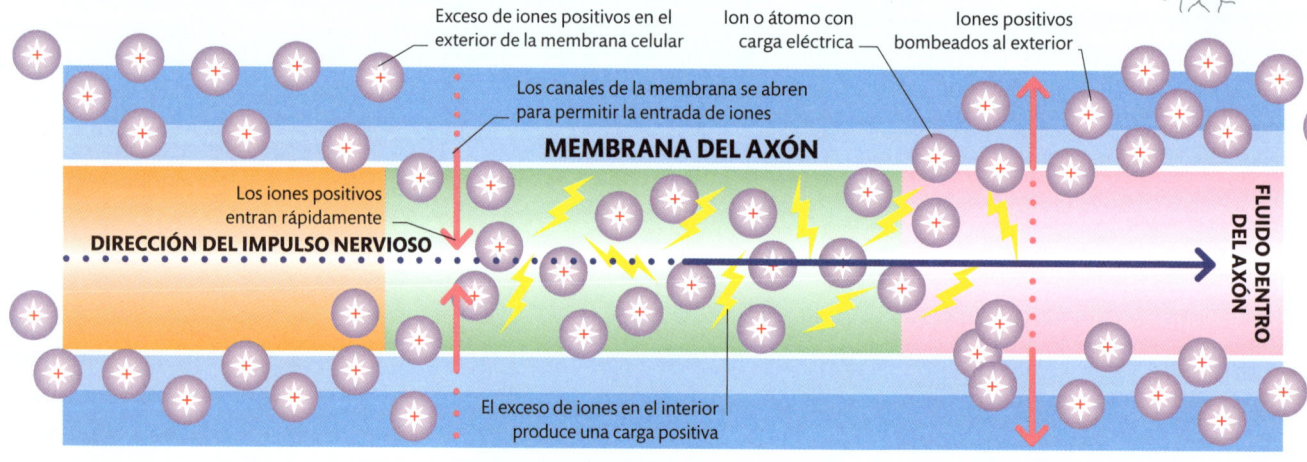

Exceso de iones positivos en el exterior de la membrana celular

Ion o átomo con carga eléctrica

Iones positivos bombeados al exterior

Los canales de la membrana se abren para permitir la entrada de iones

MEMBRANA DEL AXÓN

Los iones positivos entran rápidamente

DIRECCIÓN DEL IMPULSO NERVIOSO

FLUIDO DENTRO DEL AXÓN

El exceso de iones en el interior produce una carga positiva

1 **Potencial de reposo**
Cuando está en reposo, una neurona tiene más iones positivos fuera de su membrana que dentro. Esta diferencia de polarización, o potencial eléctrico, a un lado y a otro de la membrana se llama potencial de reposo.

2 **Despolarización**
Como resultado de cambios químicos en el cuerpo celular, los iones positivos entran en la célula a través de la membrana. Esto invierte la polarización del axón, haciendo que el exterior sea negativo.

3 **Repolarización**
La despolarización de parte del axón hace que la sección adyacente experimente el mismo proceso. La célula bombea iones positivos, lo que repolariza la membrana a su potencial de reposo.

DENDRITAS

Cada célula nerviosa tiene numerosas proyecciones llamadas dendritas, que reciben impulsos de las células nerviosas vecinas

El cuerpo celular contiene el núcleo con la información genética de la célula y los orgánulos que proporcionan energía e impulsan las actividades de la célula

El impulso nervioso continúa hasta la terminal del axón

NÚCLEO DE LA CÉLULA

CUERPO NEURONAL

El impulso nervioso salta de un extremo a otro de cada «gotita» de mielina

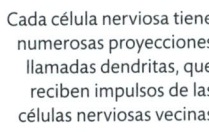

Neurotransmisor en vesícula listo para ser liberado y activar la célula nerviosa adyacente

El calcio, activado por un impulso nervioso, fluye hacia la terminal del axón

El axón de la célula nerviosa transmite el impulso nervioso eléctrico

Neurotransmisor liberado en la sinapsis como resultado de la entrada de calcio

SINAPSIS

2 Cruzar la sinapsis
Para permitir que el impulso nervioso pase a la célula nerviosa adyacente, el impulso eléctrico se convierte en una señal química. La terminal del axón libera sustancias químicas llamadas neurotransmisores. Estos cruzan la pequeña brecha (llamada sinapsis) entre las células nerviosas vecinas y desencadenan un impulso en la célula adyacente.

El neurotransmisor se une a una proteína del canal y abre una puerta en la membrana de la célula nerviosa adyacente, provocando que inicie su propio impulso

Proteína de canal abierto

Proteína de canal cerrado

NEURONA ADYACENTE

EL PAPEL DE LOS NEUROTRANSMISORES

Los neurotransmisores son sustancias químicas que transmiten señales entre neuronas. Algunos son excitadores, y ayudan a continuar la transmisión de la señal a la siguiente célula nerviosa. Los inhibidores, por su parte, tienen el efecto contrario. La serotonina tiene un efecto inhibidor, pues ayuda a reducir la ansiedad y a regular el sueño y el hambre.

NEUROTRANSMISOR	EFECTO HABITUAL
Acetilcolina	Sobre todo excitante
Ácido gamma-aminobutírico (GABA)	Inhibidor
Glutamato	Excitante
Dopamina	Excitante e inhibidor
Noradrenalina	Sobre todo excitante
Serotonina	Inhibidor
Histaminea	Excitante

¿A QUÉ VELOCIDAD VIAJAN LAS SEÑALES NERVIOSAS?

Cada tipo de señal viaja a diferente velocidad: las señales de dolor viajan a unos 0,6 m/s, mientras que las señales táctiles alcanzan los 120 m/s.

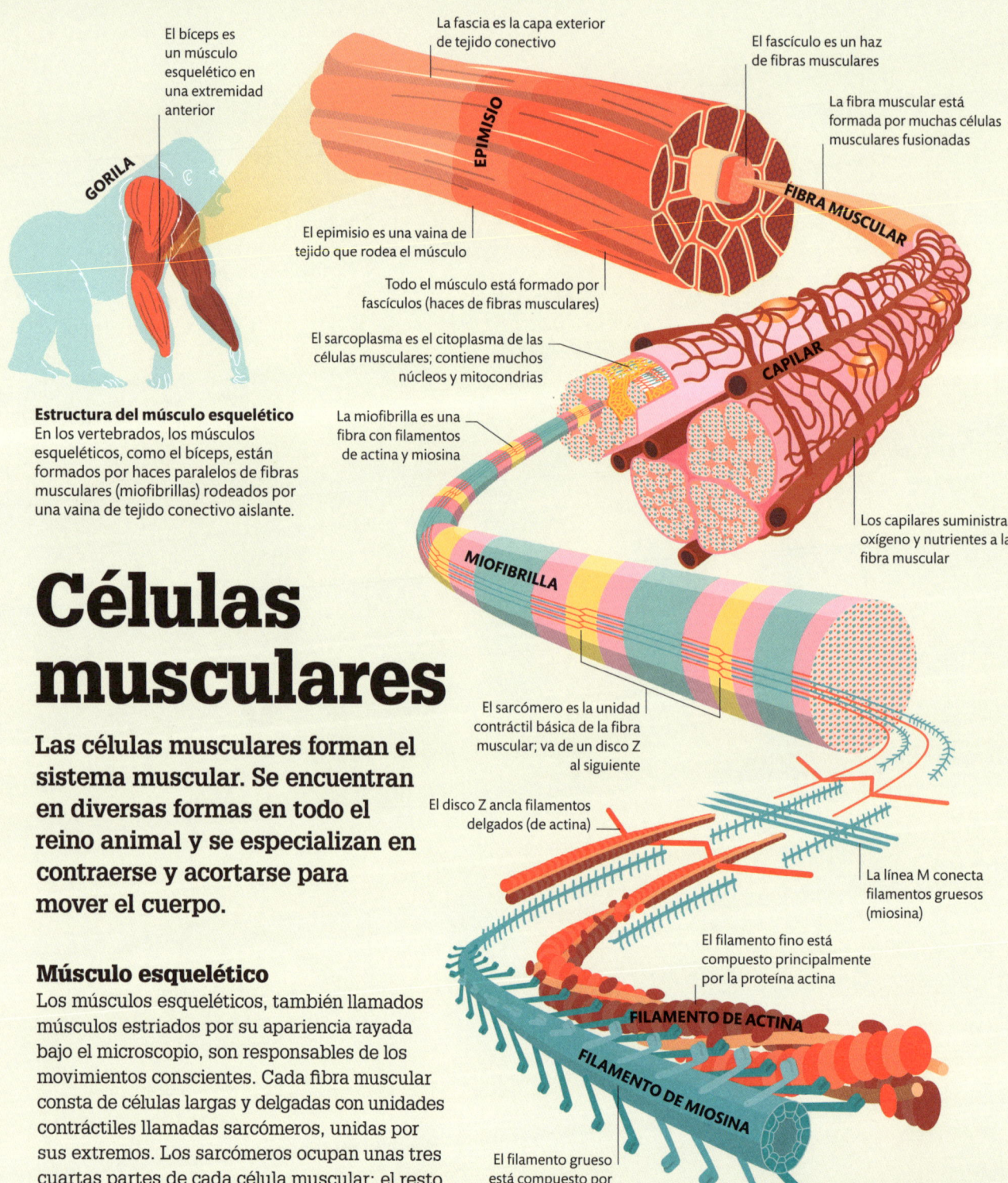

El bíceps es un músculo esquelético en una extremidad anterior

La fascia es la capa exterior de tejido conectivo

El fascículo es un haz de fibras musculares

La fibra muscular está formada por muchas células musculares fusionadas

EPIMISIO

GORILA

FIBRA MUSCULAR

El epimisio es una vaina de tejido que rodea el músculo

Todo el músculo está formado por fascículos (haces de fibras musculares)

El sarcoplasma es el citoplasma de las células musculares; contiene muchos núcleos y mitocondrias

CAPILAR

La miofibrilla es una fibra con filamentos de actina y miosina

Los capilares suministran oxígeno y nutrientes a la fibra muscular

Estructura del músculo esquelético
En los vertebrados, los músculos esqueléticos, como el bíceps, están formados por haces paralelos de fibras musculares (miofibrillas) rodeados por una vaina de tejido conectivo aislante.

MIOFIBRILLA

Células musculares

Las células musculares forman el sistema muscular. Se encuentran en diversas formas en todo el reino animal y se especializan en contraerse y acortarse para mover el cuerpo.

El sarcómero es la unidad contráctil básica de la fibra muscular; va de un disco Z al siguiente

El disco Z ancla filamentos delgados (de actina)

La línea M conecta filamentos gruesos (miosina)

El filamento fino está compuesto principalmente por la proteína actina

Músculo esquelético

Los músculos esqueléticos, también llamados músculos estriados por su apariencia rayada bajo el microscopio, son responsables de los movimientos conscientes. Cada fibra muscular consta de células largas y delgadas con unidades contráctiles llamadas sarcómeros, unidas por sus extremos. Los sarcómeros ocupan unas tres cuartas partes de cada célula muscular; el resto está formado sobre todo por mitocondrias, que proporcionan energía en forma de moléculas de ATP (pp. 60-61).

FILAMENTO DE ACTINA

FILAMENTO DE MIOSINA

El filamento grueso está compuesto por la proteína miosina

Contracción muscular

Los sarcómeros transforman la energía química en forma de ATP en trabajo mecánico de contracción muscular. En cada sarcómero, los delgados filamentos de actina se deslizan sobre los gruesos filamentos de miosina, lo que hace que los sarcómeros se contraigan y se acorten. Los sarcómeros están unidos extremo con extremo, por lo que su contracción simultánea provoca la contracción de todo el músculo.

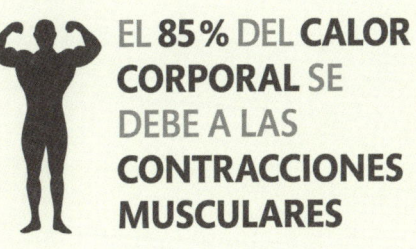

EL **85%** DEL **CALOR CORPORAL** SE DEBE A LAS **CONTRACCIONES MUSCULARES**

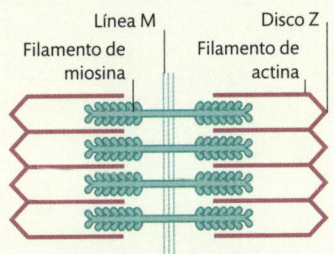

Línea M — Disco Z
Filamento de miosina — Filamento de actina

1 Sarcómero de músculo relajado

En un músculo relajado, las cabezas de miosina no están unidas a los finos filamentos de actina. En ese punto, la distancia entre los discos Z es máxima.

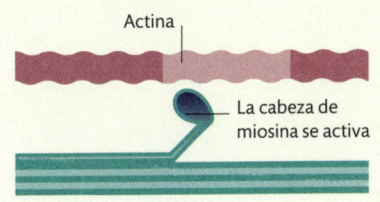

Actina

La cabeza de miosina se activa

2 Miosina activada

La cabeza de miosina recibe energía del ATP producido en las mitocondrias a partir de azúcares y oxígeno, y la actina está lista para unirse a los filamentos de miosina.

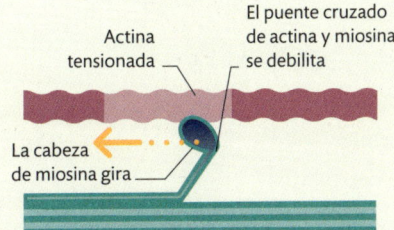

El puente cruzado de actina y miosina se debilita

Actina tensionada

La cabeza de miosina gira

¿QUÉ CAUSA LA FATIGA Y EL DOLOR MUSCULAR?

Varios factores provocan molestias musculares tras el ejercicio, como la inflamación del tejido muscular, pero la acumulación de ácido láctico no es una causa.

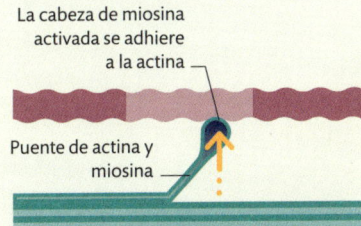

La cabeza de miosina activada se adhiere a la actina

Puente de actina y miosina

3 La cabeza de miosina se adhiere a la actina

La cabeza de miosina activada se adhiere a un lugar de unión en el filamento de actina, formando un puente cruzado de actina y miosina entre los filamentos.

4 La cabeza gira

La cabeza de miosina libera energía y gira. Como resultado, el filamento de actina avanza. El puente cruzado entre los filamentos se debilita.

TIPOS DE MÚSCULO

Hay tres tipos principales de músculos en los vertebrados. El estriado está bajo control voluntario; el músculo liso y el cardíaco no están bajo control consciente.

ESTRIADO

Fibras a bandas, que se encuentran en los músculos esqueléticos

La actina, tensada hacia dentro, contrae y acorta el músculo

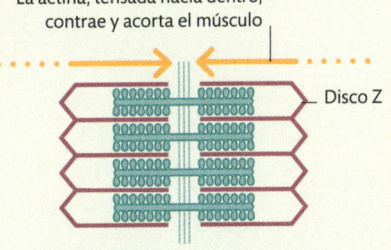

Disco Z

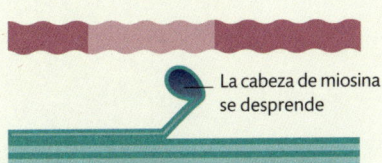

La cabeza de miosina se desprende

5 Reactivación

El puente cruzado se libera y la miosina se reactiva. La miosina recibe energía, se adhiere a la actina, libera energía y gira muchas veces durante una sola contracción.

6 Sarcómero de músculo contraído

En un músculo contraído, la actina ha sido empujada hacia dentro. Cuando un músculo se contrae, los discos Z están más juntos y el músculo es más corto.

LISO

Células cónicas, que están en estructuras como el intestino y las vías respiratorias

CARDÍACO

Las fibras ramificadas, de las paredes del corazón

Hay varios tipos de glóbulos blancos con funciones específicas. Algunos engullen y destruyen organismos invasores o sustancias extrañas. Otros producen anticuerpos para combatir enfermedades, y algunos conservan un recuerdo de la enfermedad en caso de una nueva infección.

Monocitos
Los monocitos, el tipo más abundante de glóbulos blancos, circulan en la sangre y viajan a los lugares inflamados para digerir las bacterias en un proceso llamado fagocitosis.

Neutrófilos
Constituyen entre el 50 y el 70 por ciento de los glóbulos blancos y son atraídos hacia los lugares inflamados, donde engullen y destruyen organismos infecciosos.

Células NK
Estas células detectan y destruyen otras células del cuerpo que transportan proteínas anormales, como las células cancerosas y las que están infectadas por virus.

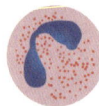

Eosinófilos
Están en los tejidos y combaten la infestación parasitaria y algunas infecciones. Un nivel alto indica reacciones alérgicas y algunas enfermedades autoinmunes.

Células B
Las células plasmáticas secretan anticuerpos para combatir infecciones. Las células B de memoria «recuerdan» una infección para permitir una respuesta rápida a la reinfección.

Basófilos
Están en los tejidos y desencadenan reacciones inflamatorias a alérgenos y parásitos. Promueven el flujo sanguíneo para que el cuerpo pueda expulsar sustancias no deseadas.

Células T
Las células T citotóxicas atacan células infectadas. Las células T auxiliares activan las células B. Las células T de memoria recuerdan la infección y responden con rapidez a la reinfección.

Composición de la sangre
Las células sanguíneas constituyen algo menos de la mitad del volumen de sangre. Los glóbulos rojos constituyen el 45 por ciento del volumen, mientras que los glóbulos blancos y las plaquetas representan el 1 por ciento.

Los glóbulos rojos transportan oxígeno a los tejidos

Los glóbulos blancos, también conocidos como leucocitos, son componentes clave del sistema inmunitario

El plasma, la parte líquida de la sangre, se compone principalmente de agua, pero también contiene nutrientes, desechos como dióxido de carbono, hormonas y proteínas

Pared de vaso sanguíneo

Las plaquetas son pequeños fragmentos de células y son vitales para la coagulación

PLASMA

GLÓBULO ROJO

La sangre

La sangre está formada por células especializadas en un líquido acuoso llamado plasma. Las células sanguíneas llevan oxígeno a los tejidos, eliminan los desechos y responden a lesiones e infecciones.

GLÓBULO BLANCO

PLAQUETA

Tipos de células sanguíneas

Las células sanguíneas más numerosas son los glóbulos rojos, que transportan oxígeno a los tejidos. Los glóbulos blancos defienden al cuerpo ante infecciones y sustancias extrañas. Las plaquetas ayudan a que la sangre se coagule y así sellan las roturas en los tejidos lesionados.

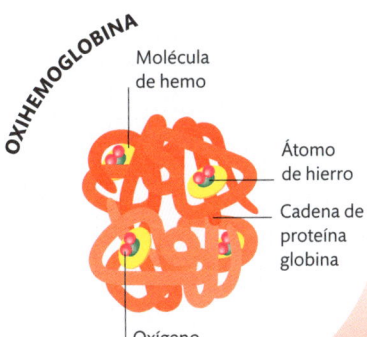

OXIHEMOGLOBINA

Molécula de hemo

Átomo de hierro

Cadena de proteína globina

Oxígeno

2 **Viajar a los tejidos**
Los glóbulos rojos transportan la oxihemoglobina por el torrente sanguíneo a todos los tejidos del cuerpo.

Glóbulos rojos

Cada glóbulo rojo (o eritrocito) contiene millones de moléculas de hemoglobina, una proteína rica en hierro. Estas células son cóncavas por ambos lados, lo que proporciona una gran superficie para absorber oxígeno o dióxido de carbono, y tienen un «esqueleto» flexible para pasar incluso a través de los vasos sanguíneos más pequeños.

3 **Oxígeno liberado**
Cuando los glóbulos rojos oxigenados llegan a tejidos con poco oxígeno, la oxihemoglobina cede su oxígeno y se convierte en desoxihemoglobina.

1 **Oxigenación**
El oxígeno de los pulmones se difunde a través de las paredes de los vasos sanguíneos hacia las células sanguíneas. Se une a la hemoglobina para formar oxihemoglobina.

FLUJO SANGUÍNEO

OXÍGENO

DIÓXIDO DE CARBONO

PULMONES

Transportando gases
Los glóbulos rojos transportan oxígeno desde los pulmones a los tejidos, donde lo liberan. Las células también pueden absorber algo de dióxido de carbono y devolverlo a los pulmones para exhalarlo.

OXÍGENO

DIÓXIDO DE CARBONO

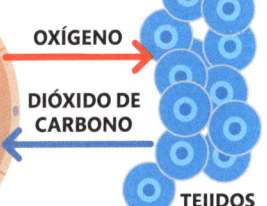

TEJIDOS

6 **Dióxido de carbono liberado**
Cuando la sangre llega a los pulmones, se libera el dióxido de carbono del plasma y de los glóbulos rojos, y después se exhala.

VASO SANGUÍNEO

5 **Viaja de vuelta a los pulmones**
La sangre desoxigenada regresa a los pulmones, transportando dióxido de carbono en el plasma sanguíneo y en los glóbulos rojos.

4 **Dióxido de carbono absorbido**
El dióxido de carbono de los tejidos corporales pasa a la sangre desoxigenada. La mayor parte del dióxido de carbono se disuelve en el plasma sanguíneo, pero una parte se combina con la hemoglobina en los glóbulos rojos.

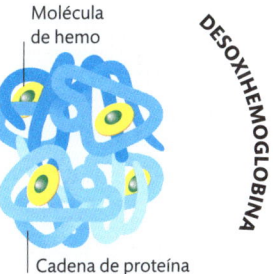

DESOXIHEMOGLOBINA

Molécula de hemo

Cadena de proteína globina

¿CUÁNTO VIVEN LAS CÉLULAS SANGUÍNEAS?

En los seres humanos, la vida media de un glóbulo rojo es de 120 días. Los glóbulos blancos, desde unos minutos a horas, dependiendo del tipo y de si están combatiendo infecciones.

LOS COLORES DE LA SANGRE

En los animales, la sangre contiene pigmentos que se unen al oxígeno, lo que hace que tenga colores diferentes. La sangre tiene un aspecto más brillante cuando transporta oxígeno y más oscuro o incoloro cuando está desoxigenada.

Rojo
En los seres humanos y la mayoría de los mamíferos, aves y peces, es roja por el hierro de la hemoglobina.

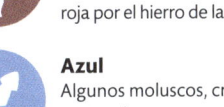
Verde
La sangre de algunos gusanos y sanguijuelas tiene clorocruorina, otro pigmento con base de hierro.

Azul
Algunos moluscos, crustáceos y arañas tienen sangre azul por la hemocianina con base de cobre.

Violeta
El pigmento de hierro de algunos gusanos marinos es la hemeritrina, que hace su sangre violeta.

De tejidos a organismos

Los organismos más pequeños están formados por una sola célula. En otros más complejos, como plantas y animales, grupos de células forman tejidos, órganos y sistemas para llevar a cabo las funciones de la vida.

Tejidos y órganos animales

En los animales, grupos de células forman tejidos que llevan a cabo funciones específicas. Así, los tejidos epiteliales forman la piel y el revestimiento de los órganos huecos, y los conectivos unen estructuras como los huesos y los músculos. Hay grupos de distintos tejidos que forman órganos; por ejemplo, el corazón contiene tejido muscular para bombear sangre y tejido nervioso para estimular las contracciones musculares. Los grupos de órganos, a su vez, forman sistemas para desempeñar las funciones que permiten vivir al animal.

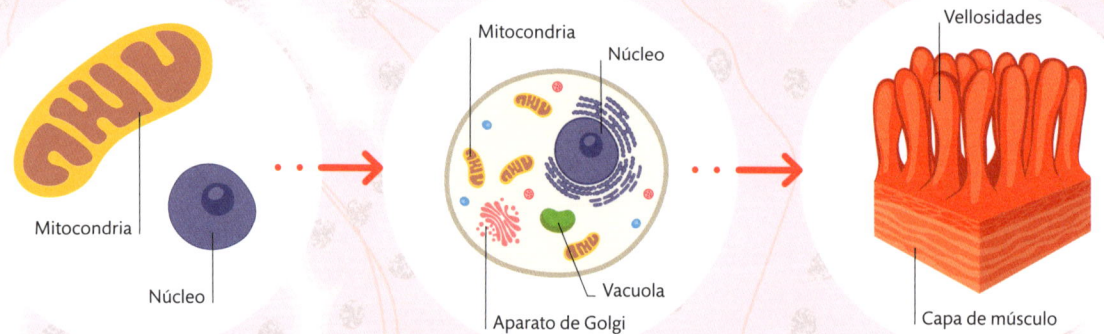

Orgánulo
Los orgánulos realizan funciones específicas dentro de una célula. Por ejemplo, el núcleo almacena información genética, mientras que las mitocondrias producen energía química.

Célula
Las células se especializan. Algunas, como las células sanguíneas, viajan libremente por el cuerpo; otras, como las células musculares, se unen en los tejidos.

Tejido
Las células de estructura y función similar forman tejidos. Las del tejido epitelial, que se encargan de absorber nutrientes, forman vellosidades que cubren el intestino delgado.

Tejidos y órganos vegetales

Las plantas vasculares tienen tejidos y órganos formados por células diferentes. Un tipo importante de célula es el parénquima: lleva a cabo la fotosíntesis, el almacenamiento de agua y azúcar y el intercambio de oxígeno y dióxido de carbono. Otros tipos incluyen el esclerénquima y el colénquima, que dan estructura y estabilidad; las células epidérmicas, que forman la superficie de hojas y tallos; las traqueidas, que están en el xilema (sistema conductor de agua); y los componentes del tubo criboso, en el floema (sistema de transporte de azúcar).

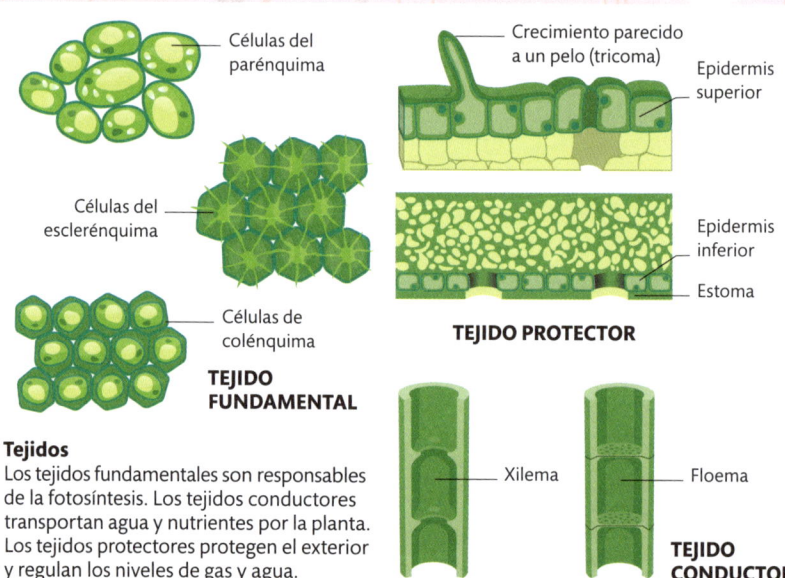

Tejidos
Los tejidos fundamentales son responsables de la fotosíntesis. Los tejidos conductores transportan agua y nutrientes por la planta. Los tejidos protectores protegen el exterior y regulan los niveles de gas y agua.

¿CUÁL ES EL ÓRGANO DE MAYOR TAMAÑO EN LOS ANIMALES?

La piel es el órgano más grande de los vertebrados, con el 12-25 por ciento de la masa total, según la especie. En los seres humanos es un 15 por ciento de la masa corporal.

EL PRIMER ORGANISMO CON TEJIDOS FUE LA ESPONJA, HACE UNOS 600 MILLONES DE AÑOS

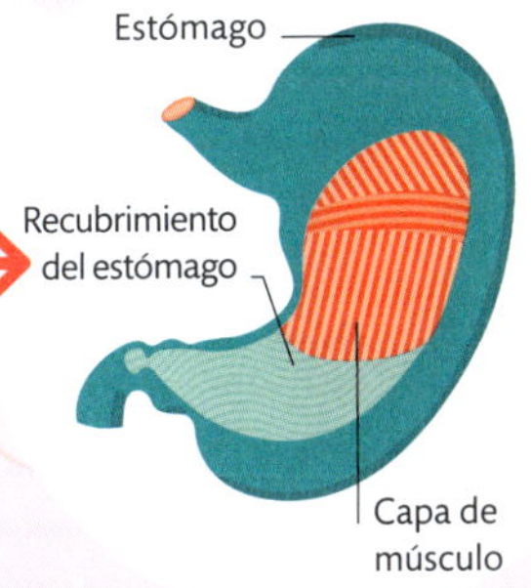

Sistema respiratorio

Sistema digestivo

Sistema cardiovascular

Sistema esquelético

Sistema muscular

Boca

Esófago

Estómago

Intestino

Hígado

Estómago

Recubrimiento del estómago

Capa de músculo

Órgano

Los grupos de tejidos que trabajan juntos forman un órgano. En el estómago, las capas de músculos mueven los alimentos, y las glándulas secretan enzimas para digerirlos.

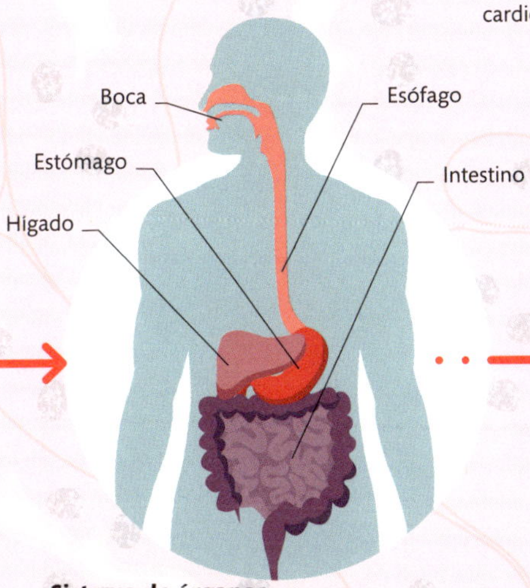

Sistema de órganos

Los grupos de órganos con funciones similares forman sistemas de órganos. El sistema digestivo tiene órganos para tragar, mover los alimentos, absorber nutrientes y eliminar desechos.

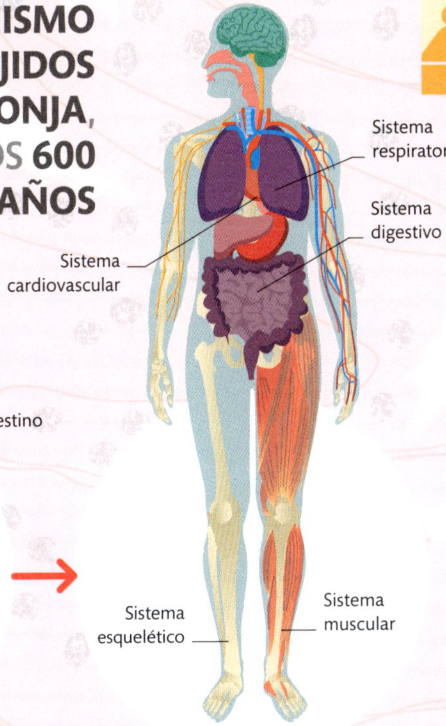

Organismo

Los sistemas de órganos trabajan juntos para satisfacer las necesidades del organismo, como respiración, digestión de alimentos, transporte de sangre y soporte o movimiento del cuerpo.

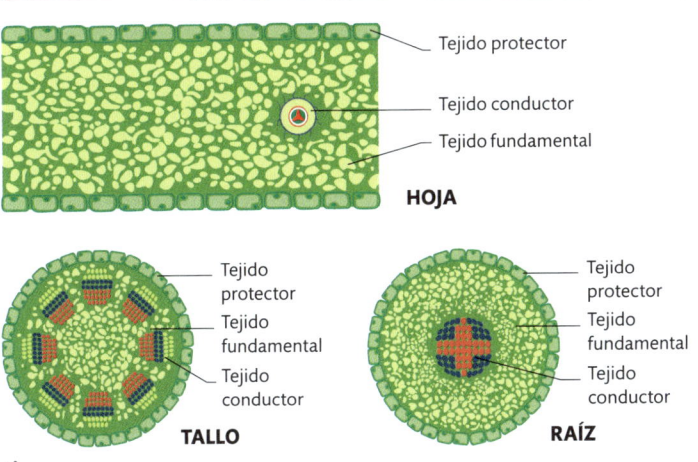

Tejido protector

Tejido conductor

Tejido fundamental

HOJA

Tejido protector

Tejido fundamental

Tejido conductor

TALLO

Tejido protector

Tejido fundamental

Tejido conductor

RAÍZ

Órganos

Las hojas son órganos de la planta que convierten la luz solar en energía; las flores y las semillas; los tallos, que sostienen la planta, y las raíces, que anclan la planta y extraen nutrientes del suelo.

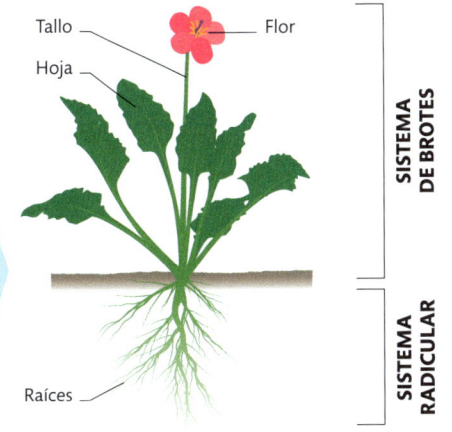

Tallo

Flor

Hoja

SISTEMA DE BROTES

Raíces

SISTEMA RADICULAR

Sistemas de órganos

Las plantas contienen varios sistemas de órganos. Las hojas, el tallo, los frutos y las flores forman el sistema de brotes, y los diferentes tipos de raíces subterráneas constituyen el sistema radicular.

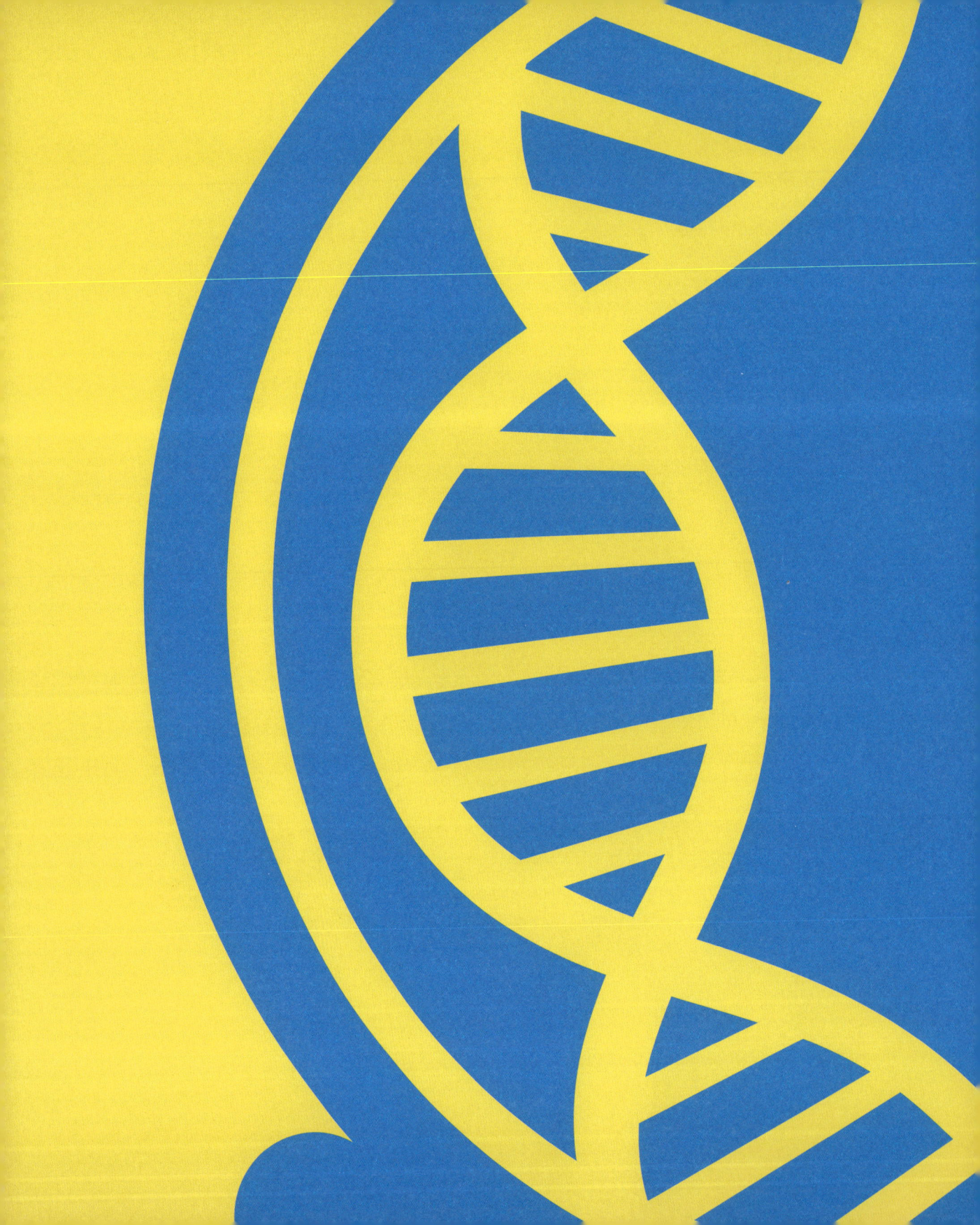

REPRODUCCIÓN Y GENÉTICA

UN GUSANO PLANO SE PUEDE SEPARAR EN 279 FRAGMENTOS QUE SERÁN NUEVOS GUSANOS

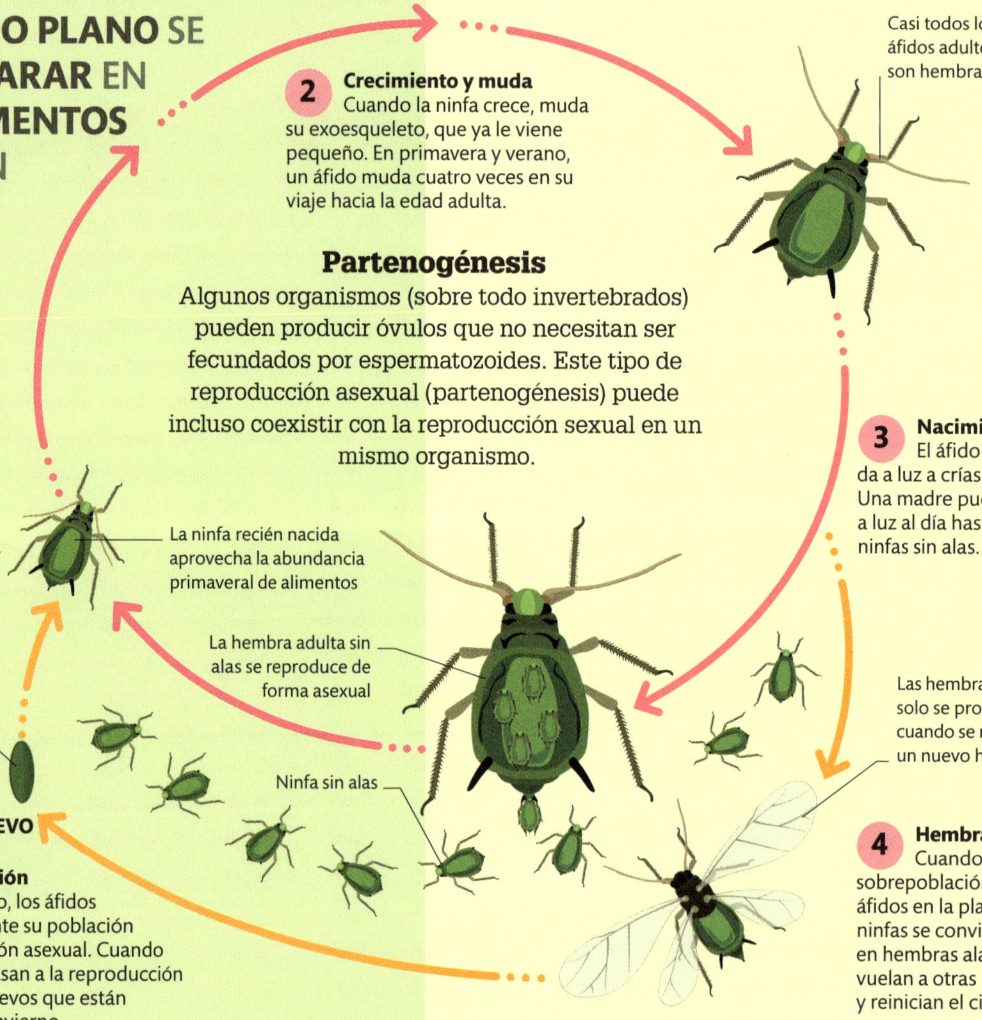

2 Crecimiento y muda
Cuando la ninfa crece, muda su exoesqueleto, que ya le viene pequeño. En primavera y verano, un áfido muda cuatro veces en su viaje hacia la edad adulta.

Casi todos los áfidos adultos son hembras

Partenogénesis
Algunos organismos (sobre todo invertebrados) pueden producir óvulos que no necesitan ser fecundados por espermatozoides. Este tipo de reproducción asexual (partenogénesis) puede incluso coexistir con la reproducción sexual en un mismo organismo.

1 Ninfa sin alas
En primavera, de un huevo puesto antes del invierno sale un ser pequeño y sin alas llamado ninfa. La ninfa avanza hasta una planta y comienza a chupar su savia.

La ninfa recién nacida aprovecha la abundancia primaveral de alimentos

3 Nacimiento
El áfido adulto da a luz a crías vivas. Una madre puede dar a luz al día hasta 12 ninfas sin alas.

La hembra adulta sin alas se reproduce de forma asexual

Las hembras aladas solo se producen cuando se requiere un nuevo hábitat

Cada otoño se añaden al ciclo nuevos huevos a partir de reproducción sexual

HUEVO

Ninfa sin alas

4 Hembra alada
Cuando hay sobrepoblación de áfidos en la planta, las ninfas se convierten en hembras aladas que vuelan a otras plantas y reinician el ciclo.

Ciclos de reproducción
En primavera y verano, los áfidos aumentan rápidamente su población mediante reproducción asexual. Cuando se acerca el otoño, pasan a la reproducción sexual y producen huevos que están inactivos durante el invierno.

PRIMAVERA

VERANO

Reproducción asexual

Algunos organismos se reproducen sin aparearse y generan hijos idénticos a sus padres y entre ellos. Se trata de la reproducción asexual. Esos hijos pueden ocupar rápidamente un nuevo hábitat, pero la uniformidad genética puede impedirles adaptarse a condiciones cambiantes.

¿ES COMÚN LA PARTENOGÉNESIS EN LOS VERTEBRADOS?

No, es rara. Algunas especies de anfibios, reptiles y peces se reproducen asexualmente, pero ninguna especie de aves o mamíferos.

Gemación

Uno de los métodos más simples de reproducción asexual es cuando parte del cuerpo del padre se desprende y crece hasta convertirse en un individuo independiente y de tamaño completo. Este proceso, llamado gemación, es propio de los animales más simples y de los organismos unicelulares, por ejemplo las levaduras. La gemación no requiere cambios celulares complejos, como la creación de óvulos, para hacer posible el crecimiento del nuevo individuo.

Organismo inmortal
Las hidras son parientes de las medusas y anémonas que crecen en el fondo marino. Pueden reproducirse por gemación. Esto significa que las hidras actuales son partes de un cuerpo original que lleva creciendo millones de años.

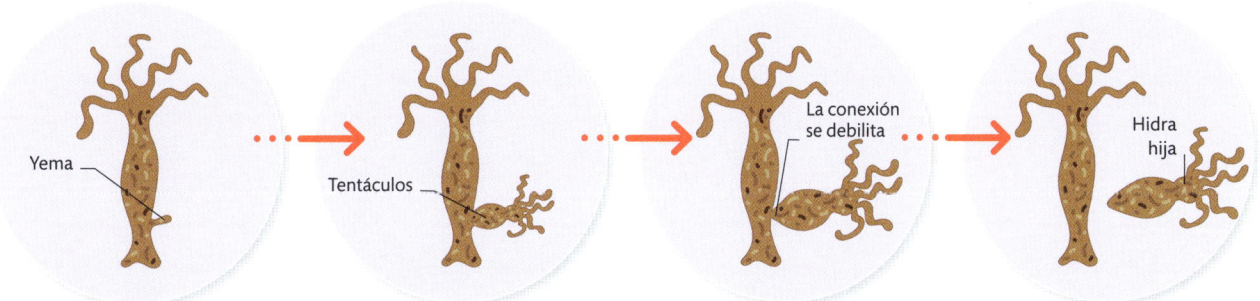

Yema
Tentáculos
La conexión se debilita
Hidra hija

1 Aparece una yema
En la gemación, cuando comienza a formarse una yema, esta aparece en la pared del adulto. Una nueva yema puede crecer cada dos días.

2 Desarrolla órganos
Al desarrollar tentáculos y otras características, la yema crece y se asemeja a una versión pequeña del adulto.

3 La yema madura
Al crecer aún más, la yema comienza a separarse del cuerpo más viejo. Este proceso se llama escisión.

4 La yema se separa
La yema se libera del padre y se aleja flotando. Luego se asienta sobre una superficie sólida y crece hasta alcanzar su tamaño completo.

Propagación vegetativa

Las plantas pueden propagarse asexualmente mediante un proceso llamado propagación vegetativa. Rizomas o estolones (dos tipos de tallo) emergen de la planta madre y, al buscar nuevos lugares para crecer, dan lugar a nuevas plantas hijas.

Nuevos tallos
Los rizomas y los estolones se parecen, pero no son lo mismo. Los rizomas crecen bajo tierra y los estolones en la superficie. Los rizomas se desarrollan de las raíces, y los estolones generalmente crecen a partir del tallo principal de la madre.

FRAGMENTACIÓN

Algunos animales, como los gusanos planos, pueden multiplicarse al dividir o fragmentar su cuerpo. Cada trozo crece hasta convertirse en uno nuevo completamente formado. Esto hace que un individuo sobreviva si es herido o mutilado.

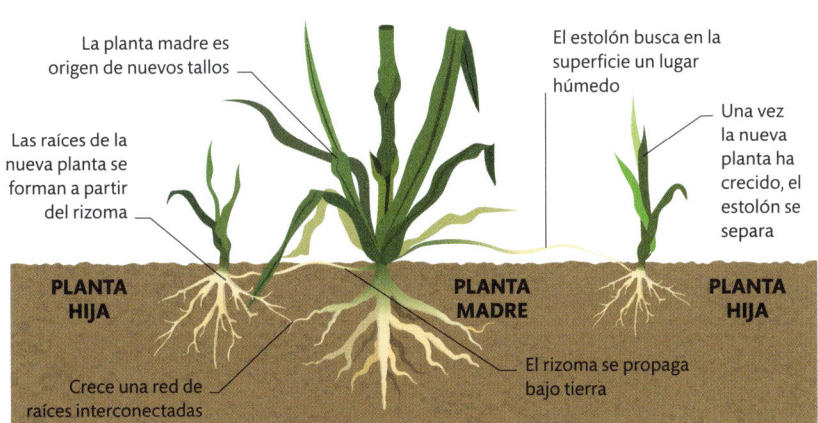

La planta madre es origen de nuevos tallos

Las raíces de la nueva planta se forman a partir del rizoma

El estolón busca en la superficie un lugar húmedo

Una vez la nueva planta ha crecido, el estolón se separa

PLANTA HIJA
PLANTA MADRE
PLANTA HIJA

Crece una red de raíces interconectadas

El rizoma se propaga bajo tierra

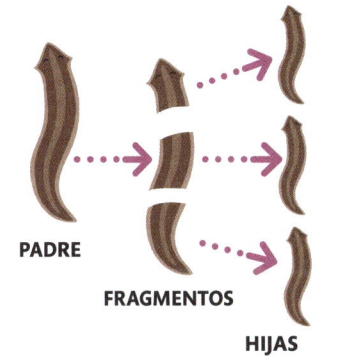

PADRE
FRAGMENTOS
HIJAS

Meiosis

Los gametos (células sexuales) de la reproducción sexual se crean en un proceso de división celular llamado meiosis.

1 Interfase
La meiosis comienza con una sola célula diploide (ver página opuesta). Antes de la división, el ADN del núcleo (cromatina) se duplica, al igual que el centrosoma.

CÉLULA DIPLOIDE

La cromatina, en forma de hilo, se copia a sí misma

El centrosoma se duplica

Las cromátidas homólogas recién formadas (ver abajo) se emparejan

Los centrosomas comienzan a formar fibras del huso a medida que se separan

2 Profase I
Los cromosomas se condensan en pares de cromátidas conectadas en un punto medio. Las cromátidas adyacentes de cada par homólogo pueden intercambiar secciones de ADN en el entrecruzamiento (abajo).

Procesos de división
La meiosis utiliza el mismo aparato en forma de huso para dividir el contenido de la célula que la mitosis (pp. 68-69). A diferencia de la mitosis, la meiosis consta de dos procesos de división que convierten una célula madre en cuatro células hijas. En los humanos, cada una de estas células tiene medio juego de 23 cromosomas, y cuando un óvulo y un espermatozoide se fusionan, se logra el juego completo de 46.

Las fibras del huso se extienden y se unen a los cromosomas

Los cromosomas están separados por fibras del huso

Una nueva membrana comienza la célula

3 Metafase I
El cruce continúa. Se forma un aparato de huso en cada extremo de la celda. Los pares de cromosomas se alinean a lo largo del ecuador de la célula.

4 Anafase I
Las fibras del huso tiran de un cromosoma (formado por dos cromátidas conectadas) de cada par hacia los extremos opuestos de las células.

5 Telofase I
Se forma una nueva membrana celular en el centro de la célula que divide el citoplasma en dos. Esto crea dos células haploides (ver al lado).

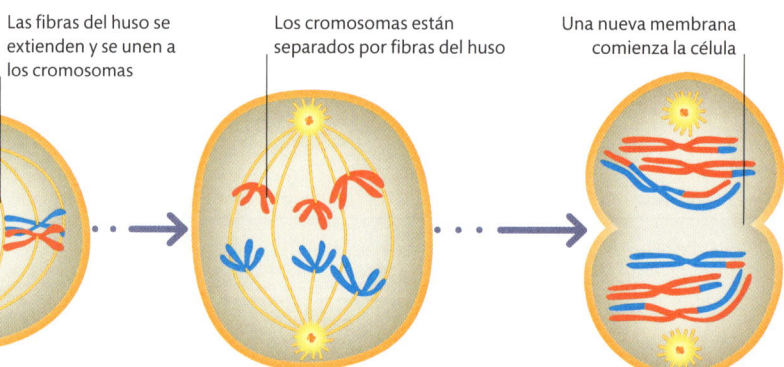

Entrecruzamiento
Los cromosomas homólogos portan los mismos genes en los mismos puntos fijos. Cada cromosoma está formado por dos cromátidas idénticas. Las cromátidas adyacentes pueden intercambiar secciones en un proceso llamado entrecruzamiento. Este proceso comienza en cada etapa de profase y continúa en la siguiente etapa de metafase. El cruzamiento maximiza la diversidad genética de la descendencia al producir cuatro cromátidas únicas.

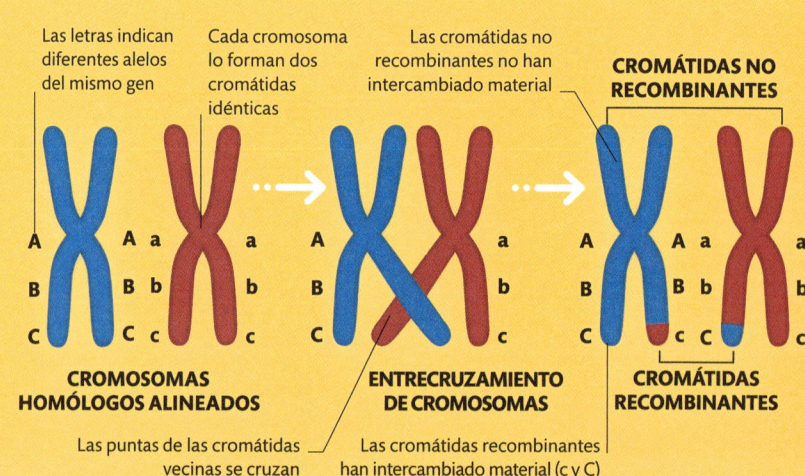

Las letras indican diferentes alelos del mismo gen

Cada cromosoma lo forman dos cromátidas idénticas

Las cromátidas no recombinantes no han intercambiado material

CROMÁTIDAS NO RECOMBINANTES

CROMOSOMAS HOMÓLOGOS ALINEADOS

ENTRECRUZAMIENTO DE CROMOSOMAS

CROMÁTIDAS RECOMBINANTES

Las puntas de las cromátidas vecinas se cruzan

Las cromátidas recombinantes han intercambiado material (c y C)

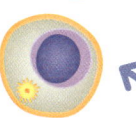

LOS OVARIOS DE UNA MUJER REALIZAN DE **MEDIA** ENTRE **300 Y 400** DIVISIONES **MEIÓTICAS** DURANTE SU **VIDA**

10 Cuatro células hijas
Después de la segunda división, hay cuatro células hijas, cada una de las cuales tiene un conjunto único de ADN.

CÉLULAS HAPLOIDES

El núcleo de cada célula contiene 23 cromosomas genéticamente únicos

La mitad de los cromosomas de la célula madre están ahora en cada célula

Las fibras del huso se unen a los cromosomas

Las cromátidas hermanas se separan

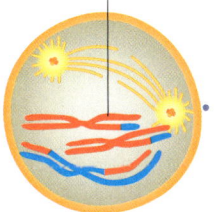
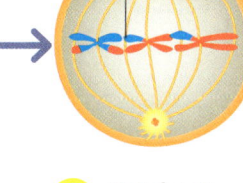
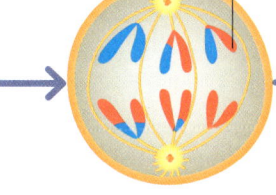
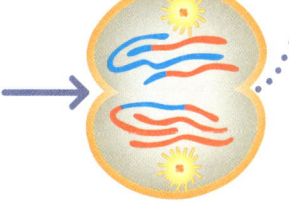

6 Profase II
Ambas células hijas pueden ahora sufrir una segunda división en la que se repiten todos los pasos anteriores. Esto comienza cuando los nuevos centrosomas se separan.

7 Metafase II
Las fibras del huso se conectan a los cromosomas homólogos que se alinean en la zona central de la célula.

8 Anafase II
Las fibras del huso descomponen el cromosoma, y las cromátidas se separan y se mueven hacia los extremos opuestos de la célula.

9 Telofase II
La membrana celular se desarrolla en el centro de la célula, dividiendo el cromosoma y creando un par de nuevas células.

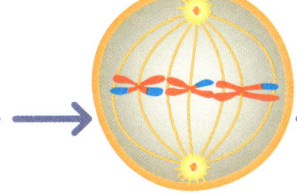
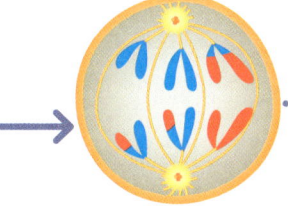
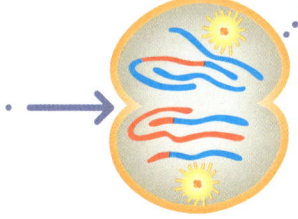

LA CÉLULA SE DIVIDE EN DOS Y SE VUELVE A DIVIDIR

¿LA MEIOSIS OCURRE EN TODOS LOS SERES VIVOS?

En organismos multicelulares (plantas, animales y algunos hongos), sí, pero no en muchos organismos unicelulares (como bacterias y arqueas).

CÉLULAS DIPLOIDES Y HAPLOIDES

Los gametos, o células sexuales, son haploides: contienen la mitad del conjunto de cromosomas transportados por las células diploides del cuerpo. Las células diploides portan dos copias de cada cromosoma, una de cada uno de los padres. Los cromosomas de una célula diploide existen en pares homólogos, es decir, el ADN de cada cromosoma contiene una versión de los mismos genes. Durante la meiosis, los pares homólogos siempre están separados.

Una copia de cada cromosoma en las células nacidas de la meiosis

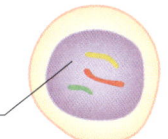

CÉLULA HAPLOIDE

Dos copias de cada cromosoma en las células que inician la meiosis

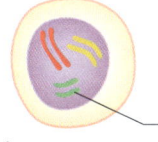

CÉLULA DIPLOIDE

Reproducción sexual

La mayoría de los organismos complejos se reproducen sexualmente, con dos progenitores combinando su información genética y descendientes genéticamente únicos. Esta variedad genética dentro de una especie aumenta las probabilidades de supervivencia de cada nueva generación.

Combinar células sexuales

Tanto en plantas como en animales, la reproducción sexual requiere que cada progenitor aporte una célula sexual (gameto). Para crear un nuevo organismo, el gameto masculino y el femenino deben entrar en contacto y fusionarse sus núcleos, en lo que se conoce como fecundación (ver al lado). La célula fecundada, o cigoto, se divide y se convierte en un nuevo organismo.

LA **ABEJA REINA PONE** HASTA **1500** HUEVOS EN **UN DÍA**

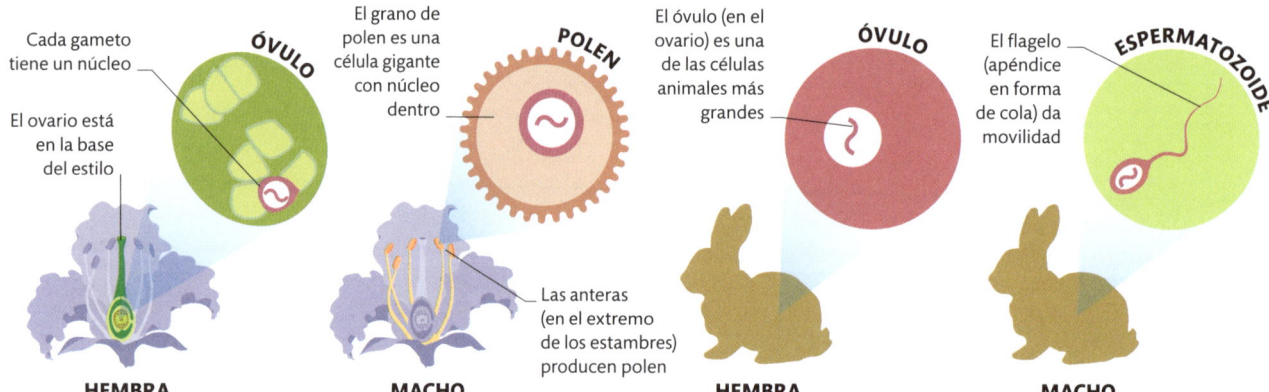

Cada gameto tiene un núcleo

El ovario está en la base del estilo

ÓVULO

El grano de polen es una célula gigante con núcleo dentro

POLEN

Las anteras (en el extremo de los estambres) producen polen

El óvulo (en el ovario) es una de las células animales más grandes

ÓVULO

El flagelo (apéndice en forma de cola) da movilidad

ESPERMATOZOIDE

HEMBRA   **MACHO**

Reproducción sexual en plantas de flor
El gameto masculino de una planta de flor está contenido dentro de un grano de polen, que debe ser transferido por el viento, el agua o un animal desde la antera, una de las partes masculinas de la flor, a la sección femenina, u ovario, de otra flor.

HEMBRA   **MACHO**

Reproducción sexual en animales
El espermatozoide animal es una célula móvil diseñada para nadar hasta los óvulos. Los óvulos de los animales pueden ser expulsados del cuerpo para que los espermatozoides los fecunden en grandes cantidades, o su fecundación producirse internamente en el coito.

ALTERNANCIA DE FASES

Muchas plantas simples pasan por dos fases distintas: la fase haploide, en que se reproducen sexualmente liberando gametos, y la fase diploide, en la que se reproducen asexualmente liberando esporas. Una planta que alterna entre una fase haploide y una fase diploide experimenta meiosis (pp. 82-83) y mitosis (pp. 68-69).

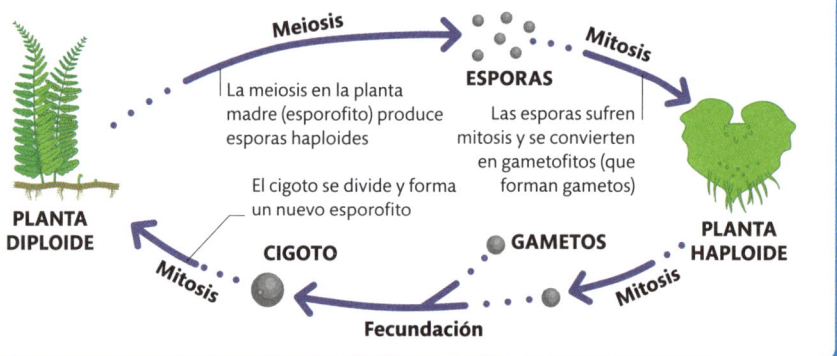

Meiosis

La meiosis en la planta madre (esporofito) produce esporas haploides

Mitosis

ESPORAS

Las esporas sufren mitosis y se convierten en gametofitos (que forman gametos)

El cigoto se divide y forma un nuevo esporofito

PLANTA DIPLOIDE

CIGOTO

GAMETOS

PLANTA HAPLOIDE

Mitosis

Mitosis

Fecundación

ZONA PELÚCIDA

El acrosoma (punta) del espermatozoide entra en contacto con el óvulo

1 **El espermatozoide llega al óvulo**
Un espermatozoide tarda unas 17 horas en llegar al óvulo. Millones de espermatozoides realizan este viaje. Sin embargo, solo uno consigue fecundar el óvulo.

2 **Se rompe la cubierta del óvulo**
La punta del espermatozoide se rompe y libera enzimas que empiezan a romper la zona pelúcida (cubierta del óvulo).

3 **Las proteínas se unen**
Al llegar a la membrana externa del óvulo, el espermatozoide se une a unos receptores proteínicos que lo reconocen como célula sexual.

Cabeza del espermatozoide portadora de proteínas se encuentra con receptores en la membrana del óvulo

4 **Las membranas se fusionan**
Las membranas externas del espermatozoide y del óvulo se fusionan para que el contenido de ambas células pueda mezclarse.

CITOPLASMA

La gruesa capa del óvulo rodea la membrana plasmática

El núcleo del espermatozoide entra en el núcleo del óvulo

Ya formado el cigoto, los gránulos se fusionan con la membrana, bloqueando la entrada de más espermatozoides

NÚCLEO DEL ÓVULO

Las membranas del óvulo y del espermatozoide se fusionan

El núcleo del espermatozoide entra en el óvulo

5 **Los núcleos se fusionan**
El núcleo del espermatozoide entra en el citoplasma del óvulo y acaba fusionándose con el núcleo del óvulo, convirtiendo la célula en un cigoto diploide.

6 **Una nueva membrana**
Al entrar en contacto las células sexuales, los gránulos del citoplasma del óvulo se fusionan con la membrana externa y cambian sus receptores externos.

¿SON GRANDES LAS CÉLULAS SEXUALES?

Cada espermatozoide humano mide unos 0,005 mm de diámetro, demasiado pequeño para verlo sin un microscopio. Los óvulos humanos son 20 veces más grandes y pueden verse a simple vista.

Cómo se fusionan los gametos humanos
Los espermatozoides nadan por el útero en busca del óvulo, que desciende por el oviducto desde el ovario. El proceso por el que un espermatozoide y un óvulo humanos se combinan es típico de casi todos los animales que se reproducen sexualmente.

Fecundación

La reproducción sexual depende de la fecundación, que combina el espermatozoide y el óvulo. Los núcleos de ambos se fusionan en un cigoto. Las dos células sexuales haploides, cada una con un juego de cromosomas, se convierten en una célula diploide con dos juegos de cromosomas. El espermatozoide y el óvulo tienen cada uno la mitad del material genético que necesita el cigoto, que es la primera célula corporal. En las plantas con flor, la fecundación se ve facilitada por la polinización (p. 151).

Modos de reproducción animal

Los animales han desarrollado una variedad de estrategias de reproducción, invirtiendo sus recursos de diversas maneras que ayudan a aumentar estas posibilidades de supervivencia.

Animales que dan a luz crías vivas

Algunos animales invierten tiempo y energía en asegurarse de que las crías alcanzan un nivel avanzado de desarrollo. Para ello, estas crecen dentro del cuerpo de la madre. Las crías, a salvo de ataques y, a menudo, provistas de nutrientes, nacen cuando alcanzan una etapa en la que pueden vivir de forma más independiente y tener mayores posibilidades de supervivencia.

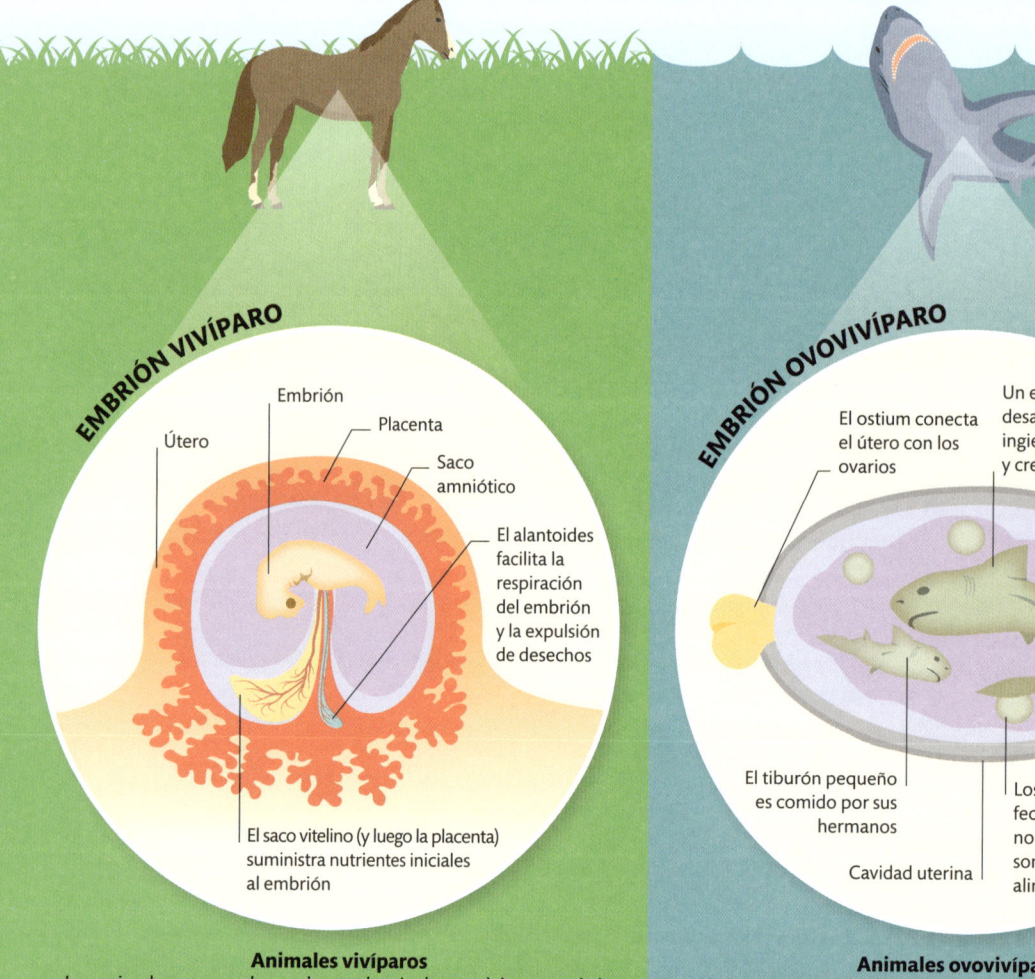

EMBRIÓN VIVÍPARO

Útero

Embrión

Placenta

Saco amniótico

El alantoides facilita la respiración del embrión y la expulsión de desechos

El saco vitelino (y luego la placenta) suministra nutrientes iniciales al embrión

EMBRIÓN OVOVIVÍPARO

El ostium conecta el útero con los ovarios

Un embrión desarrolla dientes, ingiere alimento y crece

El tiburón pequeño es comido por sus hermanos

Cavidad uterina

Los huevos fecundados y no fecundados son fuentes de alimento

Animales vivíparos
Los animales que producen descendencia dentro del cuerpo de la madre (y no en un huevo) se denominan vivíparos. Los mamíferos placentarios, como los caballos, son vivíparos, al igual que los escorpiones, los pulgones y los gusanos aterciopelados.

Animales ovovivíparos
Algunas especies (tiburones, peces, serpientes...) comienzan su vida en huevos retenidos en el cuerpo de sus padres. Los huevos se desarrollan, eclosionan internamente y luego nacen las crías. Estos animales son ovovivíparos.

Animales que ponen huevos

Los animales que ponen huevos pueden producir rápidamente un gran número de crías. Los huevos de los animales que se reproducen así están formados, como mínimo, por una capa protectora de gel alrededor del embrión y una pequeña reserva de nutrientes en un saco vitelino. Algunos tienen una capa amniótica adicional, que impermeabiliza el huevo. Los reptiles y las aves producen huevos con una cáscara de carbonato de calcio impermeable al agua pero que deja pasar el aire. Estos animales a menudo protegen sus huevos en un nido o empollándolos.

¿POR QUÉ ALGUNOS HUEVOS TIENEN CÁSCARA?

Las cáscaras tienen muchas funciones. Además de proteger el huevo contra el agua, las lesiones y las infecciones, también regulan el intercambio de gas y agua, y proporcionan calcio para el embrión en crecimiento.

EL **PEZ LUNA** PUEDE PRODUCIR **300 MILLONES** DE **HUEVOS DE UNA VEZ,** MÁS QUE **CUALQUIER OTRO ANIMAL**

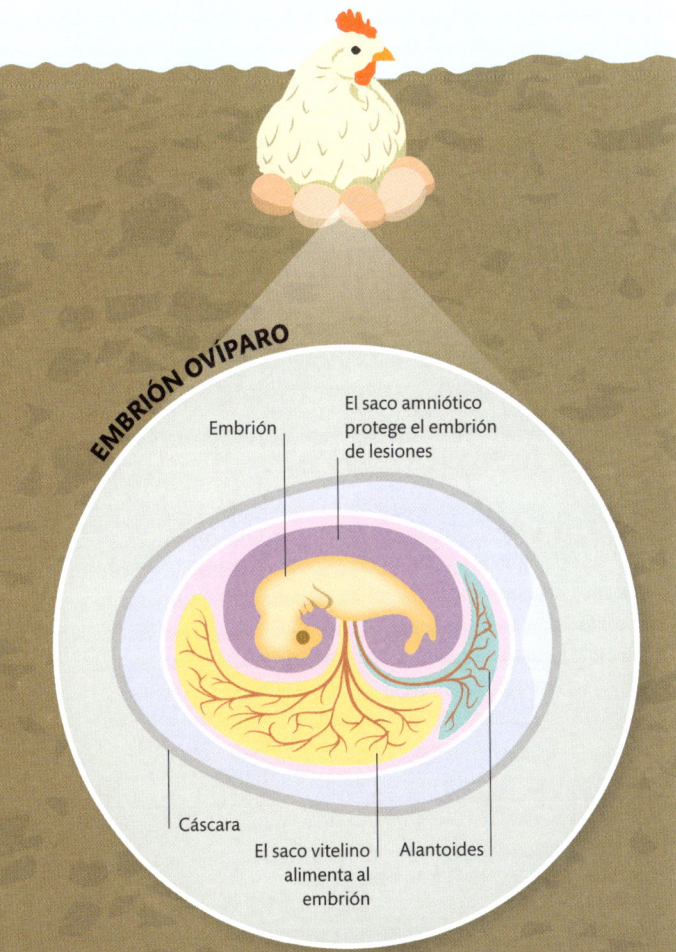

EMBRIÓN OVÍPARO

Embrión

El saco amniótico protege el embrión de lesiones

Cáscara

El saco vitelino alimenta al embrión

Alantoides

Animales ovíparos

En los animales ovíparos (que ponen huevos), como las aves y la mayoría de los peces, los huevos eclosionan fuera del cuerpo de sus padres. Los animales vivíparos evolucionaron a partir de animales ovíparos, lo que explica por qué las estructuras internas de sus ovarios son similares.

EVO-DEVO

La biología del desarrollo evolutivo, o evo-devo, es la comparación célula por célula de cómo se desarrollan las crías en diferentes organismos y cómo evolucionaron estos procesos. Las especies emparentadas se desarrollan de forma similar como embriones. Sin embargo, el punto en el que divergen nos muestra el grado de parentesco. Por ejemplo, los humanos y los peces son vertebrados, por lo que sus embriones son similares en las primeras etapas de desarrollo.

Los embriones humanos (como muchos de los vertebrados) tienen hendiduras branquiales que luego se eliminan

PEZ

HUMANO

Células madre

Los organismos se forman principalmente por células especializadas. Sin embargo, hay un pequeño banco de células no especializadas (células madre) que conservan la capacidad de convertirse en otras células.

Tipos de células madre

Un embrión animal comienza su vida como una bola de células no especializadas. Para convertirse en un organismo desarrollado, estas células madre deben especializarse en varios tipos de células en un proceso de diferenciación, en que las células se vuelven menos versátiles y se dedican a ciertas funciones. Al desarrollarse el organismo, sus células madre disminuyen en número y potencia (capacidad de especializarse).

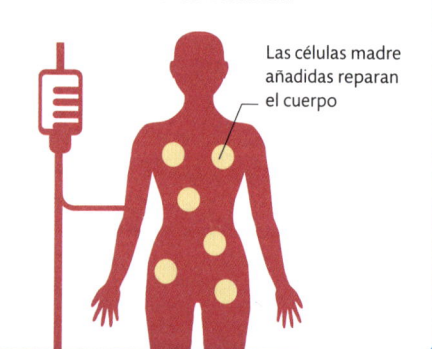

LAS **CÉLULAS MADRE** DE LA **SALAMANDRA** LE PERMITEN REPRODUCIR **ÓRGANOS** Y **MIEMBROS**

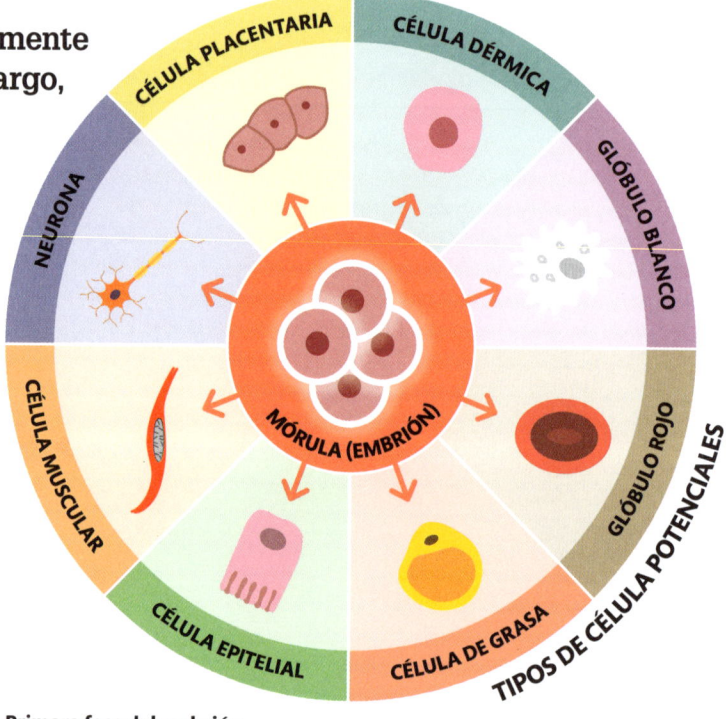

CÉLULA PLACENTARIA · CÉLULA DÉRMICA · GLÓBULO BLANCO · NEURONA · MÓRULA (EMBRIÓN) · CÉLULA MUSCULAR · CÉLULA EPITELIAL · CÉLULA DE GRASA · GLÓBULO ROJO · TIPOS DE CÉLULA POTENCIALES

Primera fase del embrión

En su etapa más temprana, un embrión es un cuerpo pequeño y sólido de células llamado mórula. Sus células son totipotentes, lo que significa que pueden convertirse en cualquier tipo de célula y formar cualquier parte del embrión. En la mayoría de los mamíferos, la mórula incluye la membrana que forma la placenta.

TERAPIA CON CÉLULAS MADRE

El potencial de desarrollo de las células madre puede usarse para cultivar tejidos sanos y tratar enfermedades. La terapia con células madre tiene como objetivo prevenir o tratar los síntomas de afecciones médicas.

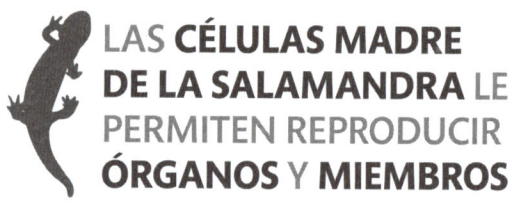

Las células madre añadidas reparan el cuerpo

Células madre en las plantas

En las plantas, las células madre se encuentran en los meristemas, áreas de células no especializadas que les permiten crecer y cambiar de forma constantemente. Las plantas, a diferencia de los animales, pueden producir una cantidad ilimitada de células madre. Los meristemas están en las raíces y los brotes de una planta, pero también en el xilema (tejido esencial para transportar agua) y el floema (tejido que transporta nutrientes). Las células madre de una planta le permiten sobrevivir a daños y reparaciones, hacer crecer órganos existentes y desarrollar otros nuevos, y propagar nuevas plantas a partir de cualquier esqueje que contenga tejido meristemático.

CLAVE

- Centro quiescente
- Células madre
- Centro organizador
- Nervadura meristemática

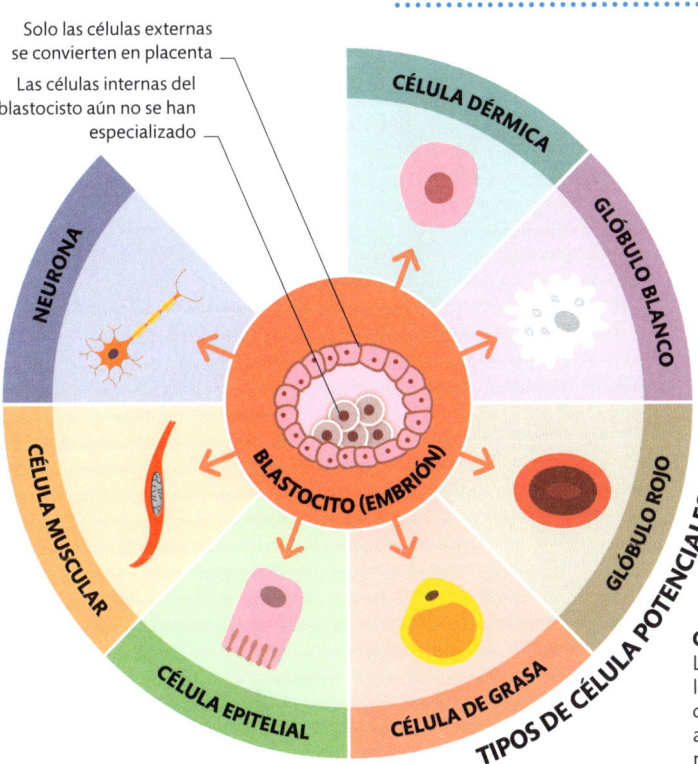

Solo las células externas
se convierten en placenta

Las células internas del
blastocisto aún no se han
especializado

CÉLULA DÉRMICA

GLÓBULO BLANCO

NEURONA

CÉLULA MUSCULAR

CÉLULA EPITELIAL

CÉLULA DE GRASA

GLÓBULO ROJO

BLASTOCITO (EMBRIÓN)

TIPOS DE CÉLULA POTENCIALES

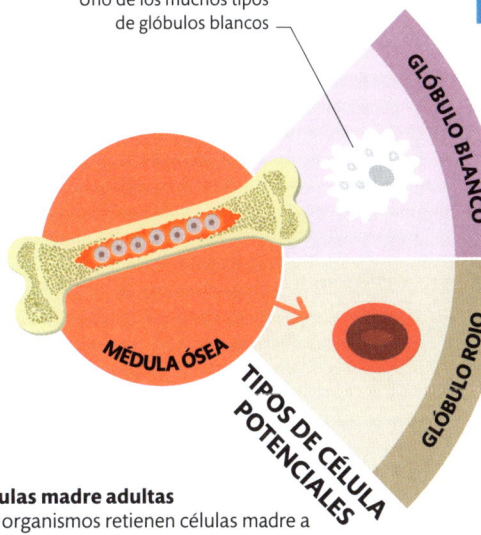

Uno de los muchos tipos
de glóbulos blancos

GLÓBULO BLANCO

MÉDULA ÓSEA

GLÓBULO ROJO

TIPOS DE CÉLULA POTENCIALES

Primera fase del embrión

A medida que el embrión se desarrolla, se forma una esfera hueca llamada
blastocisto y, por primera vez, algunas de las células del embrión se especializan.
Estas células de la capa externa forman la placenta en la mayoría de los
mamíferos. Las células internas del blastocisto son pluripotentes, ya que
pueden diferenciarse en muchos tipos de células, pero no en todos.

Células madre adultas

Los organismos retienen células madre a
lo largo de sus vidas, pero estas se vuelven
cada vez más escasas. En los seres humanos
adultos, las células madre se encuentran en la
médula ósea, en la piel y en los ojos, entre otras
partes. Estas células son multipotentes, ya que solo
pueden transformarse en un número limitado de
tipos de células. Las células madre de la médula ósea
pueden diferenciarse en glóbulos rojos y glóbulos
blancos (entre otros), lo cual las hace esenciales para
combatir enfermedades o lesiones.

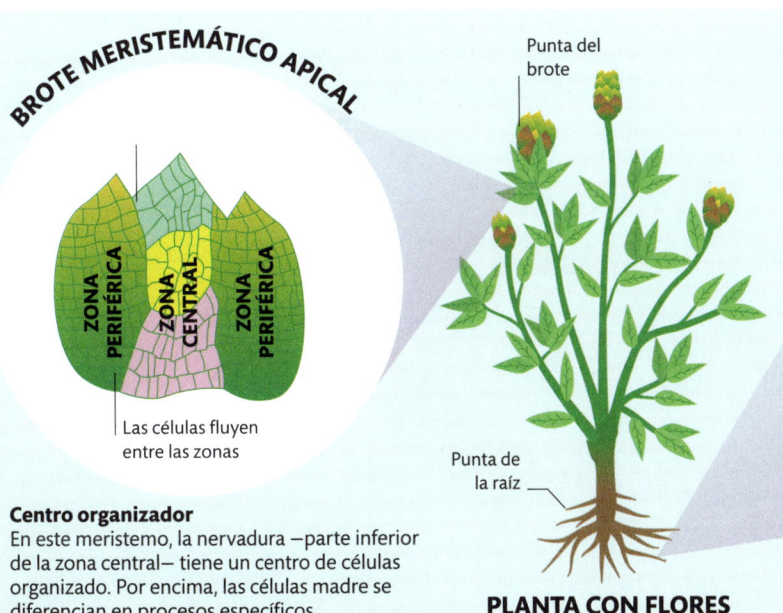

BROTE MERISTEMÁTICO APICAL

Punta del
brote

MERISTEMO APICAL DE LA RAÍZ

Las células
madre se dividen
despacio

ZONA PERIFÉRICA

ZONA CENTRAL

ZONA PERIFÉRICA

Las células fluyen
entre las zonas

Punta de
la raíz

Las células madre
cercanas rara vez se
diferencian

Centro organizador

En este meristemo, la nervadura –parte inferior
de la zona central– tiene un centro de células
organizado. Por encima, las células madre se
diferencian en procesos específicos.

PLANTA CON FLORES

Centro quiescente

Este meristemo alberga el centro quiescente.
Allí, las células no especializadas rara vez se
diferencian e impiden que las células vecinas
lo hagan, protegiendo la estructura de la raíz.

Leer los genes

Cada gen de nuestro ADN contiene instrucciones para construir una proteína u otra sustancia química. El proceso de construcción implica que una enzima lea el código y luego lo transporte en forma de ARN al citoplasma, donde se traduce en una proteína.

Transcripción

Antes de que un gen se traduzca en una proteína, las enzimas deben transcribir (copiar) una cadena de ADN en un ARN mensajero (ARNm, p. 36) que lleva el código para producir una proteína. Esto comienza cuando la ARN polimerasa se une a la doble hélice y utiliza una de las cadenas de ADN como plantilla para el ARNm. Luego el ARNm pasa del núcleo al citoplasma.

¿QUÉ SUCEDE CON EL ARNm DESPUÉS DE LA TRADUCCIÓN?

Una cadena de ARNm puede traducirse en una proteína muchas veces antes de que finalmente se degrade dentro de la célula.

En los eucariotas (células u organismos con núcleo), la transcripción tiene lugar en el núcleo celular

CADA SEGUNDO SE AÑADEN 50 BASES AL COPIARSE EL ADN EN UNA CÉLULA HUMANA

1 **Iniciación**
La enzima ARN polimerasa se une a una secuencia del gen y rompe los enlaces de hidrógeno entre pares de bases complementarias, descomprimiendo el ADN.

2 **Elongación**
Después, la ARN polimerasa se mueve a lo largo del gen, produciendo el ARNm a medida que avanza y usando una hebra de ADN dentro de un gen como plantilla para el ARNm.

3 **Terminación**
Cuando el ARNm llega al final del gen, la polimerasa se desprende. El ARNm pasa al citoplasma, donde un ribosoma utiliza la información codificada en aquel para producir una proteína.

La cadena de ARNm sale de la célula a través de un poro en la membrana nuclear

ARNm

POLIMERASA

ADN

La ARN polimerasa descomprime la cadena de ADN para copiarla y luego la vuelve a cerrar

La cadena de ARNm creada es complementaria a la cadena de ADN; la guanina del ARN, por ejemplo, corresponde a la cistosina del ADN, y el uracilo corresponde a la adenina (pp. 36-37).

ADN MONOCATENARIO

NÚCLEO CELULAR

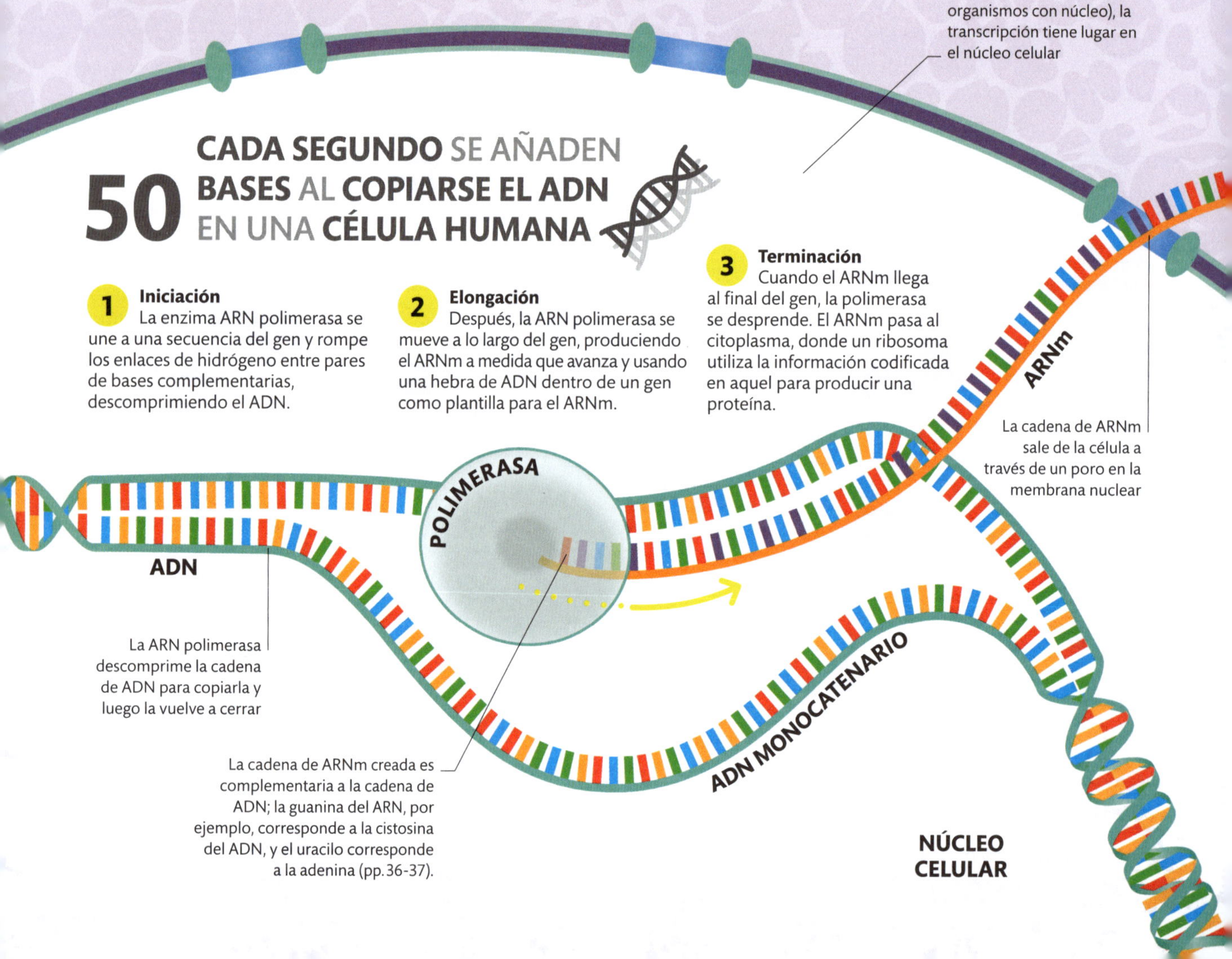

Traducción

El ARNm se fija a un ribosoma (unidad formadora de proteínas). La información del ARNm actúa como código para generar la proteína. Cada conjunto en el ARNm de tres bases de ácido nucleico (codón) coincide con tres bases (anticodón) en una molécula de ARN de transferencia (ARNt). A medida que cada ARNt aporta un aminoácido, la secuencia de bases se traduce en una cadena. El código genético de 64 codones incluye tres codones de inicio, que inician el proceso, y un codón de parada, que lo finaliza.

La proteína, compuesta por 20 tipos de aminoácidos, se pliega en diferentes formas

4 **Se pliega la proteína**
Cuando se alcanza el codón de parada, la cadena peptídica se libera del ARNt. Los orgánulos de la célula la pliegan y realizan otras modificaciones para formar una molécula de proteína (pp. 38-39).

CADENA PLEGADA PARA FORMAR UNA PROTEÍNA

Cadena creciente de aminoácidos

2 **Elongación**
Otra molécula de ARNt trae el aminoácido que corresponde a los codones. Los dos aminoácidos se unen y el primer ARNt sale del ribosoma.

La molécula de ARNt transporta aminoácidos a la cadena de ARNm

1 **Iniciación**
El ARNm viaja a un ribosoma, se adhiere a él y atrae moléculas de ARNt que corresponden al codón de inicio.

Molécula de ARNt entra al citoplasma tras entregar aminoácido

Aminoácido

ARN DE TRANSFERENCIA (ARNt)

ARN MENSAJERO (ARNm)

RIBOSOMA

CITOPLASMA

Construyendo una cadena
A medida que el ribosoma se mueve a lo largo de la cadena de ARNm, las moléculas de ARNt se unen al ARNm en un orden específico determinado por la coincidencia de codones y anticodones en la molécula de ARNt.

3 **Se forma proteína**
A medida que los ARNt entran y salen del ribosoma trayendo aminoácidos, se forma y se alarga una cadena de aminoácidos. El proceso continúa hasta que se alcanza el codón de parada.

NUCLEAR PORO

MEMBRANA NUCLEAR

TAMAÑO DE LOS GENES

Un gen humano promedio consta de 3000 pares de bases de ADN, pero hay una enorme variación: desde unos pocos cientos hasta más de 2 millones de pares de bases. Los genes más largos están relacionados con funciones cerebrales, cardíacas y musculares, mientras que los genes más cortos se relacionan con funciones del sistema inmunitario o de la piel.

GEN GRANDE (FACTOR DE COAGULACIÓN VII)
200 000 PARES DE BASES

Los genes más largos tienden a tener más intrones (pp. 92-93).

GEN PEQUEÑO (GEN HBB)
2000 PARES DE BASES

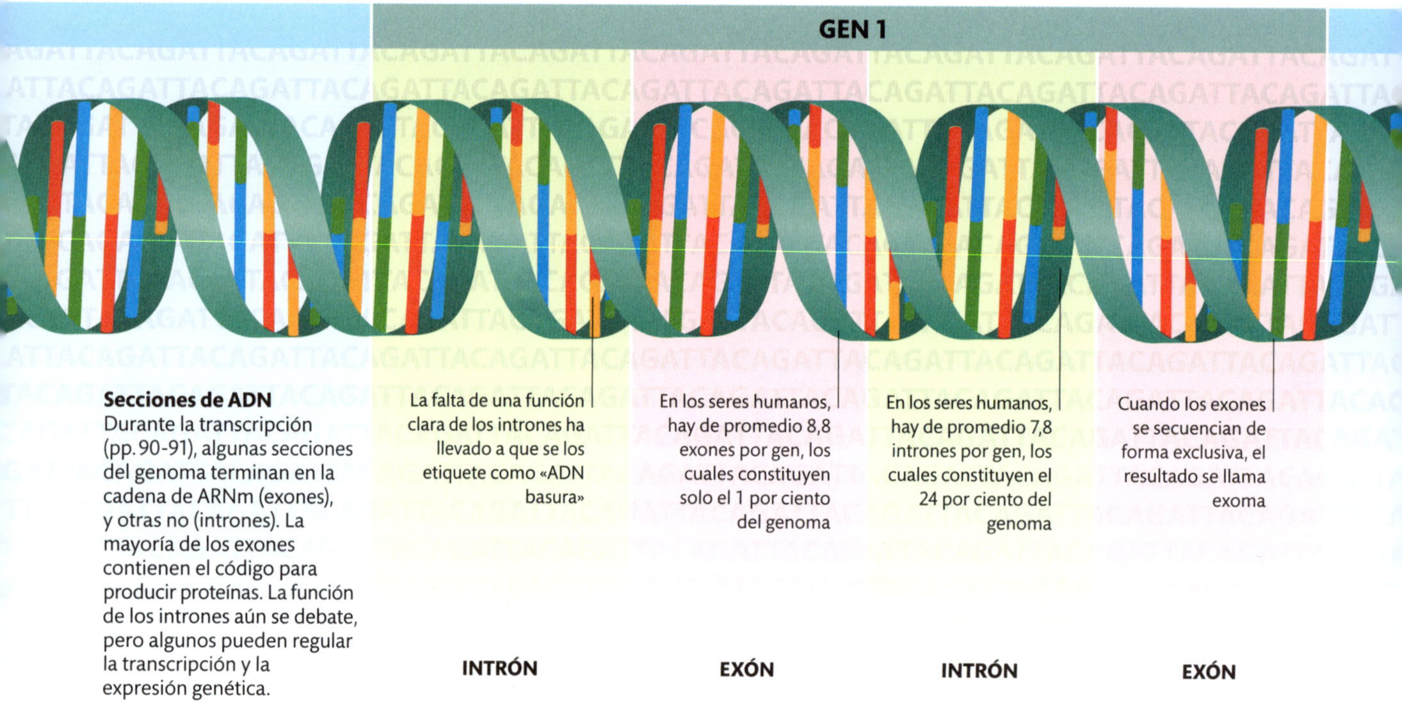

Secciones de ADN
Durante la transcripción (pp. 90-91), algunas secciones del genoma terminan en la cadena de ARNm (exones), y otras no (intrones). La mayoría de los exones contienen el código para producir proteínas. La función de los intrones aún se debate, pero algunos pueden regular la transcripción y la expresión genética.

La falta de una función clara de los intrones ha llevado a que se los etiquete como «ADN basura»

En los seres humanos, hay de promedio 8,8 exones por gen, los cuales constituyen solo el 1 por ciento del genoma

En los seres humanos, hay de promedio 7,8 intrones por gen, los cuales constituyen el 24 por ciento del genoma

Cuando los exones se secuencian de forma exclusiva, el resultado se llama exoma

INTRÓN   **EXÓN**   **INTRÓN**   **EXÓN**

La organización de los genes

Los genes son secciones de ADN que codifican proteínas específicas (pp. 90-91). En las bacterias, el ADN se mueve libremente dentro del citoplasma de una célula. Sin embargo, en organismos más complejos, como los humanos, los animales o las plantas, las hebras muy largas de ADN están bien empaquetadas en forma de cromosomas alojados en el núcleo celular (ver pp. 58-59). Cada gen tiene una posición particular en un cromosoma, en una porción codificante del ADN del genoma. Los genes codificantes están separados por varios tipos de ADN no codificante conocidos como ADN intergénico, intrones y una pequeña cantidad de exones (ver arriba).

EL 70 POR CIENTO DEL ADN HUMANO ES «ADN BASURA»

Genomas

Cada organismo contiene información genética en sus moléculas de ADN. El conjunto de información genética de un organismo se denomina genoma y contiene todas las instrucciones necesarias para que un organismo se desarrolle y funcione. El análisis de los genomas puede permitirnos identificar ciertos genes y comprender cómo funcionan.

¿CUÁL ES EL GENOMA MÁS GRANDE DEL MUNDO?

El genoma de la flor japonesa *Paris japonica* tiene 149 000 millones de pares de bases, unas 50 veces más que el genoma humano.

GEN 2

En los seres humanos, el 75 por ciento del genoma es ADN intergénico: secciones entre genes que no codifican proteínas

La minoría de exones no codifica proteínas, sino que contiene elementos reguladores que ayudan con otros procesos genéticos

Los intrones pueden ser el resultado de que la evolución «baraja» secciones del código genético y crea así espaciadores entre tramos codificantes del ADN

Las diferencias en la secuencia de bases dentro de un exón dan lugar a diferentes variantes de un gen, lo que aumenta la variedad dentro de la especie

Un intrón puede ser una sección de ADN o su sección correspondiente en la transcripción de ARN

ADN INTERGENÉTICO　　　　**EXÓN**　　　　**INTRÓN**　　　　**EXÓN**　　　　**INTRÓN**

Codones y anticodones

Un codón es una secuencia de tres bases en una cadena de ARNm (p. 36) que se empareja con un conjunto complementario de tres bases (un anticodón) en una cadena de ARNt para codificar un aminoácido específico. La mayoría de los 64 codones del ADN humano codifican uno de los 20 tipos de aminoácidos (designados por letras). Esto incluye el codón de iniciación, que inicia el proceso. Solo los codones de parada no codifican aminoácidos, sino que indican una parada en la producción de proteínas.

 = **M** METIONINA

 = **P** PROLINA

T T T = **F** FENILALANINA

C C C = **P** PROLINA

T T G = **W** TRIPTÓFANO

T A G = **X** CODÓN DE PARADA

Código de los aminoácidos
La adenina (A), la citosina (C), la guanina (G) y la timina (T) son las bases (p. 37) que se encuentran en los codones. Estas sustancias químicas, combinadas de diferentes maneras, producen aminoácidos específicos. Arriba se muestra un grupo de combinaciones de codones y los aminoácidos resultantes.

LEER NUESTRO GENOMA

A partir de 1990, el Proyecto Genoma Humano se propuso leer el genoma humano y fijar la ubicación y función de todos sus genes. La secuencia completa, de 3000 millones de pares de bases, se completó en 2003, aunque entonces solo se había identificado el 92 por ciento de los genes. En 2022, se habían identificado ya todos los genes.

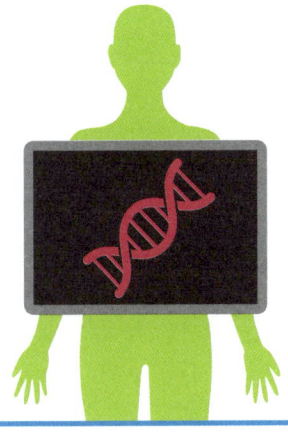

Herencia

En los organismos que se reproducen sexualmente, los rasgos transmitidos de padres a hijos se basan en la combinación de genes producidos en la fecundación.

Alelos dominantes y recesivos
Una versión de un alelo suele dominar sobre la otra. Aquí, cada progenitor tiene un alelo dominante (D) y uno recesivo (d). El rasgo recesivo será visible solo cuando se hereden dos alelos recesivos.

Alelos

Un alelo es una variante de un gen particular. Los alelos gobiernan un rasgo de los hijos. Por lo general, vienen en pares, uno de cada progenitor. La combinación de alelos en un organismo se llama genotipo y los rasgos observables del organismo constituyen su fenotipo. El genotipo y el fenotipo de los hijos dependen del genotipo de los padres.

PROGENITOR — El alelo recesivo (b) causa el fenotipo de pelaje gris

PROGENITOR

El alelo dominante (B) causa el fenotipo de pelaje marrón

Genotipos de los padres

Las células sexuales (espermatozoides y óvulos) contienen cada una una copia de cada gen

Genotipos de los hijos

Células sexuales (progenitor 2)

	D	d
D	BB	Bb
d	Bb	bb

Células sexuales (progenitor 1)   Genotipos de los hijos

3 DE CADA 4 GATOS SON MARRONES

1 DE CADA 4 GATOS ES GRIS

Cuadro de Punnett
Un cuadro de Punnett muestra la variedad de genotipos que puede heredar cada descendiente. También ofrece probabilidades para cada resultado.

Flor roja con alelos C^R dominantes

PROGENITOR

PROGENITOR

Flor blanca con alelos C^W dominantes

Codominancia
Cuando los alelos dominantes se expresan en igual grado en los hijos, se llama codominancia. Así, las flores rojas con manchas blancas provienen de un cruce entre una flor blanca y una flor roja formado por alelos dominantes para ambos fenotipos.

Todos los genotipos dan como resultado el mismo fenotipo, debido a la codominancia

¿CÓMO SE SABE EL RIESGO DE ENFERMEDAD?

Se utilizan estudios de asociación de todo el genoma que testan cientos de miles de variantes genéticas para determinar aquellas asociadas estadísticamente con enfermedades.

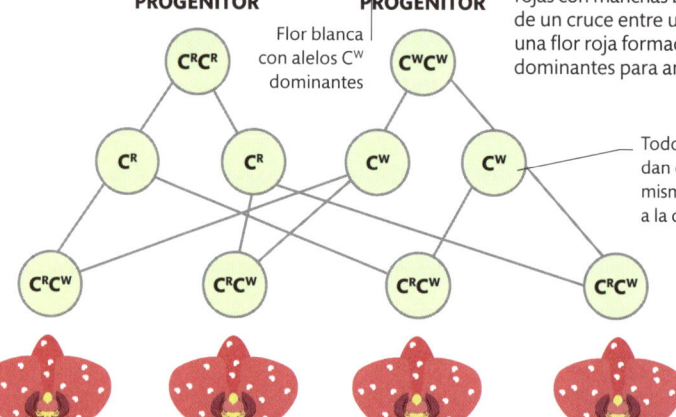

1 DE 1   **1 DE 1**   **1 DE 1**   **1 DE 1**

Herencia ligada al sexo

La prevalencia de algunos trastornos está ligada al sexo biológico. Así, los trastornos influidos por genes transportados en el cromosoma X (pp. 98-99) suelen ser menos prevalentes en las mujeres. Esto se debe a que las mujeres tienen dos cromosomas X, y el segundo, con su alelo dominante, anula al primero cuando es defectuoso. Sin embargo, como los hombres solo tienen un cromosoma X, un hijo que porte el gen defectuoso presentará el trastorno.

Heredar la visión en color
El daltonismo es un rasgo recesivo en el cromosoma X. Puede ser portado (pero no exhibido) si está presente el alelo dominante para la visión completa en color. Si este alelo no está presente, pero el recesivo sí, el niño se ve afectado.

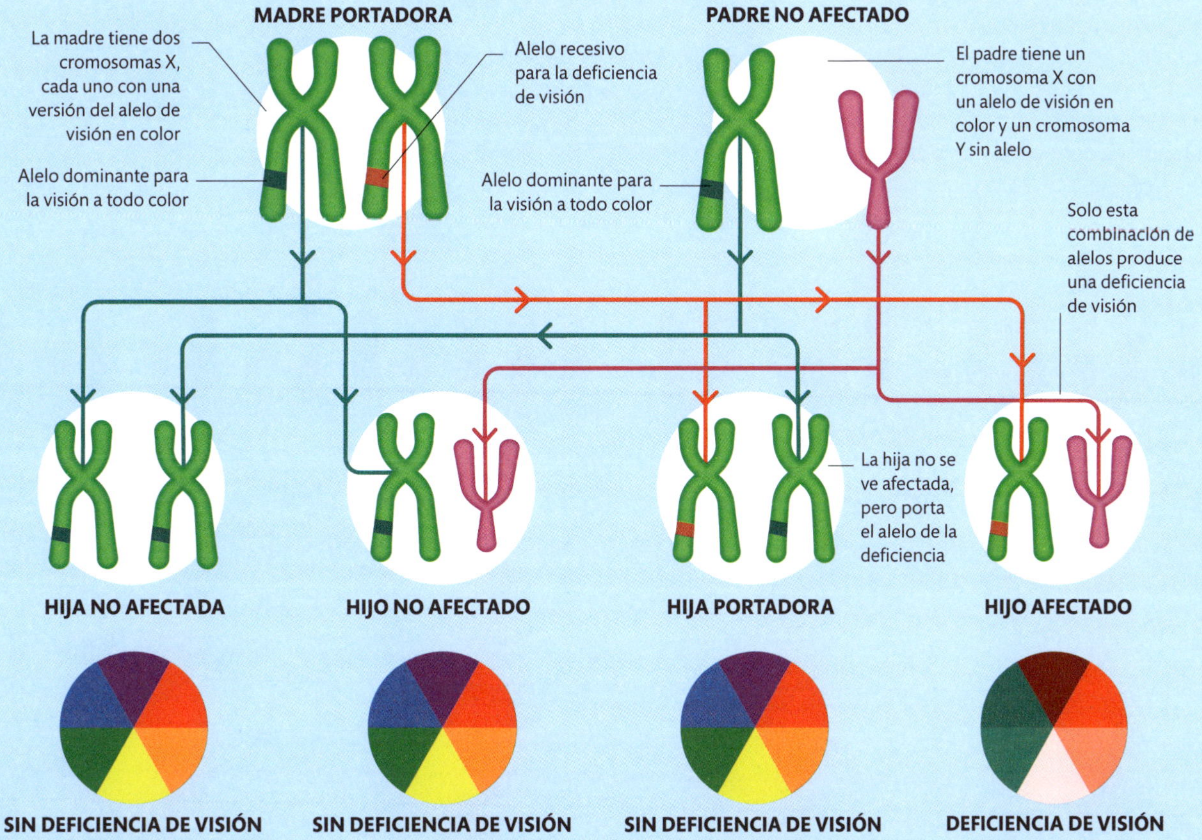

MADRE PORTADORA

La madre tiene dos cromosomas X, cada uno con una versión del alelo de visión en color

Alelo recesivo para la deficiencia de visión

Alelo dominante para la visión a todo color

Alelo dominante para la visión a todo color

PADRE NO AFECTADO

El padre tiene un cromosoma X con un alelo de visión en color y un cromosoma Y sin alelo

Solo esta combinación de alelos produce una deficiencia de visión

HIJA NO AFECTADA

HIJO NO AFECTADO

HIJA PORTADORA

La hija no se ve afectada, pero porta el alelo de la deficiencia

HIJO AFECTADO

SIN DEFICIENCIA DE VISIÓN

SIN DEFICIENCIA DE VISIÓN

SIN DEFICIENCIA DE VISIÓN

DEFICIENCIA DE VISIÓN

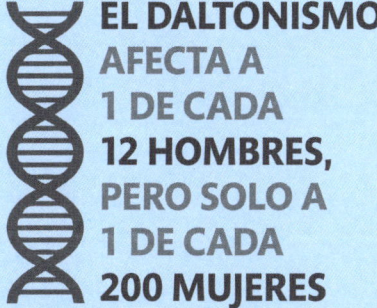

EL DALTONISMO AFECTA A 1 DE CADA 12 HOMBRES, PERO SOLO A 1 DE CADA 200 MUJERES

ESPECIES HÍBRIDAS

Cuando dos especies se cruzan, el resultado es una especie híbrida. Por ejemplo, un ligre es hijo de un león macho y una tigresa. Las especies híbridas son raras debido a barreras reproductivas. Las incompatibilidades genéticas de los híbridos también aumentan su riesgo de infertilidad, lesiones y trastornos neurológicos.

LIGRE

Mutaciones

Las mutaciones son cambios permanentes en los genes. Sus causas externas (radiación, productos químicos y agentes infecciosos o biológicos), se llaman mutágenos. También ocurren en la replicación del ADN en la división celular y pueden conducir a enfermedades genéticas.

EL SARS-COV-2, EL VIRUS QUE CAUSA LA COVID-19, PUEDE MUTAR APROXIMADAMENTE UNA VEZ POR SEMANA

Tipos de mutación

Las mutaciones son de dos tipos. En una mutación por cambio de marco, se inserta o elimina un par de bases, lo que hace que cambie el marco de lectura (ver abajo), y esto afecta a toda la secuencia de pares de bases. En una mutación puntual, se sustituye un solo par de bases, y la mayoría de las veces la mutación es benigna.

Marco de lectura de codones: grupo de tres bases que codifican un aminoácido

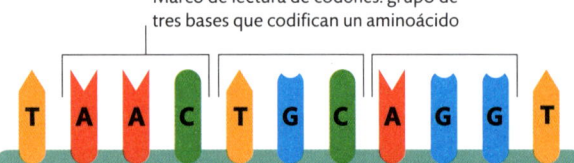

SECUENCIA DE ADN ORIGINAL

El marco de lectura ha cambiado y ahora abarca bases diferentes

ADN no afectado
La secuencia de ADN actúa como unas instrucciones para codificar proteínas en un orden específico. Debido a que tenemos dos copias de la mayoría de los genes, este orden de lectura no siempre se ve afectado por una mutación en un gen.

Inserción
La inserción consiste en agregar una o más bases a la secuencia de ADN. Cuando esto ocurre durante la replicación del ADN o la meiosis (pp. 82-83), los efectos pueden ser peligrosos. La inserción (y eliminación) cambia la forma en que se leen las bases y la secuencia de aminoácidos.

Causas de las mutaciones

Todas las formas de variación genética están causadas por mutaciones, lo que significa que estas son esenciales para la evolución de una especie. Las mutaciones internas pueden deberse a errores en la copia. El organismo comprueba si hay errores de copia y suele corregirlos. Algunos pasan por alto y pueden transmitirse a la descendencia. Las causas externas de mutación (mutágenos) varían mucho. El cáncer está provocado por mutaciones, y algunos mutágenos son carcinógenos (sustancias que aumentan el riesgo de cáncer).

Causas externas
Cuando los agentes ambientales entran en el núcleo de una célula e interactúan con el ADN, este puede mutar y dañarse. Esto puede suceder cuando los humanos, otros animales o plantas están expuestos a distintas sustancias nocivas.

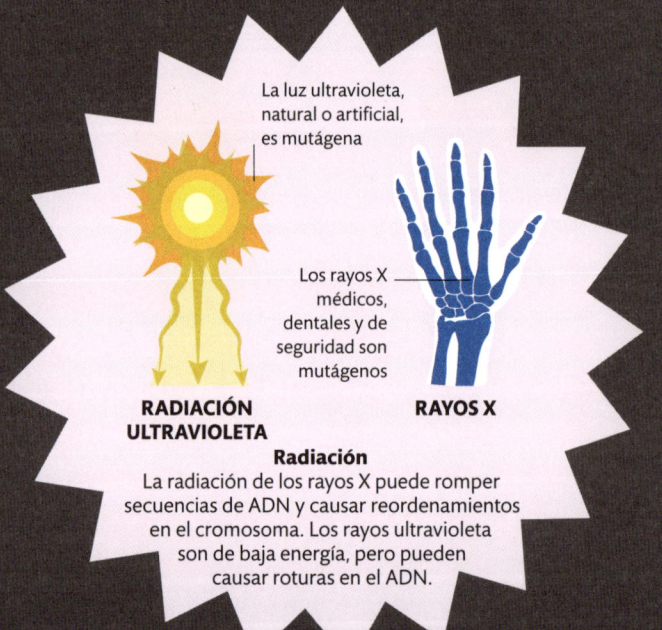

La luz ultravioleta, natural o artificial, es mutágena

Los rayos X médicos, dentales y de seguridad son mutágenos

RADIACIÓN ULTRAVIOLETA

RAYOS X

Radiación
La radiación de los rayos X puede romper secuencias de ADN y causar reordenamientos en el cromosoma. Los rayos ultravioleta son de baja energía, pero pueden causar roturas en el ADN.

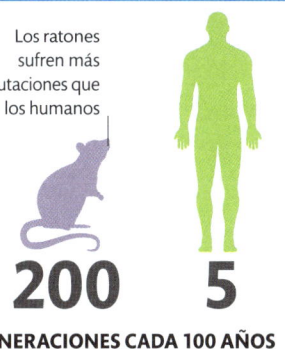

¿PUEDE UN VIRUS MUTAR DE FORMA INDEFINIDA?

Sí. Un virus puede existir tanto tiempo como su huésped. Con el tiempo, un virus muta y varía, por lo que la mejor manera de protegerse de un virus es limitar su propagación.

TASAS DE MUTACIÓN

Muchos factores determinan la frecuencia de mutaciones en un organismo en el tiempo. Se cree que las especies con una tasa metabólica alta tienen un mayor riesgo de exposición a mutágenos en la respiración mitocondrial (pp. 60-61). A más generaciones por unidad de tiempo, mayor probabilidad de que haya errores en la replicación del ADN, lo que aumenta la tasa de mutación.

Los ratones sufren más mutaciones que los humanos

200 **5**

GENERACIONES CADA 100 AÑOS

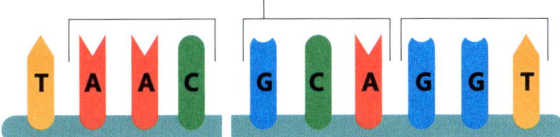

La deleción hace que el marco de lectura cambie

Base sustituida

Deleción

A veces, cuando el material genético se desprende, la pérdida de secuencias de ADN provoca un cambio de marco. Cuanto mayor es la eliminación, más probable será el defecto resultante. Por ejemplo, la fibrosis quística es una enfermedad pulmonar causada por una mutación delecional que cambia el gen CFTR.

Sustitución

Las mutaciones por sustitución ocurren cuando una base es reemplazada por otra. Este tipo de mutación puede no tener ningún efecto o tener un efecto drástico, dependiendo de qué par de bases se sustituya y con qué. Por ejemplo, la anemia falciforme es causada por una mutación de sustitución.

El nitrato y sus conservantes son mutágenos

ALIMENTOS PROCESADOS

La carne quemada a alta temperatura crea mutágenos

BARBACOA

Productos químicos como el peróxido de hidrógeno son mutágenos

PRODUCTOS DE LIMPIEZA

Potentes mutágenos en el humo

FUMAR

Sustancias químicas

Los mutágenos químicos cambian la química del ADN. Una mutación que tiene lugar en células somáticas (células distintas de los óvulos y los espermatozoides) puede provocar cáncer. Esto ocurre cuando la sustancia química cambia el modelo del ADN, lo que hace que las células mutadas se dividan sin control.

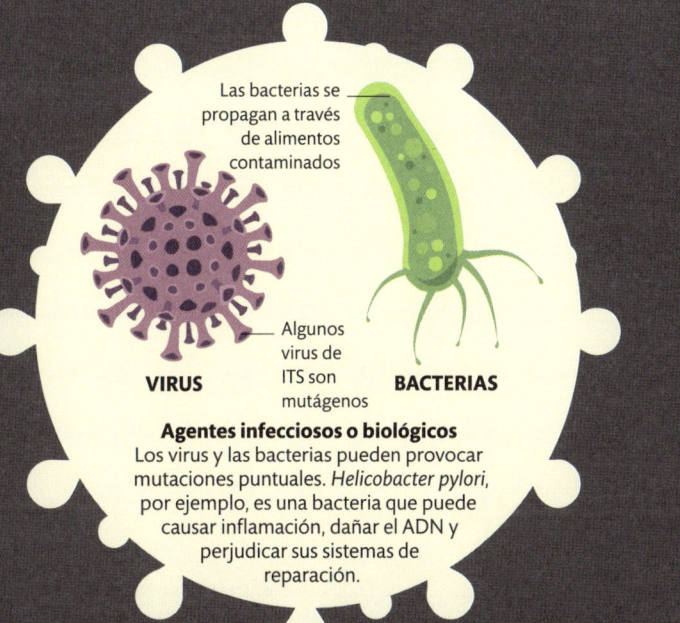

Las bacterias se propagan a través de alimentos contaminados

VIRUS

Algunos virus de ITS son mutágenos

BACTERIAS

Agentes infecciosos o biológicos

Los virus y las bacterias pueden provocar mutaciones puntuales. *Helicobacter pylori*, por ejemplo, es una bacteria que puede causar inflamación, dañar el ADN y perjudicar sus sistemas de reparación.

Cromosomas sexuales

El sexo de los hijos lo marcan los cromosomas sexuales. En el ser humano –y en la mayoría de los mamíferos y plantas– las mujeres suelen tener dos cromosomas X, mientras que la mayoría de los hombres tienen un cromosoma X y un cromosoma Y.

Determinar el sexo

En los humanos, uno de los 23 pares de cromosomas se llama cromosomas sexuales porque determinan el sexo de la descendencia. La descendencia humana hereda un cromosoma sexual de la madre y otro del padre. Todas las células sexuales femeninas (óvulos) portan un cromosoma X, pero solo la mitad de las células sexuales masculinas (espermatozoides) lo portan, y la otra mitad porta un cromosoma Y. Sin embargo, en muchos insectos, la mitad de las células sexuales masculinas tienen un cromosoma X, lo que da como resultado una cría femenina, y la otra mitad no tiene ningún cromosoma sexual, lo que da como resultado una cría masculina.

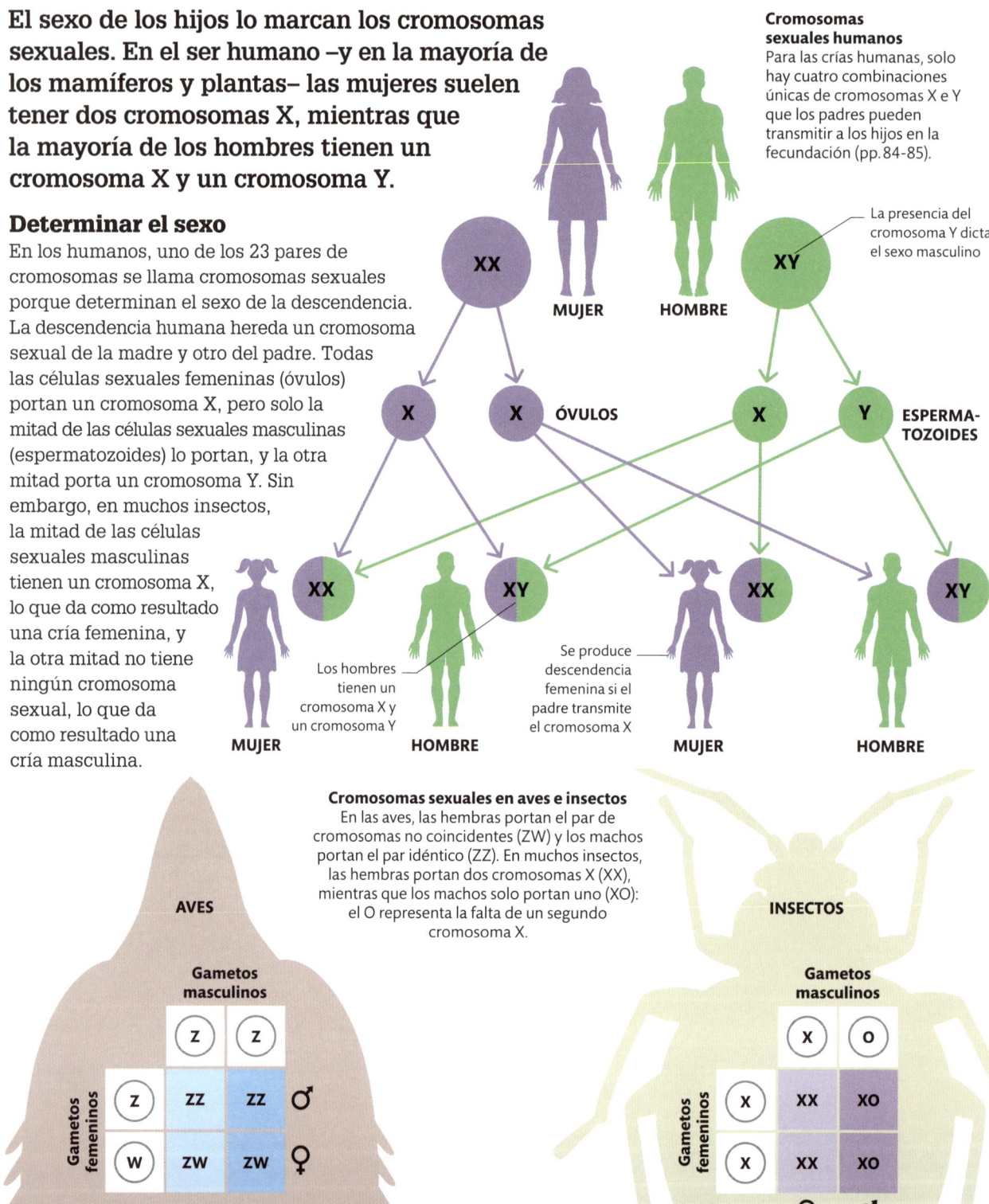

Cromosomas sexuales humanos
Para las crías humanas, solo hay cuatro combinaciones únicas de cromosomas X e Y que los padres pueden transmitir a los hijos en la fecundación (pp. 84-85).

La presencia del cromosoma Y dicta el sexo masculino

MUJER   HOMBRE

XX

XY

X   X   ÓVULOS

X   Y   ESPERMA-TOZOIDES

XX   XY   XX   XY

Los hombres tienen un cromosoma X y un cromosoma Y

Se produce descendencia femenina si el padre transmite el cromosoma X

MUJER   HOMBRE   MUJER   HOMBRE

Cromosomas sexuales en aves e insectos
En las aves, las hembras portan el par de cromosomas no coincidentes (ZW) y los machos portan el par idéntico (ZZ). En muchos insectos, las hembras portan dos cromosomas X (XX), mientras que los machos solo portan uno (XO): el O representa la falta de un segundo cromosoma X.

AVES

Gametos masculinos

	Z	Z	
Z	ZZ	ZZ	♂
W	ZW	ZW	♀

Gametos femeninos

INSECTOS

Gametos masculinos

	X	O	
X	XX	XO	
X	XX	XO	
	♀	♂	

Gametos femeninos

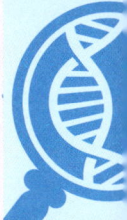

El gen SRY

El cromosoma Y contiene el gen SRY, determinante del sexo que permite el desarrollo sexual de los varones. Este gen se cree que se desarrolló en el cromosoma Y hace entre 200 y 150 millones de años (MA). Contiene instrucciones para producir una proteína que se une a regiones específicas del ADN y controla la actividad de otros genes. Esto desencadena el desarrollo de los testículos masculinos e inhibe el de rasgos sexuales femeninos como el útero.

EL **ORNITORRINCO** TIENE **10 CROMOSOMAS SEXUALES**, **MÁS** QUE NINGÚN **OTRO ANIMAL**

La historia del cromosoma Y

El cromosoma Y se formó cuando el gen SRY surgió a causa de una mutación. Con el tiempo, el cromosoma Y se ha vuelto más pequeño y contiene muchos menos genes que al principio.

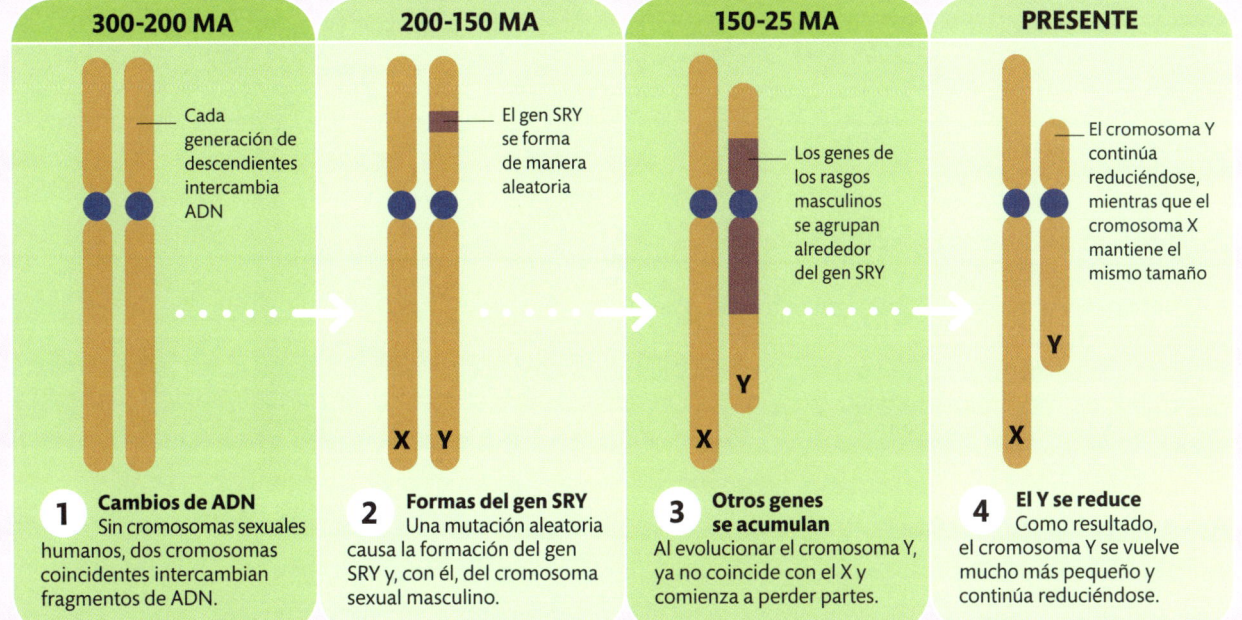

300-200 MA	200-150 MA	150-25 MA	PRESENTE
Cada generación de descendientes intercambia ADN	El gen SRY se forma de manera aleatoria	Los genes de los rasgos masculinos se agrupan alrededor del gen SRY	El cromosoma Y continúa reduciéndose, mientras que el cromosoma X mantiene el mismo tamaño
1 Cambios de ADN Sin cromosomas sexuales humanos, dos cromosomas coincidentes intercambian fragmentos de ADN.	**2 Formas del gen SRY** Una mutación aleatoria causa la formación del gen SRY y, con él, del cromosoma sexual masculino.	**3 Otros genes se acumulan** Al evolucionar el cromosoma Y, ya no coincide con el X y comienza a perder partes.	**4 El Y se reduce** Como resultado, el cromosoma Y se vuelve mucho más pequeño y continúa reduciéndose.

¿DESAPARECERÁ EL CROMOSOMA Y?

Los científicos están divididos sobre si seguirá reduciéndose al ritmo actual. Si es así, podría desaparecer dentro de 5 millones de años.

DETERMINACIÓN SEXUAL NO GENÉTICA

En la mayoría de las especies, el sexo se determina en la fecundación, pero en algunos organismos puede ser causado por la temperatura, la humedad o las interacciones sociales. En las tortugas, los caimanes y los cocodrilos, la temperatura de los huevos en desarrollo activa genes que determinan el sexo de las crías. Así, los huevos de cocodrilo producen hembras a unos 30 °C y machos a unos 34 °C.

Nace macho con altas temperaturas

NACIMIENTO DEL COCODRILO

Hermafroditas

Un hermafrodita es una planta o animal capaz de producir células sexuales tanto femeninas como masculinas. Algunos hermafroditas se reproducen sexualmente, otros se reproducen asexualmente y muchos pueden hacer ambas cosas.

Plantas hermafroditas

La mayoría de las plantas son hermafroditas. Las flores contienen órganos sexuales masculinos (estambres, incluidas anteras y filamentos) y femeninos (ovarios). Cuando ambas partes aparecen en la misma flor, la planta se denomina bisexual. Otras plantas que tienen flores masculinas o femeninas se llaman unisexuales. Hay dos tipos de plantas unisexuales: las plantas monoicas, que son hermafroditas y presentan flores tanto masculinas como femeninas (aunque por separado); y plantas dioicas, que no son hermafroditas y solo producen flores masculinas o femeninas.

ESTAMBRE

ESTILO

El polen de la antera cae sobre el estigma

Si se acepta, el polen pasa por un túnel a los óvulos del ovario

ÓVULO

La fecundación ocurre dentro de cada óvulo

ÓVULO

El polen entra por una pequeña abertura (micrópilo).

Los óvulos llenan el saco embrionario

Una parte femenina de la flor, el ovario, siempre contiene al menos un óvulo. Cada óvulo alberga una célula sexual femenina que es fecundada por células sexuales masculinas (contenidas en el polen) y se convierte en una semilla.

Bisexual (hermafrodita)

Esta estructura floral contiene tanto ovario como estambres. Mientras que algunas plantas bisexuales pueden autofecundarse, en el caso de otras, el estigma solo aceptará los granos de polen de otra planta.

Animales hermafroditas

En todos los grupos de animales (salvo aves y mamíferos) hay hermafroditas. Puede que algunos tipos de invertebrados, como los gusanos, los moluscos y las medusas, sean hermafroditas simultáneos, lo que significa que pueden desarrollar órganos sexuales femeninos y masculinos al mismo tiempo. Los animales como estos tienden a ser sedentarios, de movimientos lentos o muy dispersos, por lo que interactúan con menos frecuencia. Como resultado, necesitan maximizar su potencial reproductivo. Los vertebrados hermafroditas, como ciertos peces, anfibios y reptiles, tienden a ser hermafroditas secuenciales (ver panel).

Anatomía sexual de un caracol

La mayoría de los caracoles de tierra son hermafroditas simultáneos. En el apareamiento, una protuberancia genital sobresale de un pequeño poro junto a la cabeza del caracol. Esta protuberancia contiene tanto un pene, que entrega un saco de esperma a la pareja, como una vagina, que recibe otro.

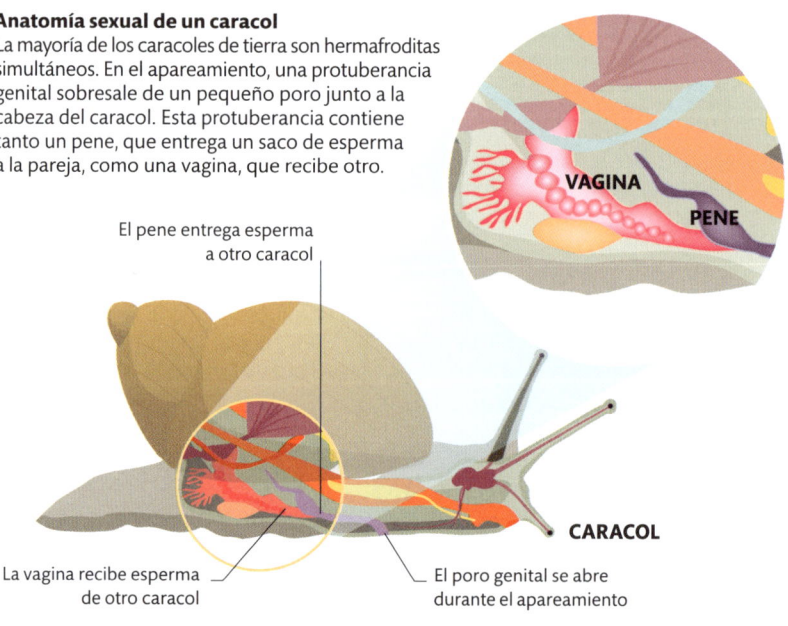

VAGINA

PENE

El pene entrega esperma a otro caracol

CARACOL

La vagina recibe esperma de otro caracol

El poro genital se abre durante el apareamiento

La flor masculina produce polen que puede fecundar las flores femeninas

La flor femenina puede recolectar el polen de la flor masculina de la misma planta o de otra planta

POLEN

El polen pasa de las plantas masculinas a las femeninas

La planta masculina solo produce polen

ESTAMBRE

ÓVULO

¿ TODAS LAS ESPECIES SON HERMAFRODITAS?

El 95 por ciento de las plantas son hermafroditas, y solo el 5 por ciento de los animales lo son. Esta cifra aumenta al 30 por ciento si se excluye a los insectos.

Unisexuales (monoicos y dioicos)
Solo en torno al 10 por ciento de las plantas con flores son monoicas. Muchas pueden autofecundarse. Las plantas dioicas, sin embargo, no pueden, ya que tienen un solo sexo: la hembra necesita que el polen le llegue de otra planta.

La flor femenina solo produce óvulos

MONOICA

DIOICA (HEMBRA)

DIOICA (MACHO)

EL PEZ *SERRANUS TORTUGARUM* CAMBIA DE SEXO HASTA 20 VECES AL DÍA

LOMBRIZ DE TIERRA

Lombrices de tierra
Sus huevos se almacenan en la sección media más gruesa, y sus órganos sexuales masculinos se encuentran en una punta de su cuerpo.

Esponjas
Estos animales del fondo marino se reproducen liberando óvulos y espermatozoides en el agua en diferentes momentos para minimizar la autofecundación.

ESPONJA MARINA

Pez loro
Las crías del pez loro nacen como hembras y la mayoría son hembras de por vida. Sin embargo, las más grandes acabarán convirtiéndose en machos.

PEZ LORO

HERMAFRODITAS SECUENCIALES

Los organismos que cambian de sexo son hermafroditas secuenciales. Las especies protogínicas comienzan siendo hembras y se convierten en machos. En la mayoría un macho controla un harén de hembras. Comienzan masculinas y se vuelven femeninas. En los peces protándricos (como el pez payaso), la forma femenina más grande puede producir gran cantidad de huevos.

Hembra dominante
Si la hembra dominante del pez payaso muere, el macho más grande se convierte en hembra.

Machos no dominantes
Se desarrollan muchos machos (y una hembra dominante).

No diferenciados
Al nacer, el pez payaso tiene ambos órganos sexuales.

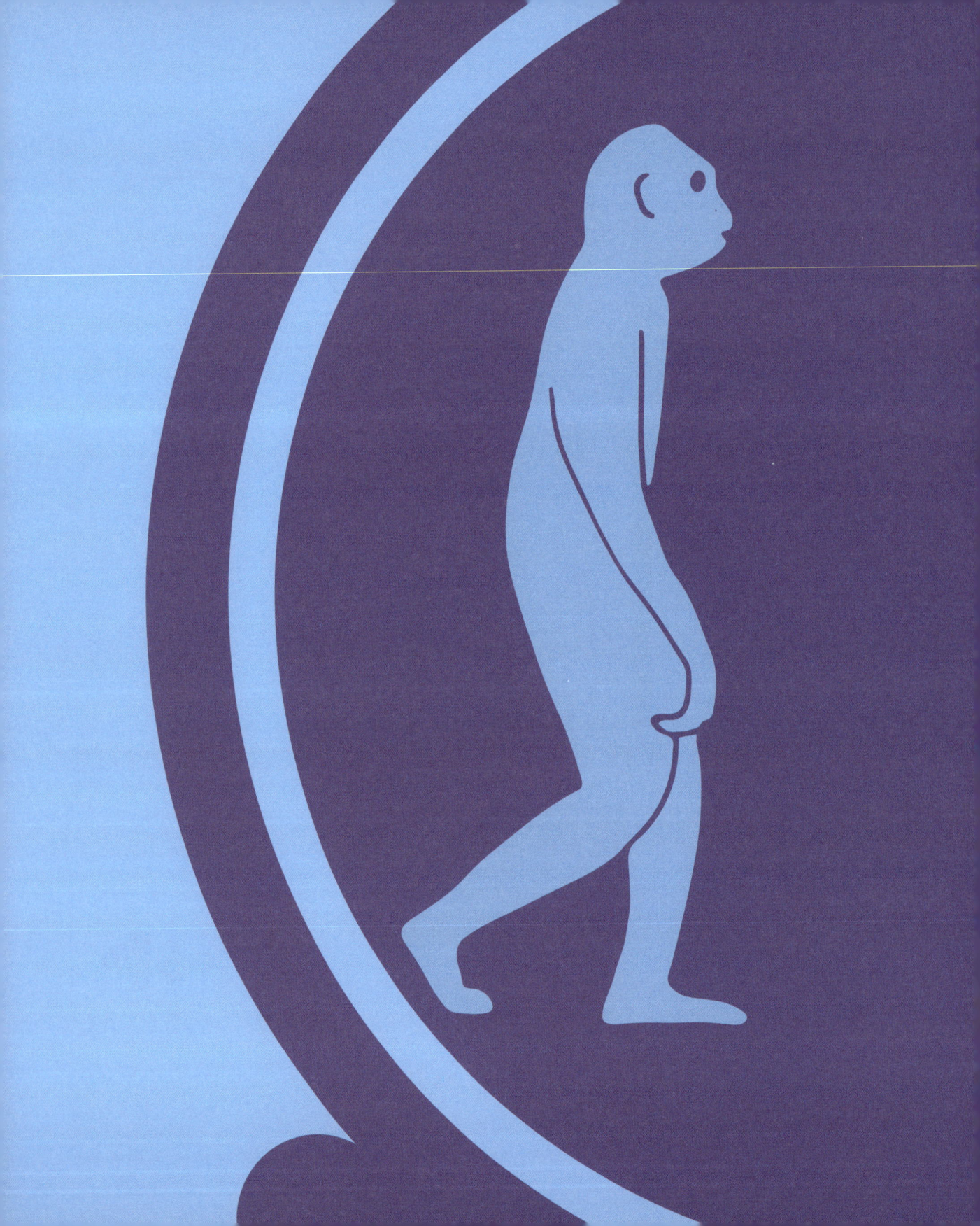

EVOLUCIÓN

Adaptación y selección natural

Los miembros de la población de un organismo varían a menudo en los rasgos que heredan de sus padres. Cuando estas variaciones hacen que algunos individuos sean más capaces de sobrevivir y reproducirse en un conjunto particular de condiciones, la especie se adapta.

¿EVOLUCIONAN LOS INDIVIDUOS?

No, solo pueden evolucionar poblaciones de organismos, nunca un organismo individual, y esto sucede a lo largo de muchas generaciones.

Selección natural

Las mutaciones genéticas aleatorias (pp. 96-99) pueden crear diferencias en la descendencia de un organismo. Algunas de ellas tienen un impacto negativo en la capacidad de un organismo para sobrevivir, otras son neutrales y otras, beneficiosas. Los individuos que heredan rasgos beneficiosos prosperan y producen más descendencia, por lo que con el tiempo constituirán una proporción mayor de la población y se volverán dominantes. Esta es la evolución por medio de la selección natural. Una característica heredada que aumenta las probabilidades de supervivencia y éxito reproductivo se llama adaptación.

1 Mutación y variación

Cuando un organismo como este grillo se reproduce, a veces surgen mutaciones en los genes de sus crías, lo que da lugar a variaciones en características como el color. Esos cambios pueden aumentar la diversidad genética y ayudar a la especie a sobrevivir en un mundo en constante cambio.

GRILLO ADULTO

CRÍAS MARRONES

CRÍAS VERDES

CRÍAS AMARILLAS

LOS **VERTEBRADOS TERRESTRES EVOLUCIONARON** DE **PECES** HACE UNOS 375 MILLONES DE AÑOS

RESISTENCIA A LOS ANTIBIÓTICOS

Los antibióticos han salvado millones de vidas desde que se recetaron por primera vez en la década de 1940, pero su uso excesivo ha hecho que, en menos de 50 años, las bacterias se hayan hecho resistentes. Por ello deben desarrollarse constantemente nuevos antibióticos para contrarrestar la evolución bacteriana.

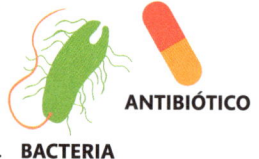

ANTIBIÓTICO

BACTERIA

Tipos de adaptación

La forma en que una especie encaja en su entorno se conoce como nicho. Un nicho incluye muchos factores: disponibilidad de alimentos, agua y lugares de refugio, prevalencia de depredadores y toxinas... Todos los organismos muestran una variedad de adaptaciones que los hacen más aptos para sobrevivir y reproducirse. Las adaptaciones pueden incluir el comportamiento, la modificación de su entorno, procesos corporales y características físicas.

2 **Supervivencia del más apto**
En un clima húmedo, las plantas son verdes todo el año. Las aves depredan principalmente a los grillos amarillos y marrones porque, a diferencia de los verdes, no quedan camuflados. Con el tiempo, los grillos verdes llegan a dominar la población porque tienen más probabilidades de sobrevivir y transmitir sus genes. Este proceso se conoce como supervivencia del más apto o selección natural.

Un pájaro ve grillos amarillos y marrones más fácilmente

MIRLO

El color verde ofrece un mejor camuflaje en el hábitat actual

3 **Un entorno cambiante**
El entorno cambia con el tiempo. Si las precipitaciones disminuyen y el ambiente se vuelve más árido, los grillos verdes ya no pueden camuflarse y, junto con los grillos amarillos, se convierten en presa de las aves. Ahora, los grillos marrones pueden camuflarse mucho mejor y escapan a la atención de los depredadores, por lo que dominan a la población: toda la población se adapta al cambio del entorno.

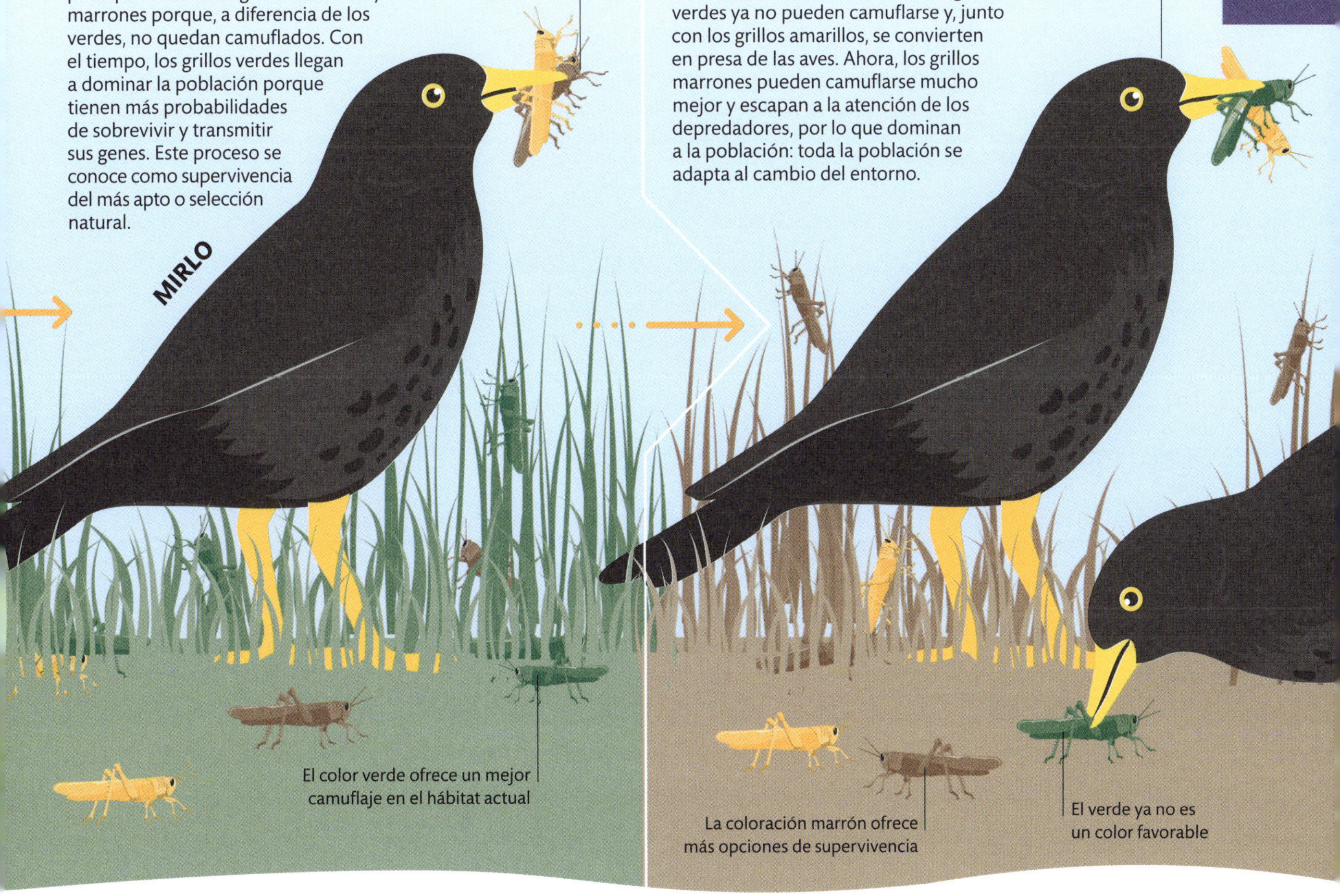

El pájaro ve grillos amarillos y verdes más fácilmente

La coloración marrón ofrece más opciones de supervivencia

El verde ya no es un color favorable

ADAPTACIONES CONDUCTUALES
La evolución del comportamiento para tener mayores posibilidades de supervivencia es una adaptación conductual. Así, muchos delfines cazan en manadas para mejorar su éxito.

ADAPTACIONES FISIOLÓGICAS
Los cambios en los procesos internos del cuerpo para adaptarse al medio son adaptaciones fisiológicas. Así, para ahorrar agua, el camello produce orina más concentrada y suda menos que la mayoría de los mamíferos.

ADAPTACIONES ESTRUCTURALES
La evolución de las características físicas que mejoran las posibilidades de supervivencia se lleva a cabo con adaptaciones estructurales. Así, las hojas de los cactus evolucionaron hasta convertirse en espinas, que pierden menos agua y los protegen contra los herbívoros.

Especiación

El proceso de aparición de nuevas especies se llama especiación. Se da cuando los cambios genéticos en parte de la población de una especie conducen al aislamiento reproductivo (incapacidad de reproducirse con éxito con el resto de la población).

Especiación alopátrica

Cuando una población se divide en subpoblaciones geográficamente aisladas, por ejemplo por la aparición de un río o una cadena montañosa, puede ocurrir una especiación alopátrica. La separación permite que los acervos genéticos de ambas poblaciones se separen a lo largo de muchas generaciones. Al final, las diferencias son tan grandes que las dos poblaciones ya no pueden cruzarse, lo que significa que deben clasificarse como especies distintas. El movimiento de continentes puede crear también el aislamiento necesario para este tipo de especiación. Puede verse en especies de ranas de la India y Madagascar y que antes eran la misma especie.

Hace 88 millones de años, la India y Madagascar eran una sola masa continental

MADAGASCAR

INDIA

Las ranas –y sus genes– pueden moverse libremente entre Madagascar y la India

HACE 88 MILLONES DE AÑOS

1 Una especie
Cuando Madagascar y la India estaban unidas, los genes podían fluir entre las especies de ranas. Las ranas de la región de Madagascar podían reproducirse con las de la región de la India y producir crías sanas.

CLAVE

Población original

Nueva población de Madagascar

Nueva población india y del sudeste asiático

Especiación simpátrica

A diferencia de la especiación alopátrica, la especiación simpátrica ocurre cuando no hay barreras físicas que impidan que los miembros de una especie se apareen entre sí, sino que el flujo de genes entre subpoblaciones está restringido por factores como la diferenciación de hábitat o la poliploidía. Lo primero puede surgir cuando una subpoblación comienza a explotar un hábitat (o sus recursos) que no usa la población original. La poliploidía, en la que algunos individuos tienen un conjunto adicional de cromosomas, puede resultar en la autofecundación o en la oportunidad de aparearse con otros individuos con cromosomas adicionales. En solo una generación, la poliploidía puede dar como resultado un aislamiento reproductivo sin separación geográfica.

AL MENOS UN TERCIO DE TODAS LAS ESPECIES DE PLANTAS EVOLUCIONÓ **POR POLIPLOIDÍA**

Al principio, la población se compone de una especie de planta

UNA ESPECIE

Las plantas hijas que no pueden cruzarse con sus padres forman nuevas especies

LA SEGUNDA ESPECIE EVOLUCIONA

Poliploidía en plantas

La poliploidía es común en las plantas, así como en algunas especies de anfibios y peces. Los «errores» en la división celular provocan la multiplicación de cromosomas en las plantas hijas, por lo que no pueden cruzarse con la planta madre y surge una nueva especie.

En la India evoluciona una subpoblación diferente genéticamente

A lo largo millones de años, el movimiento de la corteza terrestre separa Madagascar y la India

MADAGASCAR

INDIA

Subpoblación con diferencias genéticas evoluciona en Madagascar

HACE 65 MILLONES DE AÑOS

La subpoblación de Madagascar evoluciona hacia especies separadas

MADAGASCAR

INDIA

Nueva especie de planta de la India

HACE 56 MILLONES DE AÑOS

2 **La población se divide**
La separación de la masa continental divide a la población en dos, por lo que los genes ya no pueden fluir entre las ranas indias y malgaches. Se producen mutaciones, selección natural y adaptación al entorno cambiante, por lo que las poblaciones comienzan a divergir genéticamente.

3 **Dos especies**
La especiación alopátrica ocurre dentro de las poblaciones ahora separadas de la rana ancestral, ya que las dos poblaciones ya no pueden cruzarse. A lo largo de millones de años, más de 200 especies animales y vegetales evolucionaron en Madagascar y muchas más en la India.

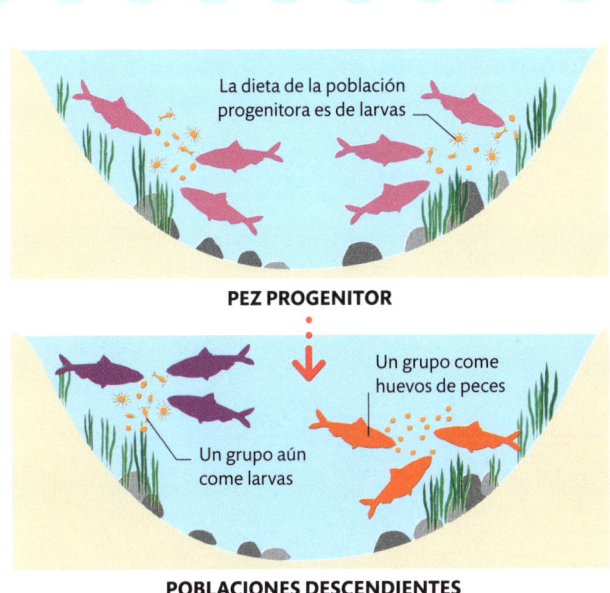

La dieta de la población progenitora es de larvas

PEZ PROGENITOR

Un grupo come huevos de peces

Un grupo aún come larvas

POBLACIONES DESCENDIENTES

Diferenciación de hábitat en animales
La mutación y herencia de nuevas características en una subpoblación de una especie puede hacer que esta pueda explotar una fuente de alimento diferente de la población principal. Esto da como resultado una mayor divergencia genética y, al fin, una especiación simpátrica.

¿QUÉ ES UNA ESPECIE?

La definición más común de especie es el concepto de especie biológica (BSC, por sus siglas en inglés). La definición establece que una especie es un grupo de organismos cuyos miembros pueden cruzarse entre sí y producir descendencia fértil, pero no con otros grupos. Según el BSC, las mulas no pueden considerarse una especie porque son estériles.

La mayoría de las mulas son estériles, y no se ajustan a la definición de especie del BSC

BURRO

+

=

CABALLO

Una mula es un híbrido entre un burro y una yegua

MULA

Selección sexual

La atracción entre los sexos es un factor importante en la reproducción y a veces la selección natural está impulsada por características físicas que aumentan las posibilidades de encontrar pareja.

¿Qué es la selección sexual?

Los individuos con ciertas características heredadas tienen más probabilidades de encontrar pareja. Esto impulsa un cierto tipo de selección natural en que estas características (mayor tamaño, colores más brillantes o exhibiciones más extravagantes) pueden mejorarse a lo largo de generaciones. El proceso puede provocar dimorfismo, es decir, que machos y hembras de la misma especie tengan un aspecto muy diferente. La selección sexual opera a través de la selección intrasexual o selección intersexual.

Los machos usan sus dientes y su peso para luchar por el control de la colonia y de decenas de hembras

¿SE DA SELECCIÓN SEXUAL EN LAS PLANTAS?

Sí. Los animales polinizadores muestran preferencia por las flores simétricas sobre las asimétricas, por ejemplo, lo que lleva a la selección sexual.

Selección intrasexual

La competencia directa entre miembros de un sexo (generalmente los machos) para establecer la oportunidad de aparearse con miembros del sexo opuesto se denomina selección intrasexual. La competencia puede implicar exhibiciones ritualizadas, muestras de agresión o peleas reales, como ocurre con los elefantes marinos, por ejemplo.

Si gana un elefante marino más grande, sus genes se transmitirán a la siguiente generación mediante el apareamiento

Los machos más pequeños y débiles rara vez tienen éxito

ELEFANTE MARINO MACHO MÁS GRANDE

ELEFANTE MARINO MÁS PEQUEÑO

Selección intersexual

Cuando los miembros de un sexo son selectivos al seleccionar una pareja del sexo opuesto, se produce selección sexual. Este tipo de selección se basa en factores como la claridad y el volumen de los cantos —como ocurre con aves y ranas— o lo vistoso de sus exhibiciones, por ejemplo de las arañas pavo real.

El macho agita las patas y levanta la cola como parte de la exhibición para atraer a la hembra.

El macho ha desarrollado una cola colorida

Es la hembra la que elige al macho, por lo que no ha desarrollado colores vibrantes

EL CIERVO MACHO TIENE GRANDES CUERNOS COMO RESULTADO DE LA SELECCIÓN INTRASEXUAL

ARAÑA PAVO REAL MACHO

ARAÑA PAVO REAL HEMBRA

Éxito reproductivo

Los machos y las hembras de la mayoría de las especies son similares en tamaño, forma y coloración. Sin embargo, en algunas especies han evolucionado rasgos físicos llamativos que dan a algunos individuos un mayor éxito en la búsqueda de pareja. Estas características suelen aparecer en los machos y van desde las enormes astas de algunos ciervos hasta las coloridas crestas y colas de muchas aves. Los machos de pavo real han desarrollado sus largas colas con ocelos de colores como resultado de la selección sexual, mientras que las hembras tienen preferencia por los machos con más ocelos en la cola.

DIMORFISMO SEXUAL

La distinta apariencia entre machos y hembras de una misma especie se denomina dimorfismo sexual. Las pequeñas diferencias están muy extendidas en la naturaleza, pero la selección sexual las ha llevado a extremos en animales como las aves del paraíso y los pavos reales.

La hembra es más pequeña y tiene colores apagados

El ave del paraíso macho tiene plumas largas y coloridas en las alas y la cola

1.ª generación

Las hembras de pavo real prefieren aparearse con los machos cuya cola tiene más ocelos. La descendencia masculina hereda de su padre los genes de una cola con muchos ocelos.

La hembra elige pareja entre varios machos disponibles

El pavo real elegido es el que tiene más ocelos en la cola

2.ª generación

Más machos de la próxima generación tendrán más ocelos. Las hembras de segunda generación elegirán de nuevo parejas de apareamiento con la mayor cantidad de ocelos, y aún más descendientes machos heredarán el gen.

La próxima generación tiene ocelos más numerosos

3.ª generación

El proceso se repite en la siguiente generación. De promedio, los pavos reales tienen ahora una mayor cantidad de ocelos en la cola, pero las hembras continúan eligiendo a los machos que poseen más.

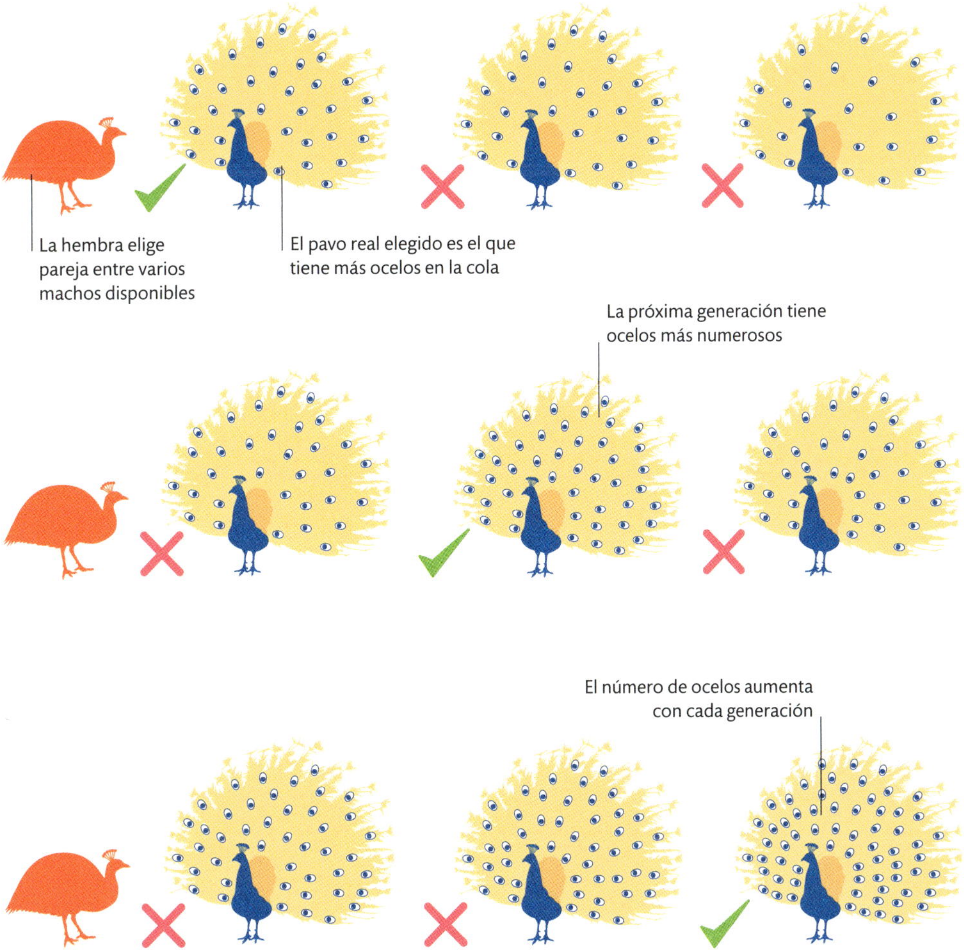

El número de ocelos aumenta con cada generación

Coevolución

Una especie, o grupo de especies, evoluciona para ocupar un nicho ecológico particular dentro de un hábitat. A veces, ese nicho hace que la especie viva junto a otra no relacionada, y las dos coevolucionan en una asociación involuntaria mientras se adaptan para sobrevivir.

EL SER HUMANO ¿HA COEVOLUCIONADO CON OTRAS ESPECIES?

Los perros han coevolucionado con los humanos durante miles de años para convertirse en sus amigos, pastores, guardias y compañeros de caza.

Asociación para la polinización
Entre el murciélago magueyero menor y la planta de agave se ha desarrollado una simbiosis mutualista. La flor de agave proporciona alimento al murciélago mientras que el murciélago facilita la reproducción de la planta.

El murciélago se siente atraído por el fuerte aroma de las flores

MURCIÉLAGO MAGUEYERO MENOR

El murciélago trae polen de una flor de agave y poliniza otra planta

La flor ha desarrollado largos estambres para garantizar que el polen llegue al murciélago cuando se alimenta

El murciélago ha desarrollado una lengua larga que puede alcanzar el néctar en la base de la flor

FLOR DE AGAVE

La flor florece por la noche para coincidir con el período de actividad de los murciélagos

Simbiosis

Cuando dos especies no relacionadas coevolucionan para interactuar durante una etapa de sus vidas, la asociación se denomina simbiosis. Puede adoptar varias formas. Cuando ambas especies se benefician de alguna manera de la asociación, se llama simbiosis mutualista. El tipo más común de simbiosis es el parasitismo (ver al lado), donde la especie huésped se ve perjudicada por la presencia de su compañera. Una combinación más rara en la que solo una especie se beneficia y la otra permanece ilesa se conoce como comensalismo.

EL PARÁSITO DE OTRO PARÁSITO SE LLAMA HIPERPARÁSITO

Caracol zombi
El diminuto caracol ámbar alberga un gusano plano parásito altamente evolucionado que se apodera de los tentáculos oculares del huésped y convierte al caracol en un zombi.

EL CARACOL INGIERE EL PARÁSITO

1 El caracol come algas y bacterias sobre las hojas y se infecta con el gusano parásito al comer excrementos de aves que tienen huevos del gusano parásito.

Huevos del gusano

Excrementos de ave

LOS HUEVOS DEL PARÁSITO ECLOSIONAN

2 El gusano nace y crece en el caracol, robándole nutrientes. Se apodera del cuerpo del caracol y envía tentáculos hacia la cabeza.

El parásito introduce sus propios tentáculos en los tentáculos oculares del caracol

EL PARÁSITO SE REPRODUCE

5 El parásito se reproduce en el estómago del pájaro y luego pasa al recto, donde agrega huevos a los excrementos del huésped.

Parasitismo

El parasitismo es una forma de simbiosis en la que un organismo vive sobre o dentro de otra especie. Se estima que alrededor del 40 por ciento de las especies son parásitas de uno o más huéspedes. El parásito intenta robar los recursos del huésped en cantidades que solo lo debiliten y no lo maten.

EL PÁJARO SE COME AL CARACOL

4 Los caracoles ámbar suelen estar en lugares oscuros. Si están infestados de parásitos, buscan áreas soleadas y brillantes, donde los pájaros confunden los tentáculos de sus ojos con sabrosas orugas.

El pájaro arranca el tentáculo ocular pero deja el resto

El caracol sobrevive al ataque y puede que le crezca un nuevo tentáculo ocular

EL PARÁSITO SE HACE CON EL CONTROL

3 Los tentáculos del parásito contienen formas jóvenes del parásito, que crean colores que laten lentamente a medida que se mueven dentro de los tentáculos.

Los tentáculos oculares se hinchan y se vuelven verdes

Mimetismo

En otro tipo de coevolución, una especie evoluciona para imitar a otra. Es más frecuente cuando una especie copia a otra que usa una señal visual para advertir sobre mecanismos de defensa, como una picadura o un veneno. Así, tras ser picado una vez por una avispa, un animal aprende a evitar cualquier cosa que tenga rayas como la avispa.

El orden de los colores es distinto del imitado

SERPIENTE DE CORAL, VENENOSA

SERPIENTE REAL ESCARLATA, NO VENENOSA

Forma similar

Coloración de advertencia similar

MARIPOSAS HELICÓNIDAS

Mimetismo batesiano
En este mimetismo, una especie inofensiva adopta la apariencia y el color de una muy peligrosa. Por ejemplo, la inofensiva serpiente real copia a la venenosa serpiente de coral.

Mimetismo mülleriano
Los dibujos y la forma de estas dos formas de una especie de mariposa se parecen, y ambas tienen muy mal sabor. Cada una se beneficia de los colores de advertencia de la otra.

Microevolución

Cada especie evoluciona o cambia su conjunto de genes todo el tiempo. La microevolución son los cambios que no crean diferencias visibles ni nuevos comportamientos. Este proceso está impulsado tanto por fluctuaciones aleatorias como por selección natural.

Los rápidos músculos de las patas traseras permiten a la rata saltar más rápido y más lejos cuando la serpiente ataca

El efecto Reina Roja

Hay un tipo de microevolución llamado efecto Reina Roja, en que depredadores y presas compiten constantemente por sobrevivir, teniendo más éxito en la caza o escapando de los cazadores. A pesar de las constantes adaptaciones a la evolución de cada especie, las dos permanecen a igual distancia, como la Reina Roja en las historias de Alicia en el País de las Maravillas, que corre sin parar pero no se desplaza. Aunque esta microevolución está en gran medida oculta a la vista, algunos animales dan señales de estar teniendo éxito al desarrollar características llamativas, como una coloración corporal vistosa o, en ciertas aves, una cola muy larga. Estas son señales de que los genes de estos animales están haciendo que estén sanos y en forma.

La vista y el oído de las ratas están sintonizados para procesar señales que indican que hay una serpiente cerca

El mechón de pelo en el extremo de la cola ayuda a distraer a la serpiente para que se desvíe del objetivo

RATA CANGURO

Supervivencia de las presas

El objetivo de la rata canguro es evitar que la serpiente de cascabel, su depredador, la detecte. Si eso falla, primero intentará escapar y, por último, defenderse. La selección natural garantiza que sobrevivan las que lo hagan mejor.

Flujo de genes

Otro mecanismo de microevolución es el flujo de genes, en el que el acervo genético de un grupo de organismos se altera mediante transferencia de individuos y de sus genes hacia y desde diferentes poblaciones. Esto puede tener efectos marcadamente distintos. En primer lugar, un gen común en la primera población podría representar una nueva variante en la segunda. Esta variante podría superar a la original, por lo que la segunda población se vuelve más similar genéticamente a la primera. Por el contrario, el migrante podría portar un gen raro que se pierde en la primera población pero que podría agregarse a la segunda. Esto puede aumentar las diferencias genéticas entre las dos poblaciones, haciendo más probable que diverjan en especies separadas.

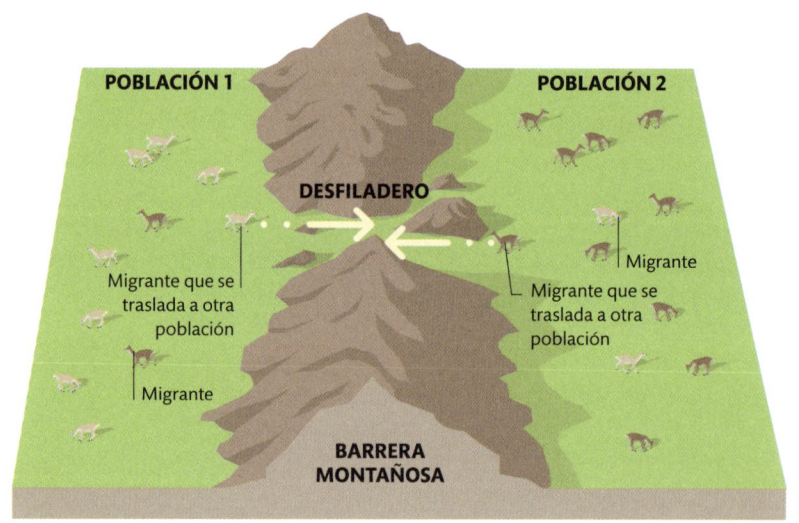

POBLACIÓN 1

POBLACIÓN 2

DESFILADERO

Migrante que se traslada a otra población

Migrante

Migrante que se traslada a otra población

Migrante

BARRERA MONTAÑOSA

CIERVOS DEL OESTE

CIERVOS DEL ESTE

Flujo de genes

El flujo genético se produce simplemente cuando un miembro de una población de un animal encuentra la forma de trasladarse a otra. Los genes que porta este migrante pueden fluir hacia la nueva población. El impacto del flujo genético es mayor cuando las poblaciones implicadas son pequeñas y no son genéticamente diversas.

Las fosas sensibles al calor de su cabeza detectan mejor el tamaño de la presa en la oscuridad

El potente veneno puede matar a una rata antes de que se vaya muy lejos

Las marcas en forma de diamante ayudan a disimular la forma de la serpiente para que las ratas no puedan verla

CRÓTALO DIAMANTE OCCIDENTAL

Supervivencia de los depredadores
La serpiente de cascabel debe matar ratas para comer. Con el tiempo, desarrolla adaptaciones para superar la habilidad defensiva en constante evolución de su presa. Pequeñas diferencias entre serpientes de similar apariencia pueden significar la diferencia entre el éxito y el fracaso.

DERIVA GENÉTICA

La deriva genética (cambios aleatorios en el acervo genético) puede tener gran efecto en la evolución de una especie, especialmente cuando las poblaciones son pequeñas y están fragmentadas. Al dividirse una población, los miembros individuales —y sus genes— no se dividen por igual. Algunos genes desaparecen de las poblaciones resultantes por azar.

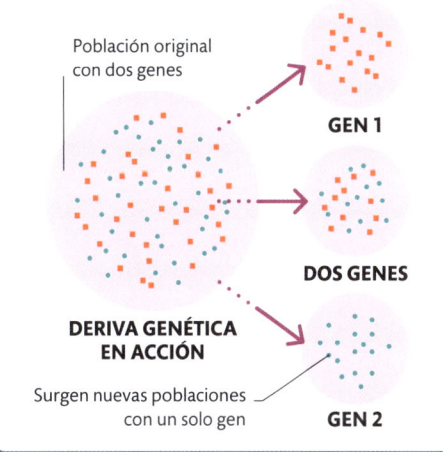

Población original con dos genes

GEN 1

DOS GENES

DERIVA GENÉTICA EN ACCIÓN

Surgen nuevas poblaciones con un solo gen

GEN 2

1 **Poblaciones separadas**
Aunque las dos poblaciones de ciervos son de la misma especie, hay algunas diferencias en sus genes. A medida que se mezclan, el azar actuará para hacerlos un grupo genéticamente homogéneo.

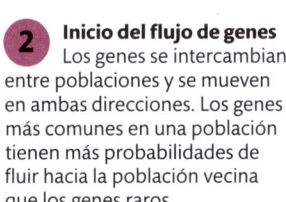

Los puntos representan genes

DOS POBLACIONES GENÉTICAS

2 **Inicio del flujo de genes**
Los genes se intercambian entre poblaciones y se mueven en ambas direcciones. Los genes más comunes en una población tienen más probabilidades de fluir hacia la población vecina que los genes raros.

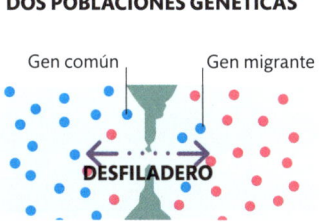

Gen común   Gen migrante

DESFILADERO

MIGRACIÓN GENÉTICA ENTRE POBLACIONES

3 **Poblaciones mezcladas**
Si la tasa de flujo de genes es alta, estos se mezclan y ambas poblaciones serán genéticamente similares. Si es lenta, la evolución tiene tiempo de actuar, por lo que un solo gen migrante podría crear una diferencia significativa.

POBLACIONES GENÉTICAS SIMILARES

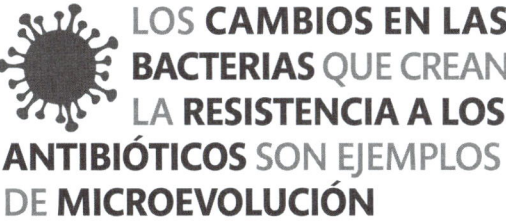

LOS **CAMBIOS EN LAS BACTERIAS** QUE CREAN LA **RESISTENCIA A LOS ANTIBIÓTICOS** SON EJEMPLOS DE **MICROEVOLUCIÓN**

¿ES SIEMPRE OBVIA LA EVOLUCIÓN DE UNA NUEVA ESPECIE?

En la especiación críptica, dos poblaciones pueden evolucionar de modo que ya no se cruzan y se convierten en dos especies diferentes pero tienen el mismo aspecto.

Extinción

Al morir los últimos miembros de una especie, esta se extingue y nunca más volverá a verse con vida. La extinción es un proceso natural y la mayoría de las especies que han vivido están extintas.

Tipos de extinción

La extinción es parte importante de la evolución por selección natural. Igual que hay nuevas especies que evolucionan para adaptarse al cambio del entorno, hay otras que no logran adaptarse y desaparecen: esto es la extinción de fondo. Los cambios rápidos en el entorno, que no dejan tiempo a los animales para adaptarse, pueden causar su extinción. En esta situación, muchas especies desaparecen en extinciones masivas, que pueden afectar a grandes grupos taxonómicos, como ocurrió con los dinosaurios y los trilobites (pp. 116-17). Además, los genes individuales pueden extinguirse una vez que ya no están disponibles para transmitirse a la siguiente generación (pp. 112-13).

MÁS DEL 99 POR CIENTO DE LAS ESPECIES QUE HA HABIDO EN LA TIERRA ESTÁN EXTINTAS

Algunos dinosaurios no aviares, como el *Tyrannosaurus rex*, desarrollaron plumas mucho antes de aparecer las aves

Los dinosaurios eran en su mayoría animales de dos patas, algo que compartían con las aves

Las rayas los ayudaban a camuflarse, como en el caso de los tigres

A pesar de ser un pariente cercano del canguro, el tilacino parecía un perro pequeño

TILACINO

Clasificado como ave, un pato podría describirse como un tipo de dinosaurio

TYRANNOSAURUS REX

PATO

Verdadera extinción

Este tipo de extinción sigue la definición estándar. El tilacino o lobo de Tasmania, un depredador marsupial, está verdaderamente extinto. Erradicado en la década de 1930 por la actividad humana (caza excesiva, destrucción de hábitat y enfermedades), es un callejón sin salida evolutivo, ya que ninguna especie evolucionó a partir del tilacino.

Pseudoextinción

Los dinosaurios se extinguieron como resultado de la extinción masiva del Cretácico, hace 66 millones de años (p. 116). Pero las aves, que son descendientes directas de los dinosaurios, sobrevivieron. Así pues, los dinosaurios no aviares (todos salvo las aves) pueden describirse como pseudoextintos, porque sus descendientes siguen viviendo.

¿PUEDE RECUPERARSE UNA ESPECIE EXTINTA?

Los científicos están intentando editar los genes de especies genéticamente similares al tilacino para resucitar la especie.

Esta ave tenía una envergadura de unos 2,6 m

Con sus 15 kg, el águila de Haast fue la mayor ave rapaz que ha existido

ÁGUILA DE HAAST

Los moa alcanzaban 3,6 m de altura y pesaban unos 200 kg

Ave alta y no voladora que podía correr rápido con sus poderosas patas

MOA

Coextinción

Los animales que han coevolucionado (pp. 110-11) pueden coextinguirse porque una especie no puede sobrevivir sin la otra. Por ejemplo, cuando los moa, un grupo de grandes aves no voladoras, fueron aniquilados en Nueva Zelanda, su depredador, el águila de Haast, también desapareció.

¿Por qué desaparecen las especies?

Como resultado de la selección natural, las especies se adaptan a los cambios en su entorno. Algunos cambios son tan dramáticos que la especie no puede adaptarse y se extingue. Entre los factores que aumentan el riesgo de extinción están la actividad humana y los desastres naturales.

CAUSAS PRINCIPALES DE EXTINCIÓN

Pérdida de hábitat
Los cambios climáticos naturales, como las glaciaciones, modifican la distribución del hábitat. Las especies que no pueden moverse se extinguen.

Cambio climático
Las fluctuaciones de temperatura, humedad y salinidad tienen un marcado efecto sobre la biosfera, especialmente en los océanos.

Adaptación lenta
Las especies que se reproducen lentamente pueden no ser capaces de producir nuevas generaciones que se adapten al cambio, por lo que la población disminuye.

Aparición repentina de nuevas especies
Las nuevas especies en el ecosistema, por ejemplo los seres humanos, alteran el equilibrio ecológico de forma que otras pierden su nicho.

Propagación de enfermedades
Es raro que una especie se extinga debido a una enfermedad, pero, en combinación con otros factores, puede ser una causa importante.

Convertirse en una nueva especie
Una especie se extingue si algunos de sus miembros evolucionan y se convierten en una especie más adaptada. Estos organismos no pueden reproducirse con los originales por barreras geográficas, de comportamiento, fisiológicas o genéticas.

FÓSILES VIVIENTES

Ocasionalmente se encuentran especies de grupos que se creían extintos. Aunque todos los demás miembros se extinguieron, el «fósil viviente» sobrevivió en secreto. Así, el celacanto es el único pariente vivo de los peces que, hace 400 millones de años, desarrollaron aletas capaces de imitar el movimiento de los animales terrestres de cuatro patas.

Usa aletas óseas para «caminar» sobre el fondo marino

Puede medir 2 m de largo y vive en cuevas de aguas profundas

CELACANTO

Extinción masiva

Una extinción masiva es un evento global en el que una proporción importante de las especies del mundo se extinguen en un corto período de tiempo geológico. Las causas reales de estos eventos a menudo no están claras.

¿PODEMOS DETENER LA ACTUAL EXTINCIÓN MASIVA?

La pérdida de biodiversidad se puede detener protegiendo las áreas salvajes y devolviendo el máximo de tierra a su estado original.

MÁS DEL **40 POR CIENTO** DE LAS ESPECIES DE **ANFIBIOS** ESTÁN HOY EN **PELIGRO DE EXTINCIÓN**

Cronología de las extinciones masivas

La diversidad de la vida en la Tierra ha fluctuado mucho en el tiempo, y su historia natural ha estado marcada por extinciones masivas, que marcan los límites entre períodos en la escala de tiempo geológica. La evidencia de estos eventos se puede ver claramente en los yacimientos de fósiles, donde de repente ya no se encuentran restos de algunos organismos. Desde que la vida compleja evolucionó por primera vez en la Tierra, se han producido cinco grandes eventos de extinción masiva (ver abajo).

FIN DEL ORDOVÍCICO – HACE 444 MILLONES DE AÑOS

Un periodo de enfriamiento global redujo la cubierta vegetal en la tierra e hizo que descendiera el nivel del mar, por lo que especies marinas como los trilobites disminuyeron. Un calentamiento repentino del planeta acabó luego con las especies que se habían adaptado al frío.

TRILOBITE

FIN DEL DEVÓNICO – HACE 359 MILLONES DE AÑOS

Una teoría sugiere que las plantas terrestres desarrollaron sistemas de raíces más profundas para llegar a los minerales en el suelo. Estas sustancias químicas terminaron en los océanos, lo que hizo crecer algas que provocaron la extinción de peces como el Dunkleosteus.

DUNKLEOSTEUS

NÚMERO DE ESPECIES

El tiempo geológico se divide en secciones llamadas períodos

85 % DE LAS ESPECIES EXTINTAS

70-80 % DE LAS ESPECIES EXTINTAS

| CÁMBRICO | ORDOVÍCICO | SILÚRICO | DEVÓNICO | CARBONÍFERO |

541   485   444   419   359   299

TIEMPO (HACE MILLONES DE AÑOS)

¿LA SEXTA EXTINCIÓN MASIVA?

Los científicos han propuesto que la Tierra se encuentra en medio de una sexta extinción masiva debido a la destrucción a gran escala de hábitats por parte de los humanos. Se estima que cada año se extinguen 2000 especies, una tasa 10000 veces más rápida que la tasa de extinción natural de hace 200 años.

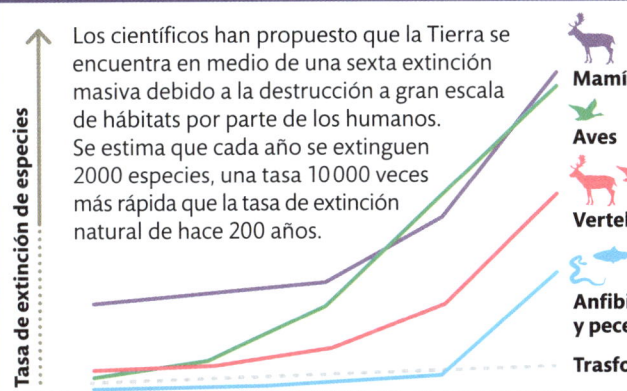

Tasa de extinción de especies

1500 1600 1700 1800 1900 2000

Mamíferos

Aves

Vertebrados

Anfibios, reptiles y peces

Trasfondo

FIN DEL CRETÁCICO – 66 MILLONES DE AÑOS

Este es el evento que acabó con la mayoría de los dinosaurios, como el triceratops, aunque los antepasados de las aves modernas sobrevivieron. El impacto de un gran asteroide creó una devastación global y tal vez desencadenó inmensas erupciones volcánicas.

TRICERATOPS

FIN DEL PÉRMICO – 252 MILLONES DE AÑOS

Se cree que la causa de esta extinción, conocida como Gran Mortandad, fue la actividad volcánica, que causó importantes cambios climáticos. Además, los océanos se volvieron demasiado ácidos para que sobreviviera la mayoría de las especies, incluidos crustáceos como los amonites.

AMONITES

FIN DEL TRIÁSICO – 201 MILLONES DE AÑOS

La extinción del Triásico, posiblemente causada por cambios climáticos o por el impacto de un asteroide, acabó con muchos de los primeros parientes de los mamíferos actuales y dejó el camino libre para que los dinosaurios dominaran la Tierra.

PLATEOSAURIO

96 % DE LAS ESPECIES EXTINTAS

50 % DE LAS ESPECIES EXTINTAS

80 % DE LAS ESPECIES EXTINTAS

PALEÓGENO

NEÓGENO

CUATERNARIO

PÉRMICO **TRIÁSICO** **JURÁSICO** **CRETÁCICO**

252 201 145 66 23 2,6 0

EL ÁRBOL

DE LA VIDA

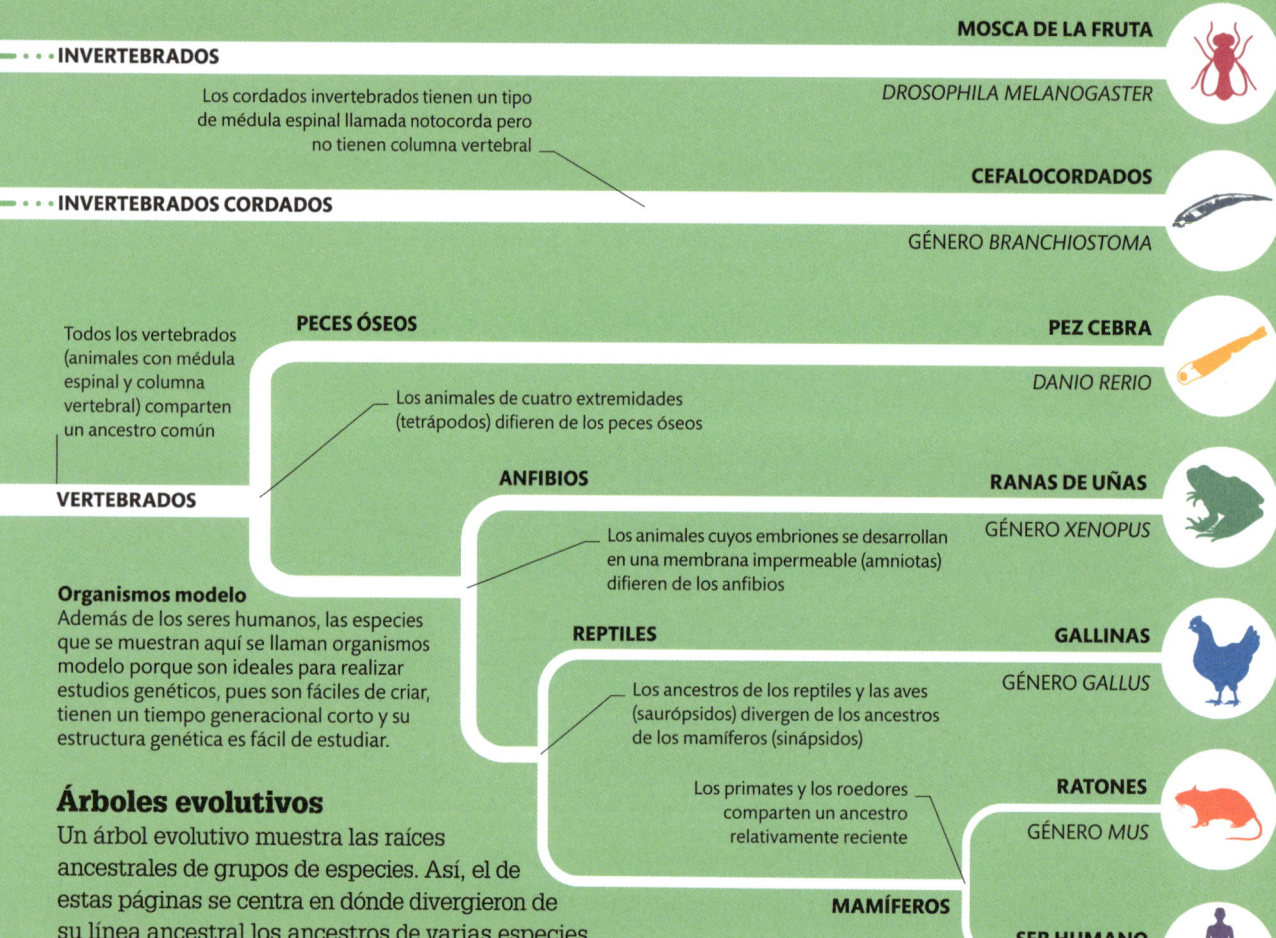

PALEOZOICO (541-252) | **MESOZOICO (252-66)** | **CENOZOICO (66-0)**

← •••**INVERTEBRADOS**

Los cordados invertebrados tienen un tipo de médula espinal llamada notocorda pero no tienen columna vertebral

← •••**INVERTEBRADOS CORDADOS**

MOSCA DE LA FRUTA

DROSOPHILA MELANOGASTER

CEFALOCORDADOS

GÉNERO BRANCHIOSTOMA

Todos los vertebrados (animales con médula espinal y columna vertebral) comparten un ancestro común

PECES ÓSEOS

Los animales de cuatro extremidades (tetrápodos) difieren de los peces óseos

PEZ CEBRA

DANIO RERIO

VERTEBRADOS

ANFIBIOS

Los animales cuyos embriones se desarrollan en una membrana impermeable (amniotas) difieren de los anfibios

RANAS DE UÑAS

GÉNERO XENOPUS

Organismos modelo
Además de los seres humanos, las especies que se muestran aquí se llaman organismos modelo porque son ideales para realizar estudios genéticos, pues son fáciles de criar, tienen un tiempo generacional corto y su estructura genética es fácil de estudiar.

REPTILES

Los ancestros de los reptiles y las aves (saurópsidos) divergen de los ancestros de los mamíferos (sinápsidos)

GALLINAS

GÉNERO GALLUS

Árboles evolutivos
Un árbol evolutivo muestra las raíces ancestrales de grupos de especies. Así, el de estas páginas se centra en dónde divergieron de su línea ancestral los ancestros de varias especies de vertebrados, con la fecha aproximada representada en la barra de la parte superior en millones de años.

Los primates y los roedores comparten un ancestro relativamente reciente

RATONES

GÉNERO MUS

MAMÍFEROS

SER HUMANO

HOMO SAPIENS

Cómo se clasifican los seres vivos

Las relaciones entre especies se basaban antiguamente en su apariencia o su comportamiento. Hoy los científicos emplean una combinación de material genético y análisis del registro fósil. La evolución de características físicas compartidas también se puede utilizar para agrupar especies. Esta información ayuda a construir un árbol de la vida.

¿QUÉ ES LA EVOLUCIÓN CONVERGENTE?

Ocurre cuando presiones ambientales similares y la selección natural producen adaptaciones parecidas en especies con diferentes ancestros.

TODAS LAS AVES EVOLUCIONARON DE UN GRUPO DE **DINOSAURIOS CARNÍVOROS** ANCESTROS DEL *TYRANNOSAURUS REX*

ÚLTIMO ANTEPASADO COMÚN UNIVERSAL

El último ancestro común universal (LUCA) es el más reciente del que descienden todas las especies vivas en la actualidad. Aunque se desconoce la identidad de LUCA, probablemente vivió hace unos 4000 millones de años.

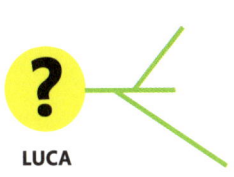

LUCA

Cladogramas

Estos diagramas representan puntos de divergencia de especies a partir de líneas ancestrales comunes, pero sin información sobre el grado de desviación evolutiva.

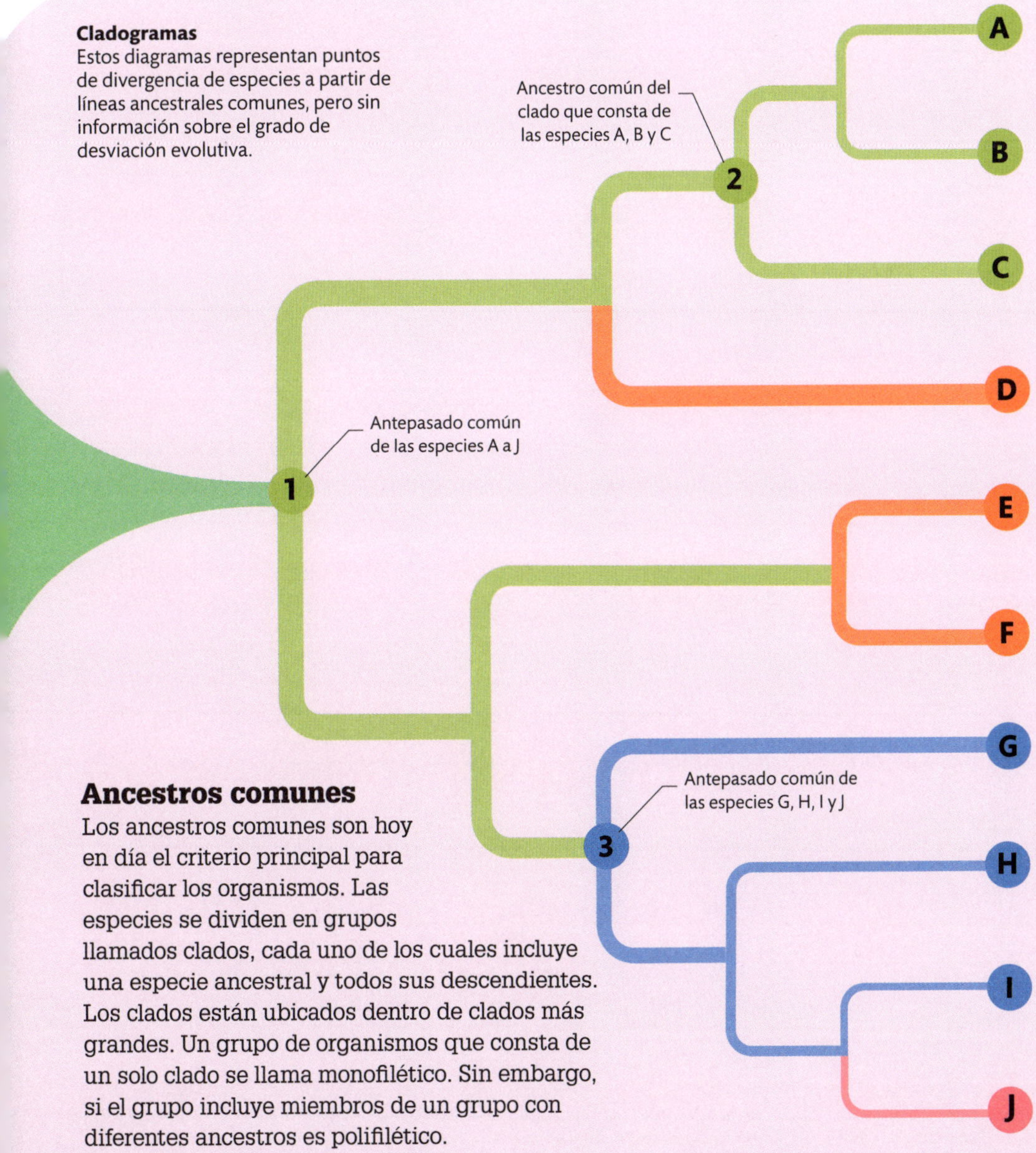

Ancestro común del clado que consta de las especies A, B y C

2

Antepasado común de las especies A a J

1

A

B

C

D

E

F

G

Antepasado común de las especies G, H, I y J

3

H

I

J

Clado

Un clado es un grupo de especies que incluye un único ancestro común y todos sus descendientes. Las especies A, B y C comparten el ancestro común 2 y todas están incluidas en el grupo. Un clado también se conoce como grupo monofilético.

Grupo polifilético

Se trata de un grupo de especies en el que no se incluye el ancestro común más reciente de cada miembro del grupo. Las especies E y F tienen un ancestro común relativamente reciente, pero este no se comparte con la especie D.

Grupo parafilético

Cuando un grupo de especies contiene un ancestro común y algunos de sus descendientes (pero no todos), se denomina parafilético. Las especies G, H, I y J comparten el ancestro común 3, pero J no está incluido en el grupo. Los reptiles son un ejemplo de un grupo de este tipo cuando no se incluyen las aves.

Ancestros comunes

Los ancestros comunes son hoy en día el criterio principal para clasificar los organismos. Las especies se dividen en grupos llamados clados, cada uno de los cuales incluye una especie ancestral y todos sus descendientes. Los clados están ubicados dentro de clados más grandes. Un grupo de organismos que consta de un solo clado se llama monofilético. Sin embargo, si el grupo incluye miembros de un grupo con diferentes ancestros es polifilético.

¿CAUSAN ENFERMEDADES LOS PROCARIOTAS?

Sí, aunque solo unos pocos cientos de las 30 000 bacterias descritas causan enfermedades en humanos.

Algunos procariotas tienen flagelos, que ayudan al movimiento

Célula procariota
Los procariotas pueden adoptar diversas formas, pero en ninguna de ellas el ADN del nucleoide está rodeado por una membrana.

La pared es una capa celular que mantiene la forma de las células y evita la deshidratación

Muchos procariotas también tienen pequeñas moléculas de ADN llamadas plásmidos

Nucleoide, que contiene ADN

CITOPLASMA

CÁPSULA

PARED CELULAR

NUCLEOIDE

Los pili se utilizan para interactuar con otras células

Procariotas

Un procariota es un organismo microscópico de una sola célula sin núcleo. Las células procariotas tienen pared celular, pero no tienen membranas celulares interiores. Hay dos tipos distintos de procariotas: bacterias y arqueas.

Bacterias

Las bacterias son organismos unicelulares microscópicos, en su mayoría de vida libre. Si bien algunos son patógenos, la mayoría desempeña un papel positivo, como permitir que los animales digieran los alimentos e impulsar la circulación global de carbono, nitrógeno, azufre y fósforo. Las formas en que se diferencian de las arqueas (ver al lado) incluyen la composición de sus paredes celulares, la variedad de fuentes de energía que explotan y su metabolismo. Las primeras bacterias conocidas vivieron hace unos 2400 millones de años, pero probablemente evolucionaron mucho antes.

Cómo transfieren ADN las bacterias

Las bacterias transfieren ADN entre sí en un proceso de contacto directo llamado conjugación. Este mecanismo de transferencia de genes, junto con su rápida tasa de reproducción, permite que las bacterias se adapten y evolucionen rápidamente a los cambios ambientales.

ADN cromosómico

Plásmido F

El pilus se extiende hacia el receptor

DONANTE

RECEPTOR

1 **La célula donante produce ADN**
Además de su ADN cromosómico, la bacteria donante porta una secuencia de ADN llamada factor de fertilidad o plásmido F.

Pilus adherido al destinatario

DONANTE

RECEPTOR

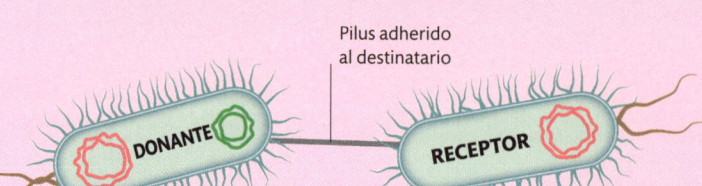

2 **El donante se une al destinatario**
El plásmido F permite al donante producir una estructura delgada en forma de tubo llamada pilus o puente de apareamiento, que utiliza para contactar con una bacteria receptora que carece de plásmido F.

Arqueas

Se sabe que las arqueas, probablemente las primeras formas de vida, vivieron hace más de 3500 millones de años. A diferencia de las bacterias, no tienen la capacidad de formar esporas. Algunas son capaces de tolerar entornos extremos. Por ejemplo, los termófilos pueden vivir en temperaturas superiores a los 100 °C, lo cual provocaría que el ADN de otros organismos se desintegrara.

ALGUNAS ESPECIES DE ARQUEAS NO NECESITAN OXÍGENO

EJEMPLOS DE ARQUEAS	FORMA	DISTRIBUCIÓN
Methanobrevibacter	Bastones muy cortos, o cocobacilos	Estas arqueas son anaeróbicas (viven sin oxígeno) y están en el sistema digestivo de los animales, incluidos los humanos.
Methanospirillum	Bastones, o bacilos	Estos extendidos organismos están en plantas, animales y suelos marinos y terrestres. Algunos son aeróbicos y otros anaeróbicos.
Pyrodictium	Células en forma de disco unidas por túbulos huecos llamados cánulas	*Pyrodictium* son termófilos y están en los respiraderos hidrotermales de las profundidades del océano.
Methanococcus	Esféricas, o cocoides	Estos organismos son mesófilos (prefieren temperaturas moderadas) y están cerca de respiraderos hidrotermales de aguas profundas.

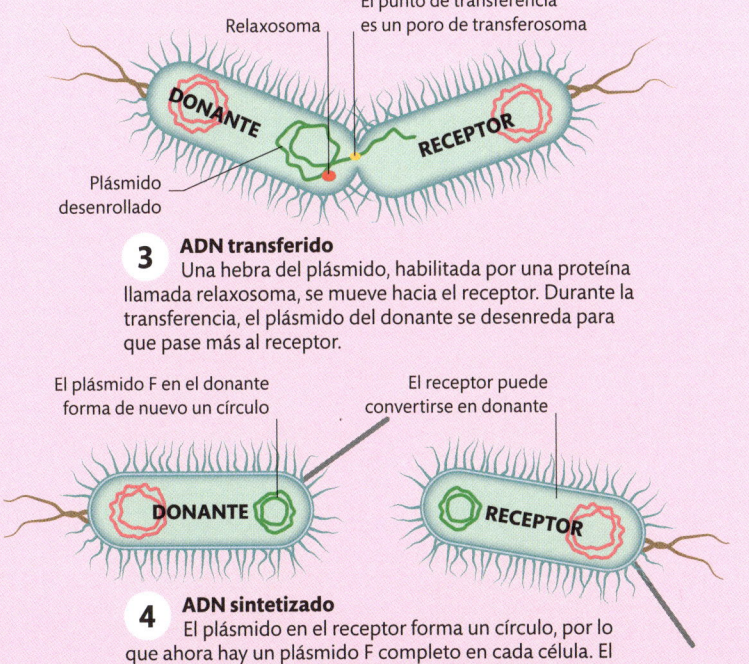

Relaxosoma

El punto de transferencia es un poro de transferosoma

DONANTE

RECEPTOR

Plásmido desenrollado

3 ADN transferido
Una hebra del plásmido, habilitada por una proteína llamada relaxosoma, se mueve hacia el receptor. Durante la transferencia, el plásmido del donante se desenreda para que pase más al receptor.

El plásmido F en el donante forma de nuevo un círculo

El receptor puede convertirse en donante

DONANTE

RECEPTOR

4 ADN sintetizado
El plásmido en el receptor forma un círculo, por lo que ahora hay un plásmido F completo en cada célula. El pilus se rompe y la conexión entre las dos células se corta.

ENFERMEDAD BACTERIANA

Las bacterias patógenas causan la mitad de las enfermedades humanas. Suelen causarlas con toxinas. Algunas bacterias son transmitidas por otras especies (vectores), como las garrapatas.

ENFERMEDAD	IMPACTO
Enfermedad de Lyme	Las garrapatas transmiten la bacteria *Borrelia*, que causa fiebre, dolores de cabeza y cansancio. Sin tratar, puede causar parálisis facial y dolor crónico.
Tuberculosis	Inhalada la bacteria *Myobacterium tuberculosis* puede infectar los pulmones. Es fatal si no se trata.
Ántrax	Las toxinas del *Bacillus anthracis* pueden provocar náuseas, diarrea y dificultad para respirar. Generalmente es fatal, incluso con tratamiento.
Pudrición parda	*Ralstonia solanacearum* ataca las células del xilema de plantas cultivadas, como las patatas. Hace que las plantas se marchiten y mueran.

Eucariotas

Los miembros del dominio Eukarya, también llamados eucariotas, forman una de las tres divisiones principales de los seres vivos. El núcleo de sus células se encuentra dentro de una envoltura nuclear y normalmente contienen estructuras especializadas unidas a membranas llamadas orgánulos.

El origen de los eucariotas

Los eucariotas debieron de evolucionar mediante un proceso de endosimbiosis. Se cree que hace entre 1600 y 2100 millones de años, todos los organismos eran procarióticos (pp. 122-123). En un proceso no del todo claro, las células de arqueas engulleron a las células bacterianas, que se quedaron dentro de sus huéspedes. Con el tiempo, se desarrolló una relación simbiótica entre la bacteria absorbida (endosimbionte) y su huésped, de modo que ni el huésped ni el endosimbionte podían sobrevivir ya sin el otro.

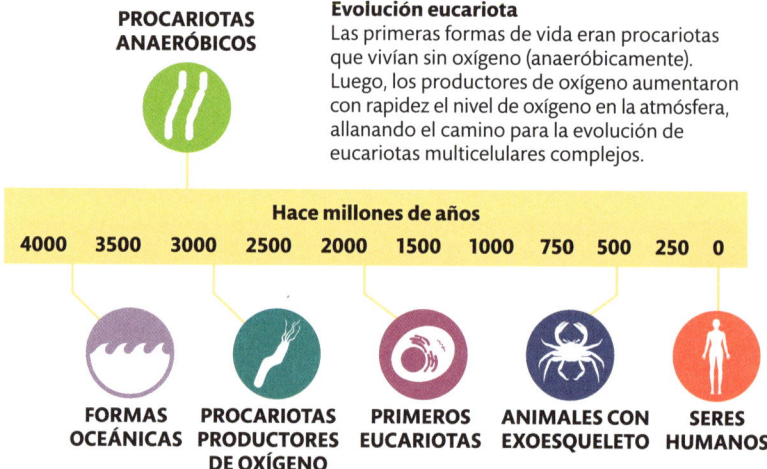

PROCARIOTAS ANAERÓBICOS

Evolución eucariota
Las primeras formas de vida eran procariotas que vivían sin oxígeno (anaeróbicamente). Luego, los productores de oxígeno aumentaron con rapidez el nivel de oxígeno en la atmósfera, allanando el camino para la evolución de eucariotas multicelulares complejos.

Hace millones de años

| 4000 | 3500 | 3000 | 2500 | 2000 | 1500 | 1000 | 750 | 500 | 250 | 0 |

FORMAS OCEÁNICAS

PROCARIOTAS PRODUCTORES DE OXÍGENO

PRIMEROS EUCARIOTAS

ANIMALES CON EXOESQUELETO

SERES HUMANOS

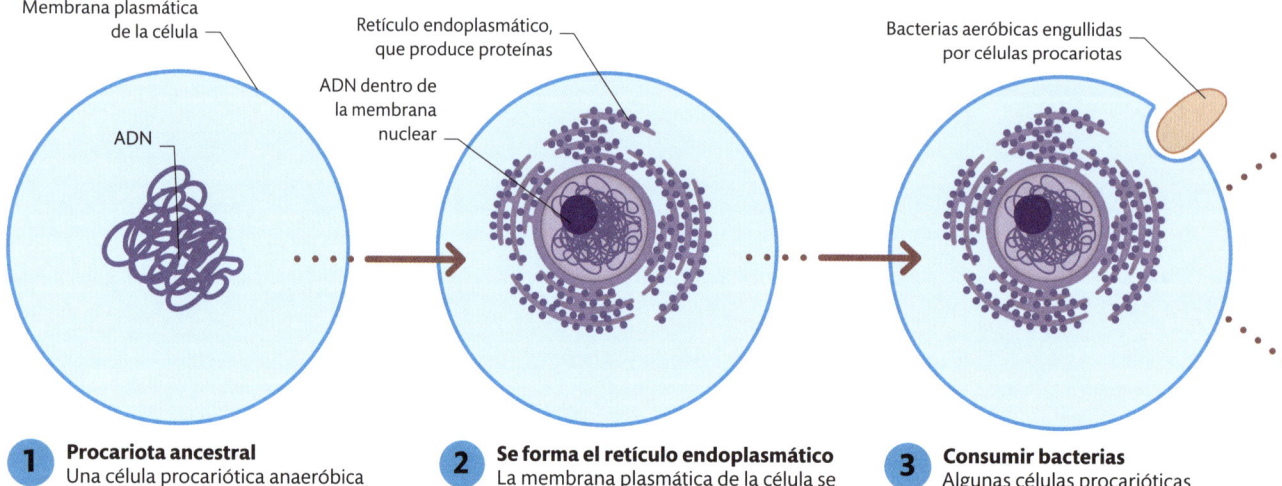

Membrana plasmática de la célula

ADN

Retículo endoplasmático, que produce proteínas

ADN dentro de la membrana nuclear

Bacterias aeróbicas engullidas por células procariotas

1 Procariota ancestral
Una célula procariótica anaeróbica (que vive sin oxígeno) ancestral tiene su propio ADN y citoplasma, que están rodeados por una membrana plasmática.

2 Se forma el retículo endoplasmático
La membrana plasmática de la célula se pliega sobre sí misma, dando lugar a nuevos componentes dentro de la célula, como un núcleo y un retículo endoplasmático.

3 Consumir bacterias
Algunas células procarióticas anaeróbicas fagocitan bacterias aeróbicas más pequeñas, que, en lugar de ser digeridas, viven dentro de su huésped y se convierten en mitocondrias.

Endosimbiosis

Los eucariotas evolucionaron cuando las primeras células procariotas engulleron a las bacterias. Las bacterias engullidas permitieron a sus huéspedes utilizar oxígeno para liberar energía almacenada en nutrientes por primera vez, y los huéspedes protegieron a las bacterias.

LA **CÉLULA ÚNICA** DEL ALGA ACUÁTICA *CAULERPA TAXIFOLIA* ALCANZA **LOS 30 CM** DE LARGO

Tipos de eucariotas

Los eucariotas son un grupo muy diverso que abarca desde los protistas unicelulares (pp. 126-127) hasta las gigantescas ballenas azules. Tradicionalmente se considera que comprende cuatro reinos: animales, plantas, hongos y protistas. Los protistas son un grupo diverso y algunos están más estrechamente relacionados con miembros de otros reinos que con otros protistas. Su diversidad es tal que podrían clasificarse en varios grupos a nivel de reino.

TIPO		CARACTERÍSTICAS CLAVE
	Protistas	La mayoría de los protistas (pero no todos) son unicelulares. Sus células tienen un núcleo y otros orgánulos rodeados de membranas. Los protistas obtienen alimento ingiriendo o engullendo bacterias y otras partículas pequeñas.
	Hongos	La mayoría de los hongos son multicelulares y sus células tienen pared. Se reproducen mediante esporas, sexual o asexualmente. Los hongos carecen de clorofila, por lo que no pueden realizar la fotosíntesis.
	Plantas	Las plantas son multicelulares y sus células tienen pared. Casi todas producen su propio alimento mediante fotosíntesis. La mayoría se reproduce sexualmente, con órganos reproductores masculinos y femeninos en la misma planta o en plantas diferentes.
	Animales	Los animales son multicelulares, pero carecen de paredes celulares. Generalmente obtienen energía al digerir otros organismos o sus productos. Los animales se reproducen sexual o asexualmente.

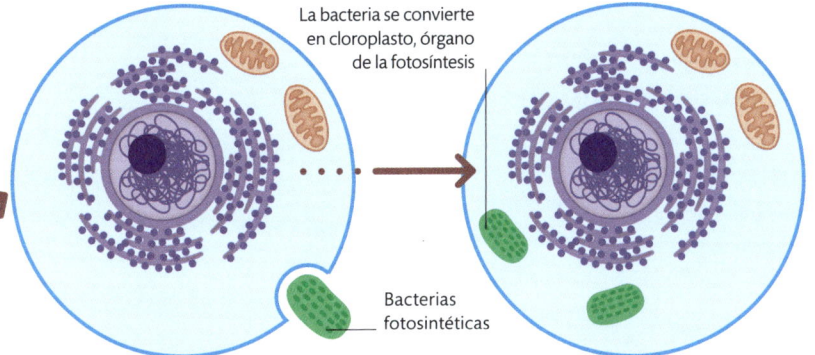

La bacteria se convierte en cloroplasto, órgano de la fotosíntesis

Bacterias fotosintéticas

4 Añadir la fotosíntesis
Algunas células fagocitan bacterias fotosintéticas, que viven en su huésped y, con el tiempo, se convierten en cloroplastos.

5 Célula vegetal moderna
Una célula vegetal tiene mitocondrias y cloroplastos, lo que le permite realizar tanto la respiración celular como la fotosíntesis.

¿TIENEN LOS EUCARIOTAS VENTAJAS SOBRE LOS PROCARIOTAS?

Sí, las células eucariotas pueden organizarse en organismos multicelulares complejos, algo que las células procarióticas no pueden hacer.

Las mitocondrias utilizan oxígeno para liberar energía para la célula a partir de los nutrientes ingeridos

4 Célula heterótrofa
Las células de los animales y los hongos son heterótrofas, es decir, que no pueden producir su propio alimento y tienen que ingerir nutrientes.

EVIDENCIA FÓSIL DE EUCARIOTAS

Rastrear el origen de los eucariotas en el registro fósil es difícil. Los fósiles de *Grypania espiralis*, que datan de hace unos 2100 millones de años, son los candidatos más antiguos, pero los científicos no están seguros de qué tipo de organismos eran realmente. Pudieron ser algas eucariotas, bacterias gigantes o colonias de bacterias.

Aproximadamente 1 cm de ancho

FOSIL DE *GRYPANIA SPIRALIS*

Radiolarios

Estos organismos unicelulares, en su mayoría marinos y generalmente inmóviles, tienen delicados esqueletos internos de sílice y a menudo exhiben simetría radial. Su blanda anatomía se divide en una cápsula central y una extracápsula, separadas por una pared capsular central. Los radiolarios obtienen energía capturando pequeño plancton con pseudópodos (ver página opuesta), aunque algunos también tienen relaciones simbióticas con algas fotosintéticas.

Simetría radial

Muchos radiolarios parecen joyas en miniatura. Llamados así por la simetría radial de muchas especies, algunos tienen espinas radiales de sílice que aumentan la resistencia en el agua. Los radiolarios más grandes tienen 2 mm de diámetro.

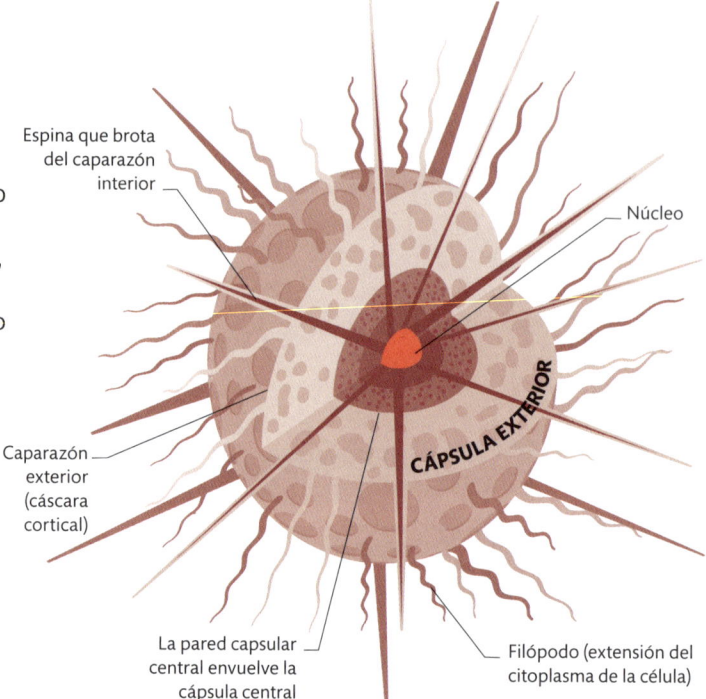

Espina que brota del caparazón interior

Núcleo

Caparazón exterior (cáscara cortical)

CÁPSULA EXTERIOR

La pared capsular central envuelve la cápsula central

Filópodo (extensión del citoplasma de la célula)

Protistas

El término protista agrupa a eucariotas que no pertenecen al reino de los animales, las plantas o los hongos. En su mayoría organismos unicelulares, los protistas tienen una amplia gama de estructuras y ciclos de vida.

PSEUDÓPODO VIENE DEL **GRIEGO** Y SIGNIFICA «FALSO PIE»

PRINCIPALES GRUPOS DE PROTISTAS			

Aunque casi todos los protistas son unicelulares, muchos tienen las células más complejas de todas, con orgánulos (en lugar de órganos ulticelulares) que llevan a cabo funciones biológicas. Los protistas exhiben una amplia variedad de comportamientos alimentarios, locomotrices y reproductivos. La fisión es una forma de reproducción asexual por la que un cuerpo se divide en dos (binaria) o más (múltiple) copias de sí mismo.

Grupo	Nutrición	Reproducción	Locomoción
Radiolarios	Consume zooplancton, fitoplancton y bacterias	Fisión binaria, fisión múltiple o gemación (p. 81)	Generalmente inertes, flotan en las corrientes de agua
Diatomeas	Suelen elaborar su propio alimento mediante la fotosíntesis	Principalmente fisión binaria; en algunas especies, reproducción sexual	Las especies inertes van a la deriva; las automotrices usan flagelos
Ciliados	Consumen bacterias y algas	Fisión binaria, gemación o sexual	Se mueven mediante cilios ondulantes
Dinoflagelados	Comen diatomeas y zooplancton	Fisión binaria o sexual	Se mueven mediante flagelos ondulantes
Euglenozoos	Fotosíntesis, parasitismo o consumo de otros organismos	Fisión binaria	Se mueven mediante flagelos ondulantes
Amebozoos	Alimentación por fagocitosis (ver página opuesta)	Fisión binaria o sexual	Se mueven con pseudópodos

¿QUÉ ENFERMEDADES CAUSAN LOS PROTISTAS?

Hay varias, entre ellas la malaria, la enfermedad del sueño, la enfermedad de Chagas, la giardiasis y la disentería amebiana.

Amebozoos

Los miembros de este grupo grande y diverso pueden cambiar de forma, generalmente extendiendo o retrayendo pseudópodos (proyecciones de la célula llenas de líquido). Algunos son depredadores y otros consumen detritos. Ingieren alimentos en un proceso llamado fagocitosis, en el que sus pseudópodos envuelven a sus presas vivas. Si bien la mayoría son unicelulares, los mohos mucilaginosos tienen una etapa de vida multicelular.

Fagocitosis
Los amebozoos envuelven su comida con pseudópodos. Luego, unos orgánulos llamados lisosomas liberan enzimas para descomponer el alimento.

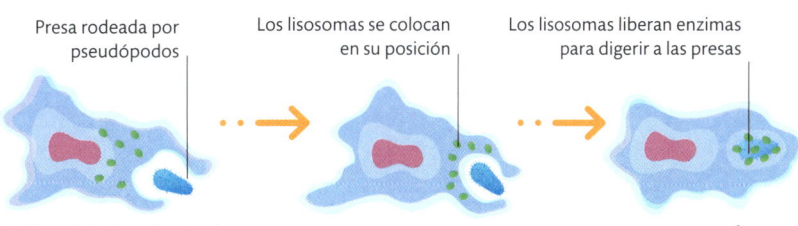

Presa rodeada por pseudópodos

Los lisosomas se colocan en su posición

Los lisosomas liberan enzimas para digerir a las presas

LA PRESA ES ENGULLIDA

LOS LISOSOMAS SE MUEVEN

DIGESTIÓN

Flagelados y ciliados

Dos grandes grupos de protistas utilizan orgánulos especializados –flagelos o cilios– para moverse y comer. Los cilios son una especie de pelos cortos y los flagelos son largos y en forma de látigo. En algún momento de su ciclo de vida, los protistas flagelados poseen uno o más flagelos. Se cree que los ciliados evolucionaron a partir de flagelados. Los cilios pueden cubrir su superficie o estar agrupados en unas pocas filas.

Doble núcleo
Los ciliados son organismos unicelulares que utilizan orgánulos cortos llamados cilios para nadar. Cada ciliado tiene uno o más de dos tipos de núcleos: macronúcleos y micronúcleos.

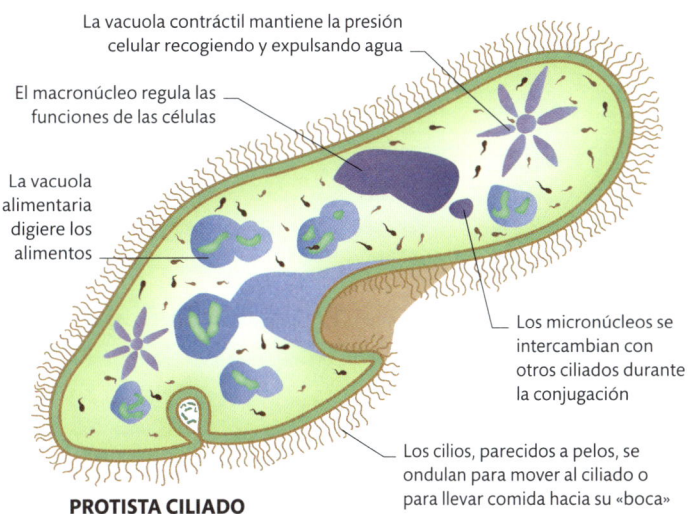

La vacuola contráctil mantiene la presión celular recogiendo y expulsando agua

El macronúcleo regula las funciones de las células

La vacuola alimentaria digiere los alimentos

Los micronúcleos se intercambian con otros ciliados durante la conjugación

Los cilios, parecidos a pelos, se ondulan para mover al ciliado o para llevar comida hacia su «boca»

PROTISTA CILIADO

CICLO DE LA MALARIA

Cuando un mosquito *Anopheles* infectado pica a una persona, transmite el protista *Plasmodium* en la fase vital de esporozoítos. Estos protistas migran a las células del hígado, donde se convierten en merozoítos. Estos entran al torrente sanguíneo, donde destruyen los glóbulos rojos.

Mosquito infectado → **1.ª persona infectada** → **Parásito en el hígado** → **Sangre infectada** → **Mosquito infectado** → **2.ª persona infectada**

Hongos

Desde las setas hasta los mohos y las levaduras, los hongos son, en su gran mayoría, organismos pluricelulares que absorben nutrientes y crecen en su alimento o a través de él. Esto los diferencia de las plantas, que fabrican su propio alimento por fotosíntesis, y de los animales, que lo ingieren.

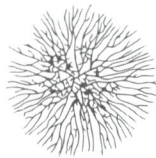

UN SOLO MICELIO QUE SE DESCUBRIÓ EN OREGÓN, ESTADOS UNIDOS, **PESABA UNOS 400 000 KG.**

PRINCIPALES TIPOS DE HONGOS

Hasta este siglo, los hongos se clasificaban según su forma y estructura. Más recientemente, el análisis del ADN ha puesto en tela de juicio las divisiones tradicionales, y el reino de los hongos se divide ahora en nueve subdivisiones (phyla). Aquí se enumeran cuatro de los principales phyla, junto con la agrupación Deuteromycota, que aún se está estudiando.

GRUPO	CARACTERÍSTICAS PRINCIPALES
Chytridiomycota	Incluye más de 750 especies. Son parásitos, descomponedores o viven en una relación simbiótica en el aparato digestivo de los animales. Una especie es la causante de una enfermedad mortal de los anfibios.
Glomeromycota	Muchas de las aproximadamente 230 especies de este grupo mantienen una relación simbiótica con las briofitas (ver p. 132) y las plantas terrestres, formando micorrizas en sus raíces.
Ascomycota	El grupo contiene más de 64 000 especies. Estos hongos poseen un ascus, estructura sexual en la que se producen las esporas. Están presentes en el 98 % de los líquenes.
Basidiomycota	Este grupo está formado por unas 32 000 especies. Estos hongos incluyen los cuerpos fructíferos de las setas, los políporos, los falos hediondos y los hongos polvera.
Deuteromycota	Se trata de un grupo de 25 000 hongos «imperfectos», llamados así porque no se ha visto su forma sexual de reproducción. El más conocido es *Penicillium*.

CICLO DE VIDA DE UN HONGO MICORRÍCICO

1 **Cuerpo fructífero maduro**
El cuerpo fructífero maduro de un hongo produce esporas, que son liberadas y transportadas por el viento, el agua o los animales. Una vez liberadas las esporas, el cuerpo fructífero comienza a descomponerse.

Las láminas son finas placas verticales que producen esporas

4 **Cuerpo fructífero joven**
En el micelio se forman pequeños nudos hifales que crecen hasta ser cuerpos fructíferos en miniatura. Algunos se convierten en cuerpos fructíferos jóvenes, mientras que otros ya no crecen más.

SOMBRERO

El cuerpo fructífero joven emerge de la superficie

TALLO

ESTRUCTURA DE UNA HIFA

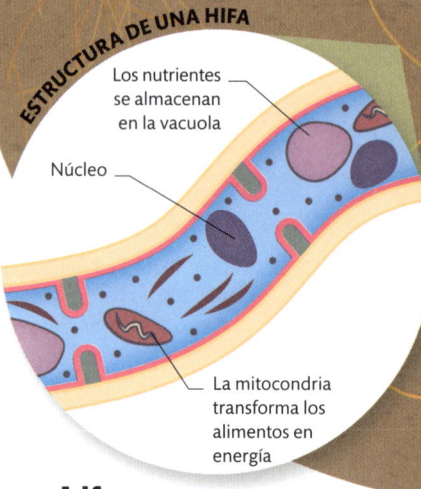

Los nutrientes se almacenan en la vacuola

Núcleo

3 **Micelio**
Los finos hilos de hifas del micelio consumen la materia orgánica de su entorno. Si se dan las condiciones óptimas, el hongo produce un cuerpo fructífero.

La mitocondria transforma los alimentos en energía

Células fúngicas e hifas

Salvo las levaduras, los hongos son pluricelulares. La mayoría crecen en unos filamentos llamados hifas. Las hifas fúngicas forman una masa llamada micelio, que crece a través del material del que se alimenta el hongo. Algunos hongos tienen hifas especializadas llamadas haustorios, que les permiten intercambiar nutrientes con sus huéspedes. Estos hongos micorrícicos son fundamentales para la salud de los ecosistemas.

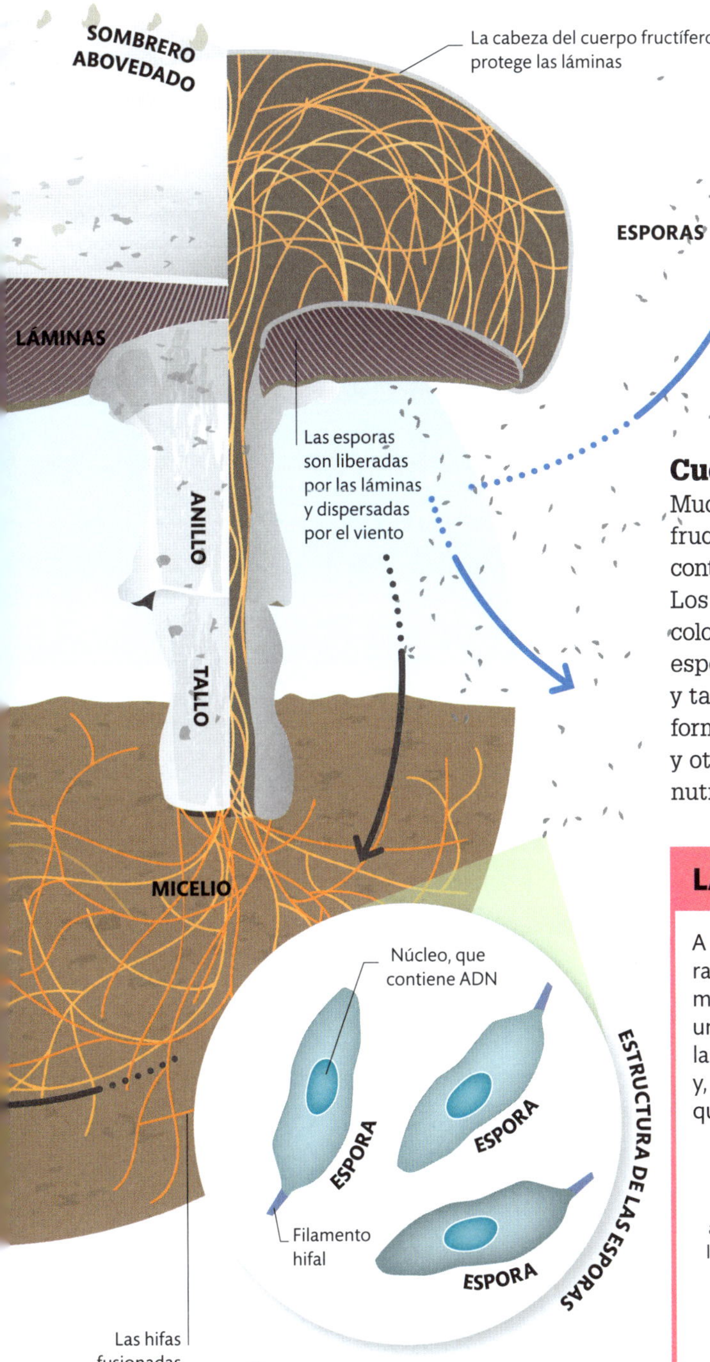

SOMBRERO
ABOVEDADO

La cabeza del cuerpo fructífero
protege las láminas

ESPORAS

LÁMINAS

ANILLO

TALLO

Las esporas
son liberadas
por las láminas
y dispersadas
por el viento

MICELIO

Las hifas
fusionadas
forman el
micelio

ESTRUCTURA DE LAS ESPORAS

Núcleo, que
contiene ADN

ESPORA

ESPORA

ESPORA

Filamento
hifal

2 Esporas

Las esporas que caen donde hay la
suficiente humedad y alimento germinan y
forman hifas. Cuando las hifas de una espora
se encuentran con las de otra, se combinan y
forman una masa de hifas, llamada micelio.

¿QUÉ SON LOS LÍQUENES?

Son unas asociaciones
simbióticas entre organismos
fotosintéticos diminutos (algas,
en general) y un hongo, en
las que los primeros se
mantienen en una masa
de hifas fúngicas.

Cuerpo fructífero

Muchos hongos producen un esporocarpo, o un cuerpo
fructífero, que es la fase de reproducción sexual. Este
contiene esporas que permiten a los hongos reproducirse.
Los cuerpos fructíferos varían mucho en forma, tamaño,
color, longevidad, olor y mecanismo de dispersión de las
esporas. Algunos de los más conocidos tienen sombrero
y tallo. Muchos aparecen solos, y otros se agrupan o
forman anillos. Los de los políporos pueden durar años,
y otros, solo unos días. Los cuerpos fructíferos, muy
nutritivos, suelen ser ingeridos por los animales.

LA RED DEL BOSQUE

A medida que las hifas fúngicas se extienden, se unen a las
raíces de las plantas, creando redes conocidas como redes
micorrícicas, o una «red del bosque». Esto permite que haya
un intercambio de sustancias químicas entre los hongos y
las plantas. Estas aportan hidratos de carbono y vitaminas,
y, a cambio, reciben de los hongos el agua y los minerales
que estos absorben del suelo, así como materia orgánica.

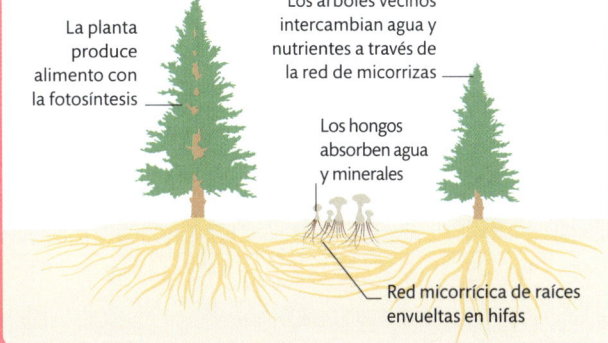

La planta
produce
alimento con
la fotosíntesis

Los árboles vecinos
intercambian agua y
nutrientes a través de
la red de micorrizas

Los hongos
absorben agua
y minerales

Red micorrícica de raíces
envueltas en hifas

Algas

Algas es como se conoce a una amplia gama de organismos fotosintetizadores que viven en el mar o en agua dulce. Todas las algas son eucariotas (su célula tiene núcleo, no como las bacterias). Muchas son unicelulares y microscópicas; otras, como las macroalgas, más grandes y complejas.

La escorrentía de nutrientes de la tierra puede estimular el crecimiento excesivo de algas, lo que lleva a floraciones tóxicas

Cierta cantidad de CO_2 es devuelta a la atmósfera

El oxígeno producido por la fotosíntesis de las algas se libera a la atmósfera

CO₂

OXÍGENO

El CO_2 atmosférico se disuelve en el agua

Fitoplancton

El fitoplancton son algas unicelulares (o microalgas). La mayoría de las especies son marinas, aunque algunas viven en agua dulce. Pueden flotar libremente o formar grandes colonias. Aunque el fitoplancton individual es microscópico, cuando miles de millones se unen para formar floraciones, pueden tener cientos de kilómetros de diámetro, tanto como para verse desde el espacio. Las algas son cruciales tanto para los ecosistemas como para los seres humanos. Proporcionan oxígeno, alimento, combustible (el aceite proviene de la descomposición de algas antiguas) y medicinas, y absorben gran cantidad de carbono. El fitoplancton forma la base de la red alimentaria marina, y todos los organismos marinos dependen de él.

El carbono que no se usa en la fotosíntesis se disuelve

ESCORRENTÍA DE NUTRIENTES

FITOPLANCTON

2 **Absorción de carbono**
El zooplancton (conjunto de animales microscópicos) consume fitoplancton, los peces consumen zooplancton y así sucesivamente. De esta manera, el carbono asciende por la cadena alimentaria.

Parte del carbono se almacena en el agua de mar como CO_2 disuelto.

CARBONO ORGÁNICO DISUELTO

DESCOMPOSICIÓN

¿ALGA O PLANTA ACUÁTICA

Aunque las plantas terrestres evolucionaron a partir de algas, algunas plantas con flores (p. 132) han vuelto a vivir en el agua. En algunos estanques, las macroalgas conviven con las plantas acuáticas. Las hierbas marinas no son algas, sino plantas, con flores, semillas, floema y xilema.

Nuevas plantas creadas por reproducción sexual (con flores) o asexualmente, como clones

Hoja

Flor

Sistema de raíces

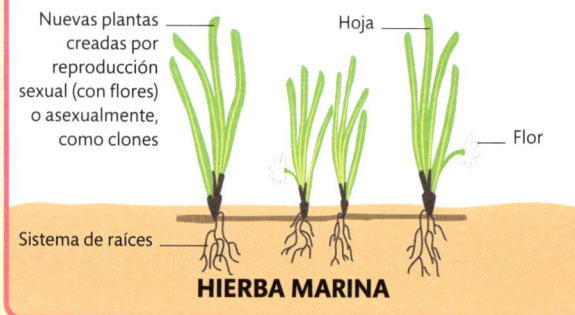

HIERBA MARINA

¿VIVEN TODAS EN EL AGUA?

No, algunas algas verdes unicelulares crecen en lugares húmedos de la tierra, como troncos de árboles, el suelo, rocas o ladrillos húmedos e incluso la piel de algunos animales.

SOL

La bomba de carbono

Los océanos desempeñan un papel importante en el ciclo del carbono y son el mayor almacén mundial de carbono. En un fenómeno llamado bomba de carbono, el fitoplancton extrae dióxido de carbono de la atmósfera y lo usa en el metabolismo o para producir compuestos orgánicos. Incluso pequeños cambios en este proceso pueden afectar a los niveles de CO_2 atmosférico y, por lo tanto, al clima.

1 Fotosíntesis

El fitoplancton realiza la fotosíntesis en las aguas superficiales iluminadas por el sol, utilizando dióxido de carbono (CO_2) atmosférico disuelto. Es el productor primario de la cadena alimentaria.

SE ALIMENTAN

ZOOPLANCTON

PARTÍCULAS QUE SE HUNDEN

NUTRIENTES Y CO_2

4 Surgencia

El CO_2 y los nutrientes de la descomposición vuelven a las aguas superficiales en corrientes ascendentes de agua fría y rica en nutrientes, llamadas afloramientos. Parte del CO_2 se devuelve a la atmósfera.

3 Descomposición

Al morir, los organismos marinos mueren, caen al fondo marino y son descompuestos por bacterias. La respiración bacteriana libera el carbono almacenado en su cuerpo en forma de CO_2.

FLUJO DE CARBONO DEL OCÉANO PROFUNDO

Parte del carbono permanece almacenado en las profundidades del océano y del fondo marino

Macroalgas marinas

Las algas marinas son grandes y multicelulares. Se dividen en tres grupos: algas verdes, rojas y marrones, pues usan diferentes pigmentos fotosintéticos que les dan color. Como las plantas, las algas marinas son autótrofas (producen su propio alimento), pero carecen de xilema, floema y estomas. En lugar de raíces, tallos y hojas, tienen anclajes, estípites y láminas. Algunas tienen flotadores para poder alcanzar la luz. Al carecer de flores y semillas, las algas se reproducen mediante esporas.

Las láminas realizan la fotosíntesis

Algas costeras

La mayoría de las algas crecen en aguas costeras poco profundas y a lo largo de costas rocosas, donde deben resistir largos períodos fuera del agua.

El anclaje sujeta el alga al lecho marino

Alga marina individual (fronda)

Estípite

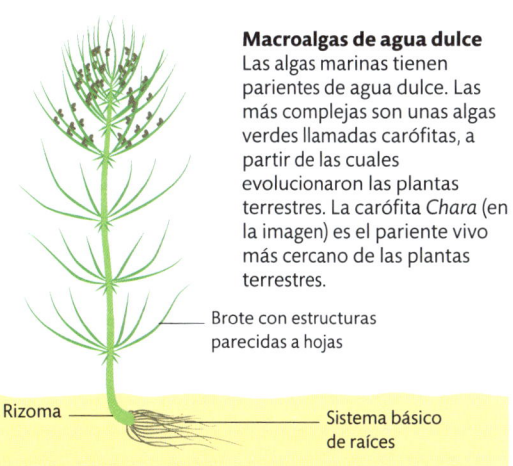

Macroalgas de agua dulce

Las algas marinas tienen parientes de agua dulce. Las más complejas son unas algas verdes llamadas carófitas, a partir de las cuales evolucionaron las plantas terrestres. La carófita *Chara* (en la imagen) es el pariente vivo más cercano de las plantas terrestres.

Brote con estructuras parecidas a hojas

Rizoma

Sistema básico de raíces

EL 80 % DEL OXÍGENO DE LA TIERRA SE PRODUCE EN EL OCÉANO

Plantas

Las plantas, que están principalmente en tierra firme, son organismos multicelulares que suelen contener el pigmento clorofila. En general, crecen en una posición permanente, absorben agua y minerales a través de sus raíces y producen nutrientes mediante fotosíntesis.

Licófitos y pteridófitos (plantas vasculares sin semillas)
Estas fueron las primeras plantas con raíces verdaderas y con un sistema de transporte de xilema y floema (pp. 148-149). Aún se reproducían mediante esporas, y necesitaban un entorno húmedo, pero los sistemas vasculares les permitían alcanzar una gran altura y desarrollar hojas grandes, especialmente los helechos.

Las plantas terrestres evolucionan
Las plantas controlan la pérdida de agua para adaptarse a la vida en tierra y, luego, desarrollan raíces para extraer nutrientes de las rocas y crear suelos.

HACE 490 MILLONES DE AÑOS

Las hojas absorben agua del aire

Los rizoides dan anclaje

TIEMPO

LICOPODIOS

HELECHOS

COLAS DE CABALLO

La hoja grande de helecho (fronda) transporta esporas

HACE 450 MILLONES DE AÑOS

HEPÁTICAS

MUSGOS

ANTOCEROS

Todas las plantas terrestres descienden de un alga verde de agua dulce de hace unos 510 millones de años

Briófitos (plantas no vasculares)
Las primeras plantas terrestres eran plantas no vasculares de bajo crecimiento, lo que significa que no tenían un sistema de transporte de agua y nutrientes. Se reproducían mediante esporas parecidas a polvo y estaban limitadas a zonas húmedas.

Las plantas terrestres desarrollan tejido vascular para transportar alimentos y nutrientes

Plantas sin flores

La colonización de la tierra firme por las plantas hace 500 millones de años fue uno de los hitos más importantes de la historia. Las primeras plantas terrestres no tenían flores. Las más primitivas, como musgos y helechos, tampoco tenían semillas, sino que se reproducían por esporas propagadas en el agua o el viento. Las gimnospermas fueron las primeras en tener granos de polen y semillas. Ya no dependían del agua para reproducirse, por lo que pudieron colonizar nuevas áreas.

¿CUÁNTAS ESPECIES DE PLANTAS EXISTEN?

Se estima que existen unas 450 000 especies de plantas. Se han descubierto y nombrado unas 382 000. Alrededor del 40 por ciento están en riesgo de extinción.

Las plantas vasculares se reproducen por semillas

HACE 320 MILLONES DE AÑOS

Semillas contenidas en cono leñoso

Hojas estrechas ideales en climas fríos

CONIFERAS

CÍCADAS

GINKGOS

Gimnospermas (plantas vasculares con semillas)

Estas fueron las primeras plantas con semillas. Producían polen y tenían semillas desnudas (no contenidas en ovarios). Las gimnospermas modernas están dominadas por las coníferas (árboles leñosos como el pino y el abeto), con unas 600 especies.

Plantas con flores

El desarrollo de flores y frutos hizo que las angiospermas tuvieran un gran éxito, lo que llevó a la diversificación de unas 370 000 especies que colonizaron todos los hábitats de la Tierra, salvo los más extremos. Las angiospermas son la gran mayoría de las especies de plantas en la actualidad y dominan casi todos los ecosistemas terrestres. Adoptan una gran variedad de formas, desde árboles hasta hierbas, y han formado relaciones simbióticas con los animales mediante la polinización.

Angiospermas (plantas con flores)

Tras la evolución de las gimnospermas vino la enorme innovación evolutiva de las flores y los frutos (ovarios maduros). Las plantas con flores se llaman angiospermas. Las semillas de angiospermas están dentro de los frutos.

MONOCOTILEDÓNEAS

DICOTILEDÓNEAS

MONOCOTILEDÓNEAS Y DICOTILEDÓNEAS

Las plantas con flores se dividen en dicotiledóneas (70 %) y monocotiledóneas (30 %). Las dicotiledóneas son más numerosas y diversas, y las monocotiledóneas incluyen algunas de las plantas más grandes y la mayoría de los cultivos básicos.

MONOCOTILEDÓNEAS	DICOTILEDÓNEAS
La semilla tiene un cotiledón (una hoja embrionaria).	La semilla tiene dos cotiledones.
Las nervaduras de la hoja suelen ser paralelas.	Las nervaduras de la hoja suelen formar una red ramificada.
Los haces vasculares se encuentran dispersos por todo el tallo.	Los haces vasculares están dispuestos en anillo.
Las raíces suelen ser fibrosas (sin raíz central principal).	Generalmente hay una raíz principal de la que se ramifica el resto del sistema de raíces.
Las partes de las flores (como los pétalos y los estambres) suelen estar en múltiplos de tres.	Las partes de las flores suelen estar en múltiplos de cuatro o cinco.

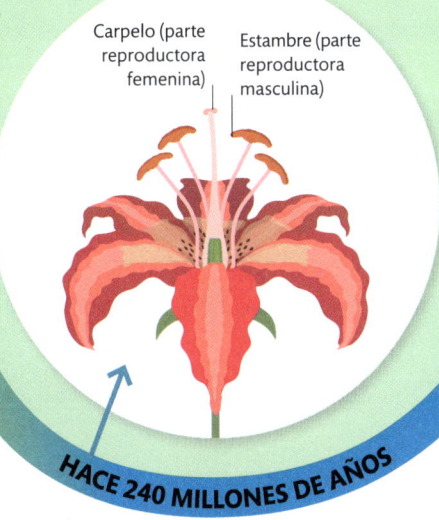

Carpelo (parte reproductora femenina)

Estambre (parte reproductora masculina)

HACE 240 MILLONES DE AÑOS

EL ÁRBOL INDIVIDUAL **MÁS VIEJO** TIENE MÁS DE **5000 AÑOS**

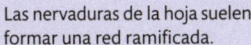

Invertebrados

La mayoría de los animales son invertebrados, es decir, organismos multicelulares que carecen de columna vertebral. Se han descrito 1,3 millones de especies, pero se siguen haciendo descubrimientos, nuevos por lo que es probable que el total sea mucho mayor.

Tipos de invertebrados

El grupo de los invertebrados es un conjunto de conveniencia. Algunos tipos de invertebrados están más relacionados con los vertebrados que con otros invertebrados. Viven en casi todos los hábitats de la Tierra, desde la Antártida hasta los respiraderos hidrotermales del océano. Esta variedad exhibe una enorme variedad de estilos de vida y formas corporales.

SE ESTIMA QUE EN TORNO AL **97% DE LOS ANIMALES SON INVERTEBRADOS**

PRINCIPALES GRUPOS DE INVERTEBRADOS

Hay 30 filos de invertebrados (un filo es una división importante de un reino). Algunos de los más grandes e interesantes se enumeran a continuación. Con diferencia, el grupo más grande es el filo *Arthropoda*, que incluye todos los insectos y arañas y representa más de tres de cada cuatro especies de animales conocidas.

GRUPO (ESPECIES)	TAXONOMÍA	CARACTERÍSTICAS
Insectos Más de un millón	Filo: *Arthropoda* Clase: *Insecta*	Tres pares de patas; antenas; cuerpo en tres partes: cabeza, tórax y abdomen
Arácnidos Más de 100 000	Filo: *Arthropoda* Clase: *Arachnida*	Cuatro pares de patas; sin alas ni antenas; cabeza y tórax fusionados
Crustáceos 67 000	Filo: *Arthropoda* Subfilo: *Crustacea*	Exoesqueleto o caparazón flexible; dos pares de antenas
Moluscos 85 000	Filo: *Mollusca*	El cuerpo tiene cabeza, pie musculoso y manto (que puede secretar un caparazón)
Erizos de mar 7000	Filo: *Echinodermata*	Radialmente simétricos; piel espinosa; exclusivamente marinos
Gusanos anélidos Más de 15 000	Filo: *Annelida*	Cuerpo segmentado; respiran a través de la superficie del cuerpo

Libélula

Las libélulas, al igual que otros insectos, tienen seis patas y un cuerpo dividido en tres secciones: cabeza, tórax y abdomen. Mientras que las libélulas tienen cuatro alas, las moscas solo tienen dos y muchos insectos no tienen ninguna.

El abdomen tiene 10 segmentos

Grandes ojos compuestos

Pinzas, que se usan durante el apareamiento

Plan corporal

La mayoría de los invertebrados se mueven con patas o alas articuladas, o ambas, aunque algunos apenas pueden moverse. El sistema digestivo de algunos grupos tiene una sola abertura que actúa como boca y ano; otros tienen dos aberturas separadas. Y aunque algunos solo tienen una red simple de nervios, la mayoría tiene cerebro y órganos sensoriales (p. 165).

Las cuatro alas brindan mayor maniobrabilidad que las dos alas de otros insectos

Tórax

Seis patas

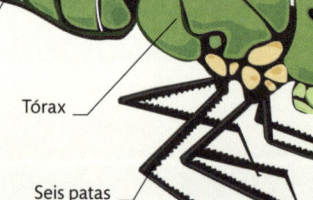

Crecimiento y desarrollo

Aunque los cuerpos de todos los invertebrados cambian a medida que crecen, en algunos grupos (como las arañas) los juveniles parecen adultos en miniatura. Las transformaciones son mucho más dramáticas en otros grupos. Por ejemplo, los insectos sufren una metamorfosis incompleta o completa. Esta última implica pasar de huevo a larva, a pupa y finalmente a adulto. En la metamorfosis incompleta, el insecto pasa de huevo a ninfa antes de convertirse en adulto.

INVERTEBRADOS COLONIALES

Algunos invertebrados marinos, como los corales y las esponjas, viven en grandes grupos llamados colonias. Una colonia de coral está formada por pólipos, que son sedentarios durante la mayor parte de su ciclo de vida.

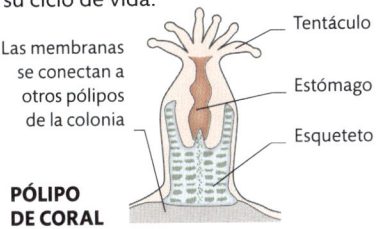

Las membranas se conectan a otros pólipos de la colonia

Tentáculo

Estómago

Esqueleto

PÓLIPO DE CORAL

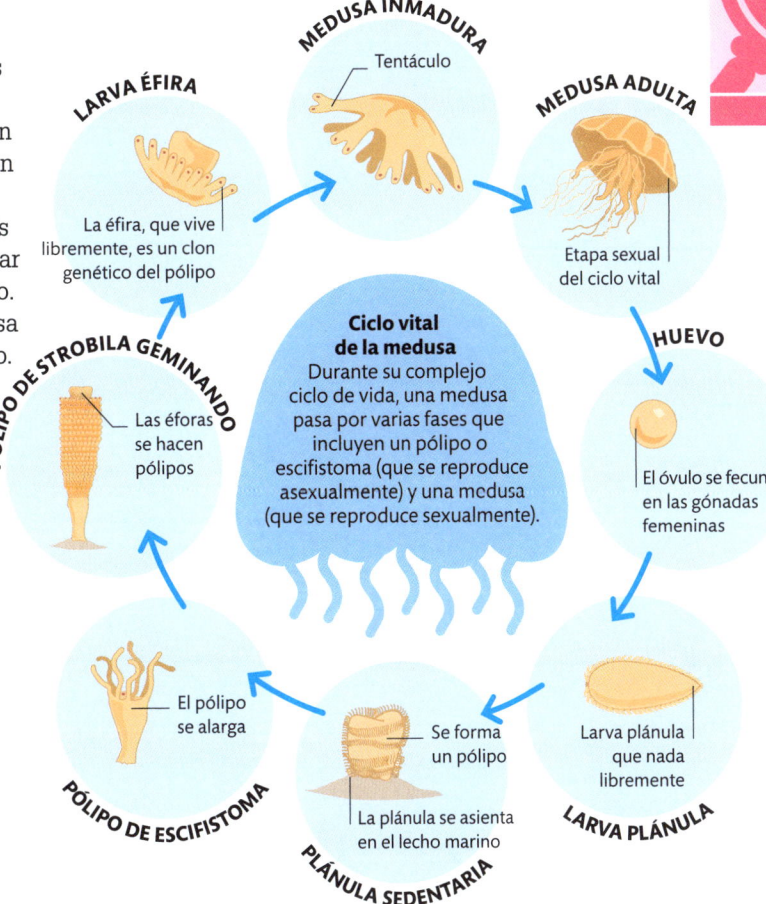

LARVA ÉFIRA
La éfira, que vive libremente, es un clon genético del pólipo

MEDUSA INMADURA
Tentáculo

MEDUSA ADULTA
Etapa sexual del ciclo vital

HUEVO
El óvulo se fecunda en las gónadas femeninas

Ciclo vital de la medusa
Durante su complejo ciclo de vida, una medusa pasa por varias fases que incluyen un pólipo o escifistoma (que se reproduce asexualmente) y una medusa (que se reproduce sexualmente).

PÓLIPO DE STROBILA GEMINANDO
Las éforas se hacen pólipos

PÓLIPO DE ESCIFISTOMA
El pólipo se alarga

PLÁNULA SEDENTARIA
Se forma un pólipo
La plánula se asienta en el lecho marino

LARVA PLÁNULA
Larva plánula que nada libremente

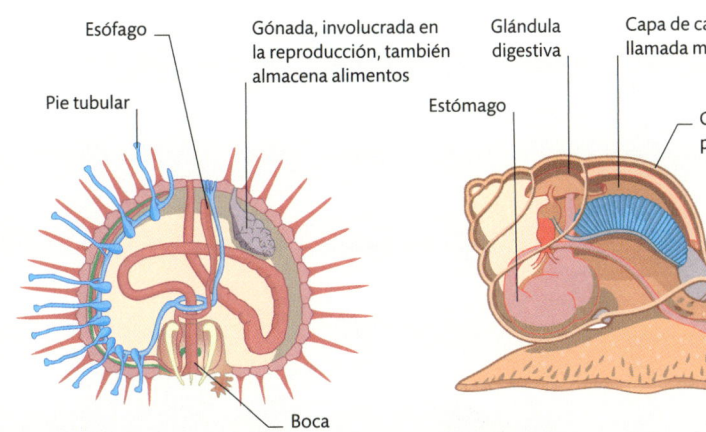

Esófago

Pie tubular

Gónada, involucrada en la reproducción, también almacena alimentos

Glándula digestiva

Estómago

Capa de carne y músculo llamada manto

Caparazón secretado por el manto

Pie

Boca

Erizo de mar
Los erizos de mar carecen de brazos, pero tienen cinco filas de patas tubulares con las que se mueven lentamente. Las espinas largas les dan protección y les ayudan a moverse.

Molusco
El 75 % de los moluscos son gasterópodos. Los gasterópodos suelen tener un pie grande con una planta plana, un caparazón protector y una cabeza con un par de ojos y tentáculos.

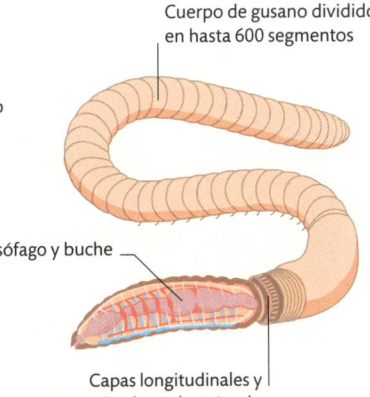

Cuerpo de gusano dividido en hasta 600 segmentos

Esófago y buche

Capas longitudinales y circulares de músculo

Gusano
Los segmentos de los gusanos anélidos están rodeados por un músculo longitudinal cubierto de músculo circular. Se mueve con una contracción coordinada de los músculos.

Vertebrados

Casi todos los vertebrados tienen un esqueleto interno con una columna vertebral y un cráneo. Este grupo recibe su nombre de la cadena de huesos (vértebras) que forman la columna.

Cordados y vertebrados

Los vertebrados evolucionaron a partir de los cordados, cuyos fósiles más antiguos datan de hace 530 millones de años. Si bien todos los cordados tienen una notocorda, una varilla flexible que recorre todo el cuerpo, en los vertebrados esta es reemplazada por la columna vertebral. Los primeros vertebrados fueron peces sin mandíbulas de hace unos 518 millones de años. Los vertebrados siguieron siendo organismos acuáticos durante casi 150 millones de años, hasta que la evolución de las extremidades de un grupo de peces preparó el camino para la colonización de la tierra. Los vertebrados terrestres se diversificaron en anfibios, reptiles (como los antepasados de los dinosaurios y las aves) y mamíferos.

¿QUÉ VERTEBRADO ES EL MÁS COMÚN?

Se cree que unos diminutos peces de aguas profundas llamados gonostomátidos son los vertebrados más abundantes de la Tierra

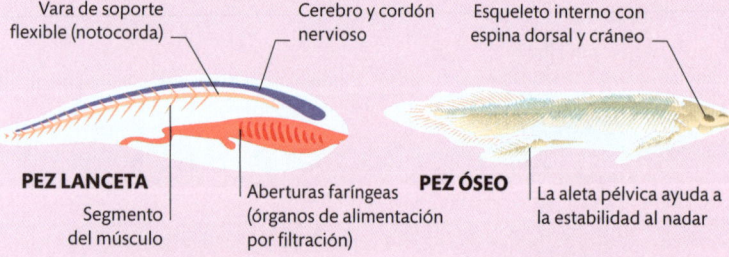

Vara de soporte flexible (notocorda)

Cerebro y cordón nervioso

Esqueleto interno con espina dorsal y cráneo

PEZ LANCETA

Segmento del músculo

Aberturas faríngeas (órganos de alimentación por filtración)

PEZ ÓSEO

La aleta pélvica ayuda a la estabilidad al nadar

Cordados

Todos los cordados tienen una notocorda y un cordón nervioso hueco. Los cordados se clasifican en tres grupos: vertebrados, tunicados (ascidias y sus parientes cercanos) y cefalocordados (peces lanceta).

Vertebrados

Los vertebrados tienen una espina dorsal con vértebras, excepto los mixinos, que solo tienen una notocorda primitiva. La boca de un vertebrado está en el extremo frontal del animal y el ano está justo antes del extremo posterior del cuerpo.

EL **VERTEBRADO MÁS PEQUEÑO**, LA RANA *PAEDOPHRYNE AMAUENSIS*, MIDE 7 MM

EL TETRÁPODO EVOLUCIONA

La evidencia más antigua de vertebrados de cuatro extremidades (tetrápodos) son unas huellas que datan de hace 390 millones de años. Evolucionaron de peces con aletas lobuladas que vivían en aguas poco profundas. Los primeros tenían patas, pulmones y branquias, pero seguían siendo acuáticos.

Vive en pantanos y sus aletas son lo bastante fuertes para sostener su cuerpo en tierra

TIKTAALIK

Mayoritariamente acuático, pero con patas capaces de caminar en tierra

ACANTHOSTEGA

Anfibio con cuatro largas extremidades

ERYOPS

AVES

Las aves evolucionaron a partir de los dinosaurios hace unos 160 millones de años. Tienen plumas, ponen huevos de cáscara dura y la mayoría de las especies son capaces de vuelo autoimpulsado.

REPTILES

Los primeros reptiles datan de hace 320-310 millones de años. Los reptiles tienen escamas y son sobre todo terrestres. La mayoría de las especies ponen huevos, pero algunas especies dan a luz crías vivas.

Tipos de vertebrados

Los vertebrados se dividen en siete grupos: los peces óseos, cartilaginosos y sin mandíbulas, totalmente acuáticos; los anfibios, parcialmente acuáticos, y los reptiles, los mamíferos y las aves, en su mayoría terrestres. Los mamíferos y las aves son endotermos (sangre caliente), y mantienen la temperatura corporal generando calor. Otros vertebrados son ectotermos (sangre fría) y dependen de fuentes de calor externas.

MAMÍFEROS

Los mamíferos evolucionaron a partir de reptiles primitivos hace más de 300 millones de años. Tienen pelo, alimentan a sus crías con leche y dan a luz crías vivas.

PECES ÓSEOS

Los peces óseos aparecieron hace unos 425 millones de años. Tienen un esqueleto óseo, están cubiertos de escamas y tienen un par de aberturas branquiales. Los peces óseos modernos tienen aletas radiadas o lobuladas.

ANFIBIOS

Evolucionaron de peces con aletas lobuladas hace 370 millones de años. No tienen escamas y son en parte terrestres, pero la mayoría ponen sus huevos en el agua o cerca de ella. Entre las especies modernas están ranas y tritones.

PECES CARTILAGINOSOS

Los primeros peces cartilaginosos datan de hace 430 millones de años. Tienen un esqueleto de cartílago relativamente blando y flexible. Entre las especies modernas están las rayas y los tiburones.

PECES SIN MANDÍBULA

Los primeros peces sin mandíbula aparecieron hace 530 millones de años. Tienen un esqueleto formado por cartílago libre de colágeno. Entre los modernos peces sin mandíbula están las lampreas.

Adaptarse a la tierra firme
Los vertebrados son los animales más pesados que han caminado en la tierra. En el caso de mamíferos, reptiles y aves, el embrión crece dentro de una membrana impermeable llamada amnios. Esta adaptación permitió a los primeros tetrápodos evolucionar fuera del agua.

INVERTEBRADOS·····>

LAS

PLANTAS

Semillas

Las semillas se forman cuando los granos de polen fecundan los óvulos. La semilla protege el embrión de la planta hasta que germina. También puede permitir que el embrión sobreviva en condiciones frías o secas, o ayudar a su dispersión.

Estructura de las semillas

En las plantas con flores, las semillas se desarrollan en un ovario. Estas plantas se llaman angiospermas («semillas vestidas»). En las gimnospermas («semillas desnudas»), se sostienen por medio de escamas dentro de conos o piñas. La semilla contiene un embrión (planta en desarrollo) y un tejido rico en nutrientes que forma la reserva de alimentos del embrión. Estas estructuras están envueltas por un tegumento. En las angiospermas hay un proceso de doble fecundación para producir el embrión y la reserva de alimento, o endospermo. El embrión tiene una plúmula (brote), una radícula (raíz), una o dos hojas seminales (cotiledones) y las primeras hojas verdaderas. Las plantas monocotiledóneas tienen un cotiledón, y las dicotiledóneas, dos.

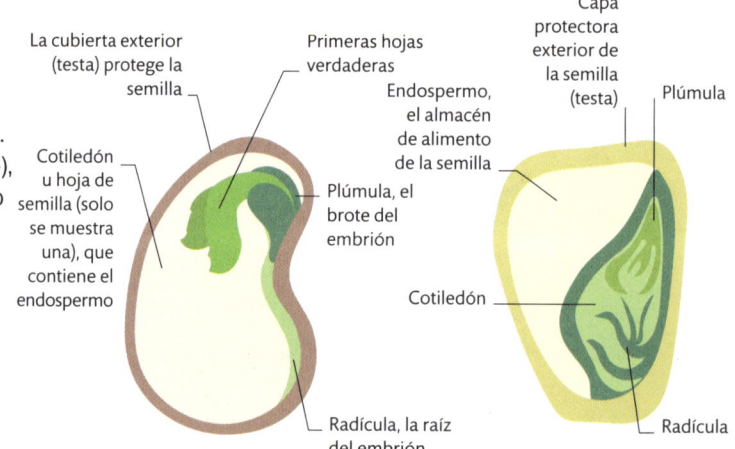

La cubierta exterior (testa) protege la semilla

Primeras hojas verdaderas

Cotiledón u hoja de semilla (solo se muestra una), que contiene el endospermo

Plúmula, el brote del embrión

Radícula, la raíz del embrión

Semilla de dicotiledónea
Las dicotiledóneas tienen dos cotiledones, que emergen como un par opuesto. El endospermo está contenido dentro de los cotiledones, por lo que estas primeras hojas son gruesas y redondeadas.

Capa protectora exterior de la semilla (testa)

Endospermo, el almacén de alimento de la semilla

Plúmula

Cotiledón

Radícula

Semilla de monocotiledónea
Las monocotiledóneas (las gramíneas o el trigo) tienen un solo cotiledón, y la plántula tiene una primera hoja vertical. El endospermo no está contenido en el cotiledón, por lo que la hoja es delgada.

Germinación y hormonas

La germinación es el proceso por el que la semilla rompe su letargo y emerge una planta embrionaria. Se necesita calor, humedad y oxígeno para que la semilla comience a metabolizar y la plántula empiece a crecer. El momento y el proceso de germinación están regulados por hormonas en la semilla. El ácido abscísico (ABA) mantiene latente la semilla, y las giberelinas desencadenan la germinación. Las auxinas estimulan los tropismos (respuesta a la gravedad y las fuentes de luz). Las altas concentraciones de auxinas en los brotes estimulan el crecimiento, mientras que en las raíces inhiben el crecimiento. El etileno también ayuda a estimular la germinación, mientras que las hormonas llamadas citoquininas estimulan el crecimiento y la división celular.

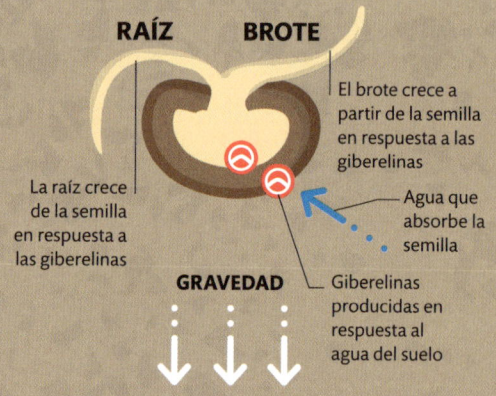

RAÍZ   BROTE

El brote crece a partir de la semilla en respuesta a las giberelinas

La raíz crece de la semilla en respuesta a las giberelinas

Agua que absorbe la semilla

GRAVEDAD

Giberelinas producidas en respuesta al agua del suelo

1 La semilla germina
Cuando una semilla absorbe agua del suelo, las giberelinas liberadas por el embrión hacen que rompa su letargo y comience a germinar. Las enzimas descomponen el almidón en el endospermo para liberar glucosa para obtener energía. Esto permite que primero la raíz y luego el brote crezcan y emerjan de la envoltura de la semilla.

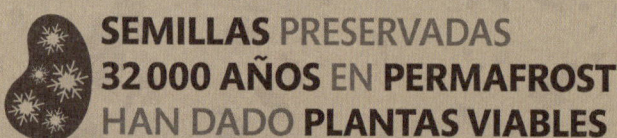

SEMILLAS PRESERVADAS **32 000 AÑOS** EN **PERMAFROST** HAN DADO **PLANTAS VIABLES**

SOL

LUZ

¿CUÁL ES LA SEMILLA MÁS GRANDE DEL MUNDO?

La palma coco de mar, de las Seychelles, produce las semillas más grandes del mundo. Una sola puede pesar hasta 25 kg y medir 50 cm de largo.

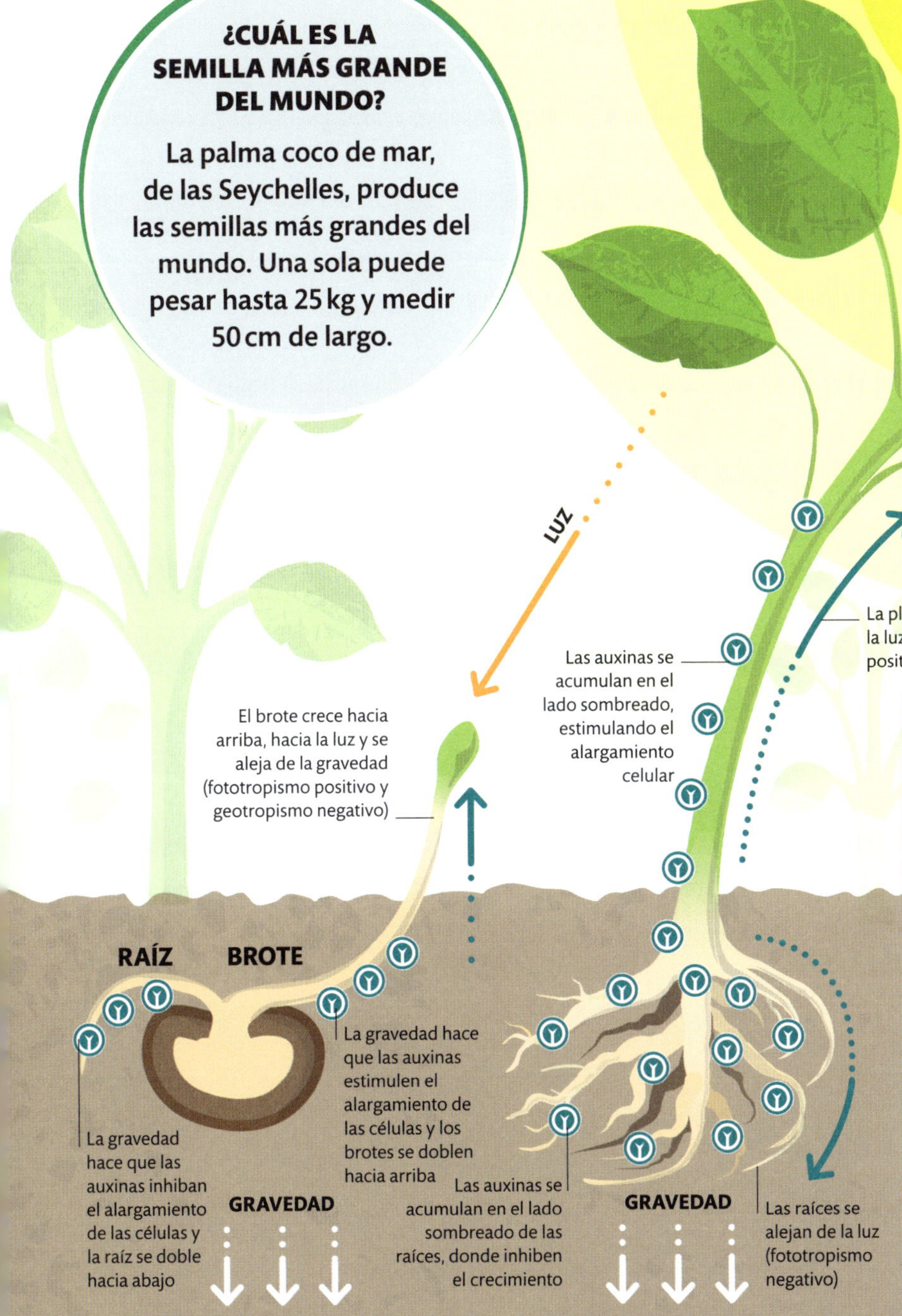

LUZ

La planta crece hacia la luz (fototropismo positivo)

Las auxinas se acumulan en el lado sombreado, estimulando el alargamiento celular

El brote crece hacia arriba, hacia la luz y se aleja de la gravedad (fototropismo positivo y geotropismo negativo)

HORMONAS VEGETALES

La planta depende de hormonas para germinar y para regular el crecimiento y las respuestas al medio ambiente a lo largo de su ciclo de vida. Las giberelinas, las auxinas y las citoquininas controlan el desarrollo del tallo y de botones y flores. Otras hormonas clave son el etileno, que rige la maduración del fruto, y el ácido abscísico, que controla la caída de las hojas en otoño.

RAÍZ **BROTE**

La gravedad hace que las auxinas estimulen el alargamiento de las células y los brotes se doblen hacia arriba

La gravedad hace que las auxinas inhiban el alargamiento de las células y la raíz se doble hacia abajo

GRAVEDAD

Las auxinas se acumulan en el lado sombreado de las raíces, donde inhiben el crecimiento

GRAVEDAD

Las raíces se alejan de la luz (fototropismo negativo)

La acumulación en las hojas de ácido abscísico provoca su caída

CAÍDA DE HOJAS

2 **Auxinas y gravedad**
La respuesta del crecimiento a la gravedad se llama geotropismo. Las auxinas acumuladas en la parte inferior inhiben el crecimiento celular y hacen que la raíz se doble hacia abajo. En el brote, su acumulación en el lado que mira al suelo hace alargar las células, y el brote se dobla hacia arriba.

3 **Auxina y luz**
La respuesta del crecimiento a la luz se llama fototropismo. Las auxinas se acumulan en partes de la planta que están a la sombra. En los brotes, las células del lado sombreado crecen más, y el brote se dobla hacia la luz. En las raíces, las auxinas tienen el efecto contrario, y las raíces se alejan de la luz.

Raíces

Las raíces anclan la planta al suelo y absorben agua y minerales. Pueden almacenar carbohidratos producidos por la fotosíntesis. Son importantes, particularmente las de la hierba, para minimizar la erosión del suelo y permitir el desarrollo de comunidades ecológicas.

¿DEJAN DE CRECER LAS RAÍCES?

No, crecen durante toda la vida de la planta. Crecen desde la punta, cubierta por una capa resistente de células muertas conocida como cofia de la raíz.

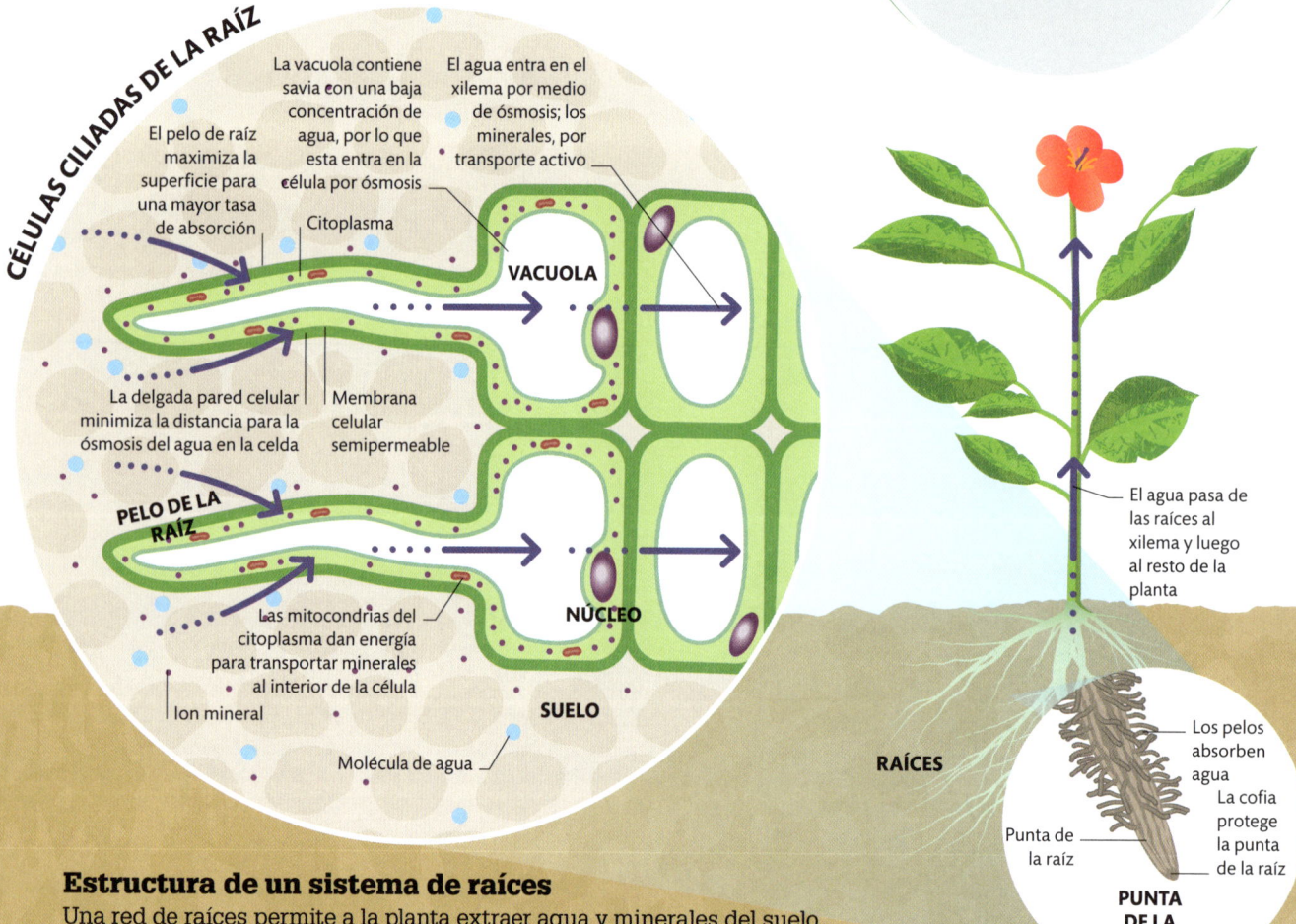

CÉLULAS CILIADAS DE LA RAÍZ

El pelo de raíz maximiza la superficie para una mayor tasa de absorción

La vacuola contiene savia con una baja concentración de agua, por lo que esta entra en la célula por ósmosis

El agua entra en el xilema por medio de ósmosis; los minerales, por transporte activo

Citoplasma

VACUOLA

La delgada pared celular minimiza la distancia para la ósmosis del agua en la celda

Membrana celular semipermeable

PELO DE LA RAÍZ

Las mitocondrias del citoplasma dan energía para transportar minerales al interior de la célula

NÚCLEO

Ion mineral

SUELO

Molécula de agua

El agua pasa de las raíces al xilema y luego al resto de la planta

RAÍCES

Los pelos absorben agua

La cofia protege la punta de la raíz

Punta de la raíz

PUNTA DE LA RAÍZ

Estructura de un sistema de raíces

Una red de raíces permite a la planta extraer agua y minerales del suelo. Las dicotiledóneas (muchas plantas con flores, como arbustos y árboles) y las gimnospermas (como las coníferas) tienen una raíz pivotante central de la que se ramifican raíces más pequeñas. Las monocotiledóneas (como las gramíneas) y los helechos tienen raíces poco profundas que irradian desde la base del tallo. Ambos sistemas terminan en finas raíces cubiertas de pelos que aumentan mucho la superficie de absorción. Además, la mayoría de las plantas mantienen una relación simbiótica con los hongos del suelo. Esos actúan como extensiones de las raíces y la planta les da azúcares.

Anatomía y función de la raíz

Las células ciliadas de la raíz, a través de las semipermeables membranas celulares, absorben agua por ósmosis (movimiento de agua de un área de alta concentración a otra de menor concentración). Desde allí, el agua pasa al córtex de la raíz y luego al xilema para ser transportada a los brotes y las hojas.

Almacenamiento

Además de absorber agua y minerales, las raíces almacenan carbohidratos para dar energía a la planta. La raíz principal de las dicotiledóneas y gimnospermas suele estar llena de azúcares y almidón, como en las zanahorias. Otras guardan almidón en órganos especiales subterráneos, como bulbos, tubérculos y rizomas. Son tallos o brotes subterráneos modificados en lugar de raíces hinchadas.

Cormo
Se trata de un tallo corto e hinchado, protegido por hojas escamosas formadas a partir del follaje del año anterior. No tiene hojas carnosas de almacenamiento.

AZAFRÁN

Bulbo
Un bulbo es un brote condensado con muchas capas formadas a partir de las hojas del año anterior, cuyas bases se han hinchado para almacenamiento.

CEBOLLA

Rizoma
Un rizoma es un brote modificado que crece horizontalmente justo debajo de la superficie del suelo. Los brotes verticales surgen de las yemas a lo largo.

LIRIO

Tubérculo
Una punta de rizoma hinchada, adaptada para almacenar gran cantidad de alimento, recibe el nombre de tubérculo. Los brotes crecen a partir de grupos de yemas en el tubérculo llamados ojos.

PATATA

Almacenamiento de energía subterráneo

En los tubérculos como las zanahorias, los azúcares de la fotosíntesis se acumulan en la raíz principal en la primera temporada de crecimiento. La planta recurre a estas reservas cuando produce flores y semillas.

Las hojas producen alimento (carbohidratos) por fotosíntesis

Las flores agotan las reservas de las raíces

La plántula produce dos hojas.

La raíz principal se desarrolla bajo hojas nuevas

Se almacena alimento producido por las hojas

La raíz comienza a liberar sus reservas de alimento al inicio del segundo año

La raíz se sigue reduciendo al usarse sus reservas en la producción de flores y semillas

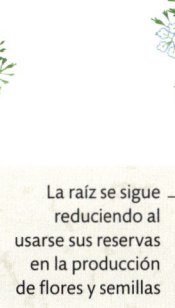

CICLO DE LA ZANAHORIA

ARQUITECTURA RADICULAR

Dicotiledóneas y monocotiledóneas tienen sistemas de raíces organizados de manera diferente (ver izquierda). Además, en las plantas xerófitas (desérticas), se desarrollan diferentes tipos de arquitectura radicular para adaptarse a la falta de agua. Los cactus tienen raíces anchas y poco profundas que absorben la lluvia antes de que se hunda en el suelo y la condensación nocturna. Por el contrario, las acacias tienen raíces estrechas y profundas que obtienen agua subterránea de debajo del nivel freático.

Raíz ancha cerca de la superficie para absorber el agua de lluvia

Las raíces anchas y poco profundas absorben el agua antes de que penetre en el suelo

NIVEL FREÁTICO

AGUA SUBTERRÁNEA

CACTUS

Raíz pivotante profunda

La raíz se ramifica para aprovechar el agua subterránea

NIVEL FREÁTICO

AGUA SUBTERRÁNEA

ACACIA

Tallos

El tallo de una planta tiene dos funciones: sostiene la parte superior de la planta, como las flores y las hojas, para que alcancen la luz, y además alberga un sistema de transporte en el que largas hebras llamadas haces vasculares transportan agua y nutrientes por la planta (pp. 148-149).

Estructura del tallo

El tallo está protegido por la epidermis, una capa exterior impermeable. La corteza, que ayuda a mantener la forma de la planta, está reforzada por un anillo exterior de colénquima y esclerénquima, y dentro tiene tejido de almacenaje (parénquima). La médula del núcleo da más sostén. Dentro de la corteza, los haces vasculares tienen xilema en el interior, floema en el exterior y una capa de cámbium en el medio que produce nuevos xilema y floema.

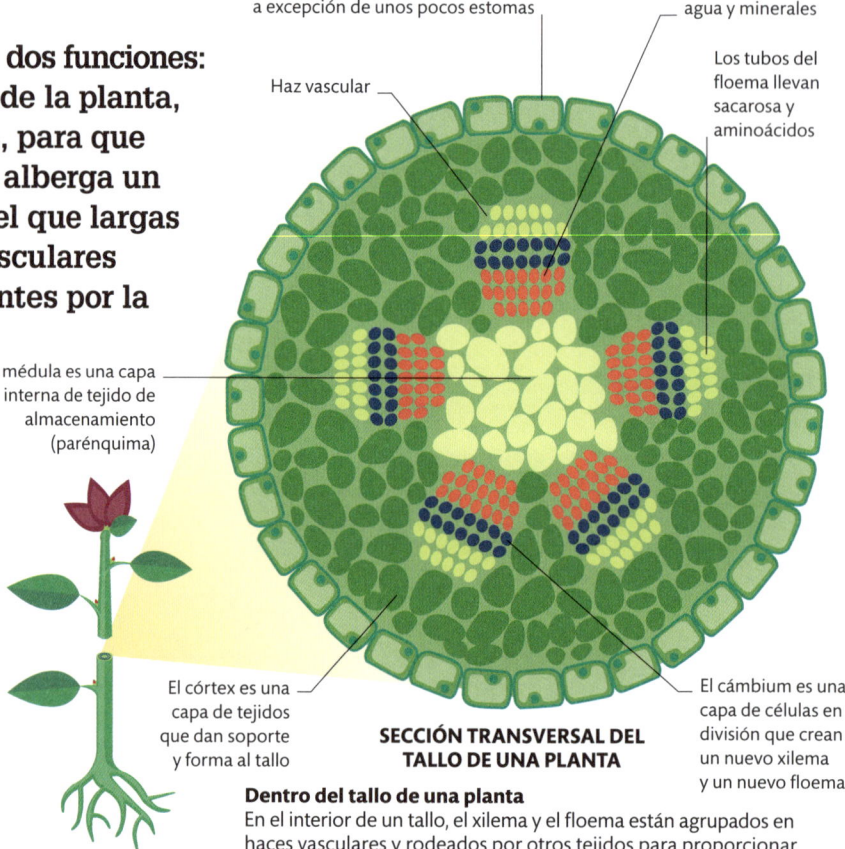

La epidermis forma una capa externa; tiene una célula de espesor, a excepción de unos pocos estomas

Haz vascular

Los vasos del xilema transportan agua y minerales

Los tubos del floema llevan sacarosa y aminoácidos

La médula es una capa interna de tejido de almacenamiento (parénquima)

El córtex es una capa de tejidos que dan soporte y forma al tallo

El cámbium es una capa de células en división que crean un nuevo xilema y un nuevo floema

PLANTA CON FLORES

SECCIÓN TRANSVERSAL DEL TALLO DE UNA PLANTA

Dentro del tallo de una planta
En el interior de un tallo, el xilema y el floema están agrupados en haces vasculares y rodeados por otros tejidos para proporcionar soporte y estructura adicionales al tallo. Una capa exterior de epidermis impermeable evita la pérdida de agua.

El sistema vascular

Como los animales, las plantas tienen sistemas vasculares que transportan nutrientes y fluidos esenciales. En lugar de vasos sanguíneos, el sistema vascular de las plantas consta de dos tejidos especializados: los vasos del xilema y los tubos cribosos del floema. Tienen una estructura y finalidad diferentes, pero juntos forman los haces vasculares. A medida que una planta crece, el cámbium, una región de células que se dividen activamente en el centro del haz vascular, produce un nuevo xilema y un nuevo floema.

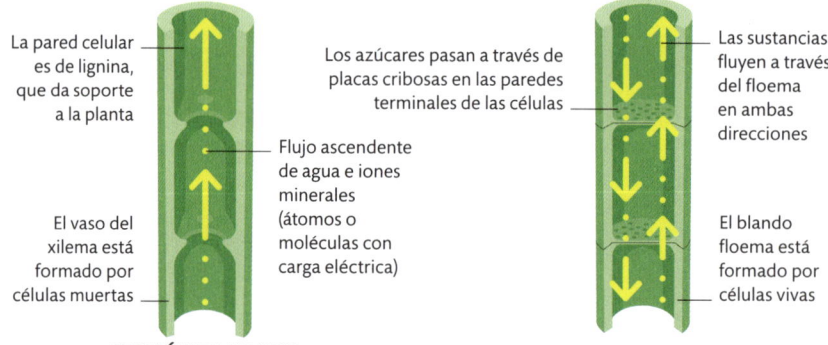

La pared celular es de lignina, que da soporte a la planta

El vaso del xilema está formado por células muertas

Flujo ascendente de agua e iones minerales (átomos o moléculas con carga eléctrica)

Los azúcares pasan a través de placas cribosas en las paredes terminales de las células

Las sustancias fluyen a través del floema en ambas direcciones

El blando floema está formado por células vivas

SECCIÓN DE XILEMA

SECCIÓN DE FLOEMA

Vaso de xilema
Los vasos del xilema llevan agua y minerales de las raíces al resto de la planta. Consisten en células muertas y huecas conectadas en forma de tubos. Se impermeabilizan con una sustancia resistente llamada lignina.

Tubo criboso del floema
Los tubos del floema transportan sacarosa (glucosa convertida en la fotosíntesis) y aminoácidos por la planta en un proceso llamado translocación. La dirección depende de dónde se necesita el azúcar.

Crear madera en los tallos

Al crecer la planta, su tallo también se ensancha, tanto para sostenerla como para satisfacer su mayor demanda de agua y minerales. Lo hace produciendo más xilema y floema. Este engrosamiento, o crecimiento hacia fuera, se llama crecimiento secundario (el crecimiento primario de la planta es hacia arriba). El xilema y el floema secundarios, en lugar de permanecer en haces vasculares separados, forman anillos completos y el tallo (o tronco) se vuelve cada vez más leñoso.

¿QUÉ PLANTA TIENE EL TALLO MÁS LARGO?

El árbol más alto del mundo es una secuoya roja de California, EE. UU., llamada Hyperion. Con 116 m de altura, este imponente árbol es más alto que el largo de un campo de fútbol.

UN **TUBÉRCULO**, COMO LA **PATATA**, ES UN **TALLO SUBTERRÁNEO** ADAPTADO PARA **ALMACENAR ALMIDÓN**

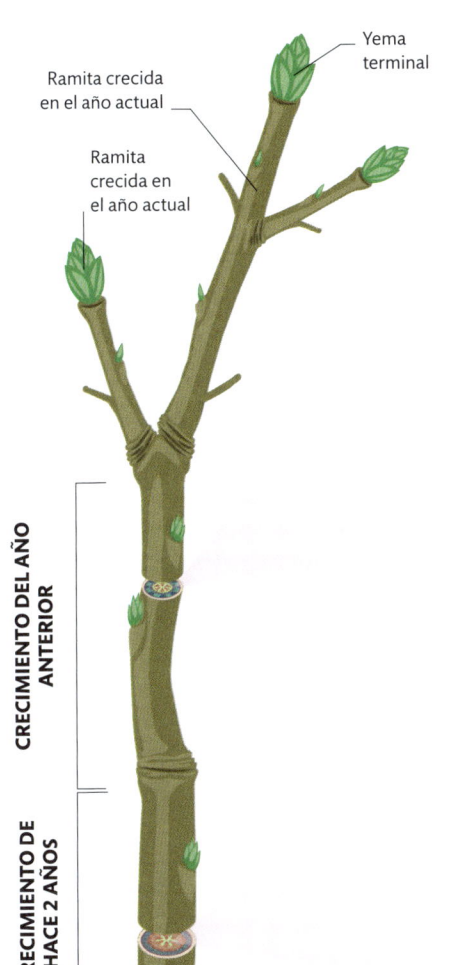

Yema terminal

Ramita crecida en el año actual

Ramita crecida en el año actual

CRECIMIENTO DEL AÑO ANTERIOR

CRECIMIENTO DE HACE 2 AÑOS

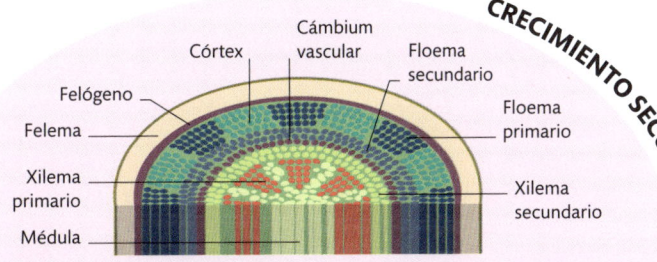

CRECIMIENTO SECUNDARIO, PRIMER AÑO

Córtex · Cámbium vascular · Floema secundario · Floema primario · Felógeno · Felema · Xilema primario · Médula · Xilema secundario

1 Crecimiento del primer año
El cámbium vascular produce un anillo de xilema secundario en el interior y un anillo de floema secundario en el exterior, lo que hace que el tallo aumente en grosor. Debajo de la epidermis se forma otra capa de cámbium, el felógeno. Este produce felema, que reemplaza la epidermis y se convierte en la capa exterior de corteza del tallo.

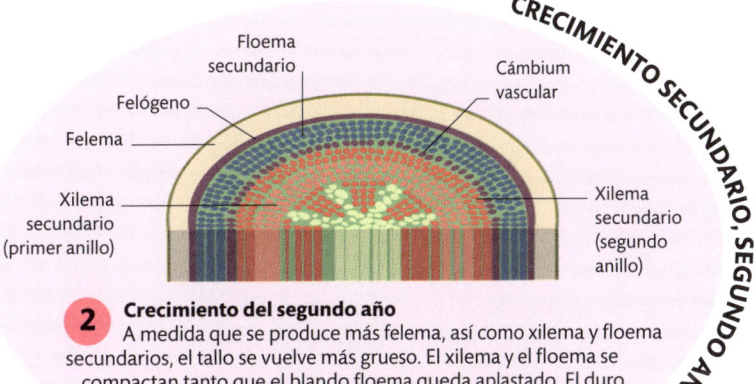

CRECIMIENTO SECUNDARIO, SEGUNDO AÑO

Floema secundario · Cámbium vascular · Felógeno · Felema · Xilema secundario (primer anillo) · Xilema secundario (segundo anillo)

2 Crecimiento del segundo año
A medida que se produce más felema, así como xilema y floema secundarios, el tallo se vuelve más grueso. El xilema y el floema se compactan tanto que el blando floema queda aplastado. El duro xilema, reforzado con lignina y celulosa, domina el interior del tallo, por lo que el tallo se vuelve leñoso por todas partes.

La nervadura central corre a lo largo del centro de la hoja y proporciona soporte a la lámina

Las nervaduras tienen tubos de xilema y floema que las atraviesan para transportar agua, minerales y azúcares

Parte superior de la hoja
Una cutícula cerosa impermeable cubre la superficie superior de la hoja y reduce la pérdida de agua por transpiración. Las células epidérmicas de debajo forman una capa protectora. Son transparentes, por lo que la luz las atraviesa.

La lámina foliar es la parte plana de la hoja

La estructura de una hoja

Una hoja típica es una lámina plana unida al tallo de la planta por un pecíolo. Una red de nervaduras, formada por xilema y floema (pp. 144-145), transporta por la hoja agua, minerales y nutrientes. La nervadura más grande se llama nervadura central. Las hojas están formadas por varias capas de células, incluida la epidermis, el parénquima en empalizada y el parénquima esponjoso. Cada tipo de célula tiene una función diferente, con adaptaciones específicas.

LAS **HOJAS** DEL **NENÚFAR** **GIGANTE** *VICTORIA AMAZONICA* MIDEN HASTA 3 M DE ANCHO

Hojas

Los animales comen para obtener energía, pero las plantas elaboran su propio alimento con la fotosíntesis (pp. 46-47). Las hojas son sus órganos fotosintéticos principales. Captan la energía lumínica utilizando clorofila, el pigmento verde de los cloroplastos, y utilizan esa energía para convertir el dióxido de carbono y el agua en azúcares (glucosa) y oxígeno.

HOJAS NO FOTOSINTÉTICAS

A veces, las hojas se transforman en elementos cuya función principal no es la fotosíntesis. Las del cactus se han convertido en espinas protectoras, y el tallo se ocupa de la fotosíntesis. En los guisantes, algunas hojas se han convertido en zarcillos para ayudar a la planta a trepar. Los «pétalos» rojos (brácteas) de la flor de Pascua son hojas que imitan a las flores para atraer polinizadores.

Espinas

Zarcillos

Brácteas coloridas

CACTUS

PLANTA DE GUISANTE

FLOR DE PASCUA

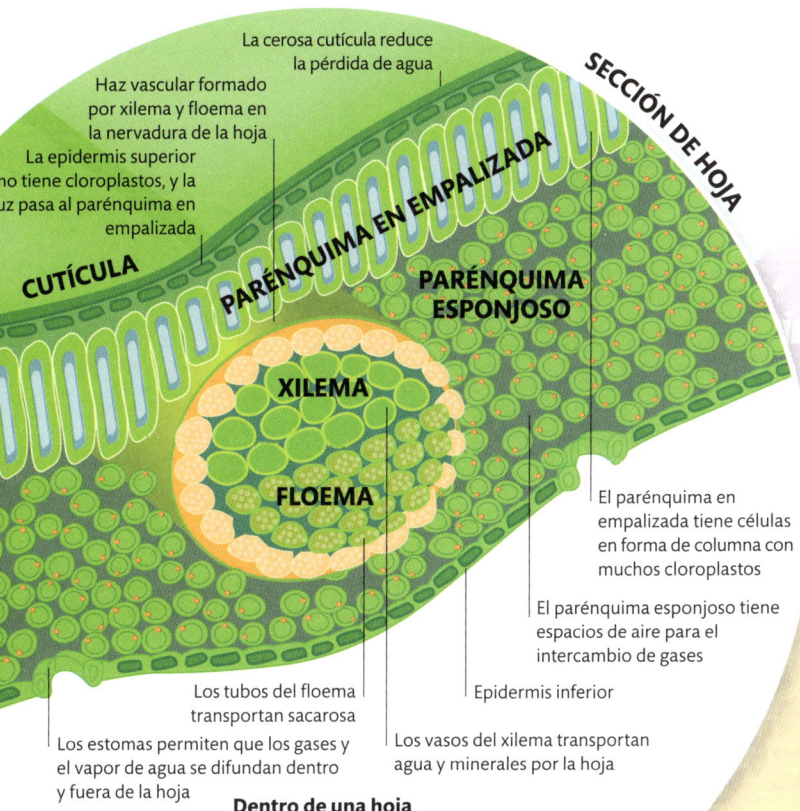

SECCIÓN DE HOJA

CUTÍCULA

PARÉNQUIMA EN EMPALIZADA

PARÉNQUIMA ESPONJOSO

XILEMA

FLOEMA

La cerosa cutícula reduce la pérdida de agua

Haz vascular formado por xilema y floema en la nervadura de la hoja

La epidermis superior no tiene cloroplastos, y la luz pasa al parénquima en empalizada

El parénquima en empalizada tiene células en forma de columna con muchos cloroplastos

El parénquima esponjoso tiene espacios de aire para el intercambio de gases

Epidermis inferior

Los tubos del floema transportan sacarosa

Los vasos del xilema transportan agua y minerales por la hoja

Los estomas permiten que los gases y el vapor de agua se difundan dentro y fuera de la hoja

Dentro de una hoja
La mayor parte de la fotosíntesis ocurre en el parénquima en empalizada, con cloroplastos para atrapar la energía lumínica. Las células del parénquima esponjoso también realizan la fotosíntesis y los espacios de aire entre células permiten que el oxígeno y el dióxido de carbono se difundan. El xilema y el floema facilitan el transporte.

¿POR QUÉ LAS HOJAS CAMBIAN DE COLOR?

Cuando la temperatura y los niveles de luz caen en otoño, la clorofila, el pigmento verde de las hojas, es lo primero que se descompone, dejando otros pigmentos, como los amarillos carotenos y las antocianinas rojas o rosadas.

Estomas

El envés de la hoja tiene estomas, unas aberturas que permiten que se difunda el dióxido de carbono para la fotosíntesis y el oxígeno y el vapor de agua producidos por este proceso. Los estomas suelen estar abiertos de día para permitir la fotosíntesis y cerrados por la noche. Si una planta sufre escasez de agua, cierra sus estomas para reducir la pérdida de humedad, por lo que una planta seca no puede realizar la fotosíntesis. La apertura y el cierre de los estomas son controlados por un par de células protectoras en forma de salchicha.

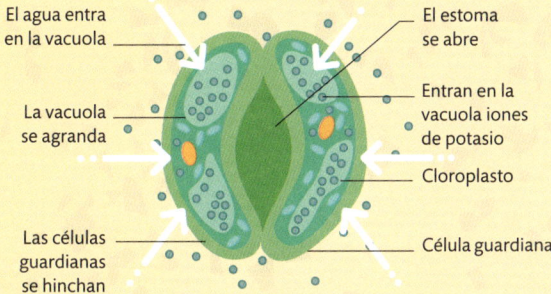

El agua entra en la vacuola

El estoma se abre

La vacuola se agranda

Entran en la vacuola iones de potasio

Cloroplasto

Las células guardianas se hinchan

Célula guardiana

1 Se abre el estoma
La luz estimula las células protectoras para que acumulen iones de potasio, y el agua entre en las células por ósmosis (pp. 64-65). Las paredes internas de las células protectoras son más gruesas que las externas. Cuando se hinchan con agua, se doblan y abren el estoma.

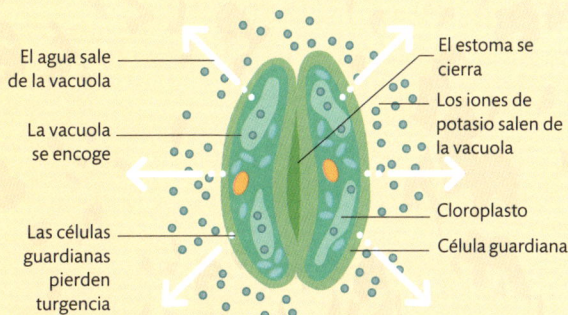

El agua sale de la vacuola

El estoma se cierra

Los iones de potasio salen de la vacuola

La vacuola se encoge

Cloroplasto

Las células guardianas pierden turgencia

Célula guardiana

2 El estoma se cierra
De noche, o si hay estrés hídrico o térmico, la planta produce ácido abscísico, la hormona de estrés, y los iones de potasio salen de las células guardianas. El agua sale también por ósmosis, y las células protectoras se encogen. Esto hace que el estoma se cierre.

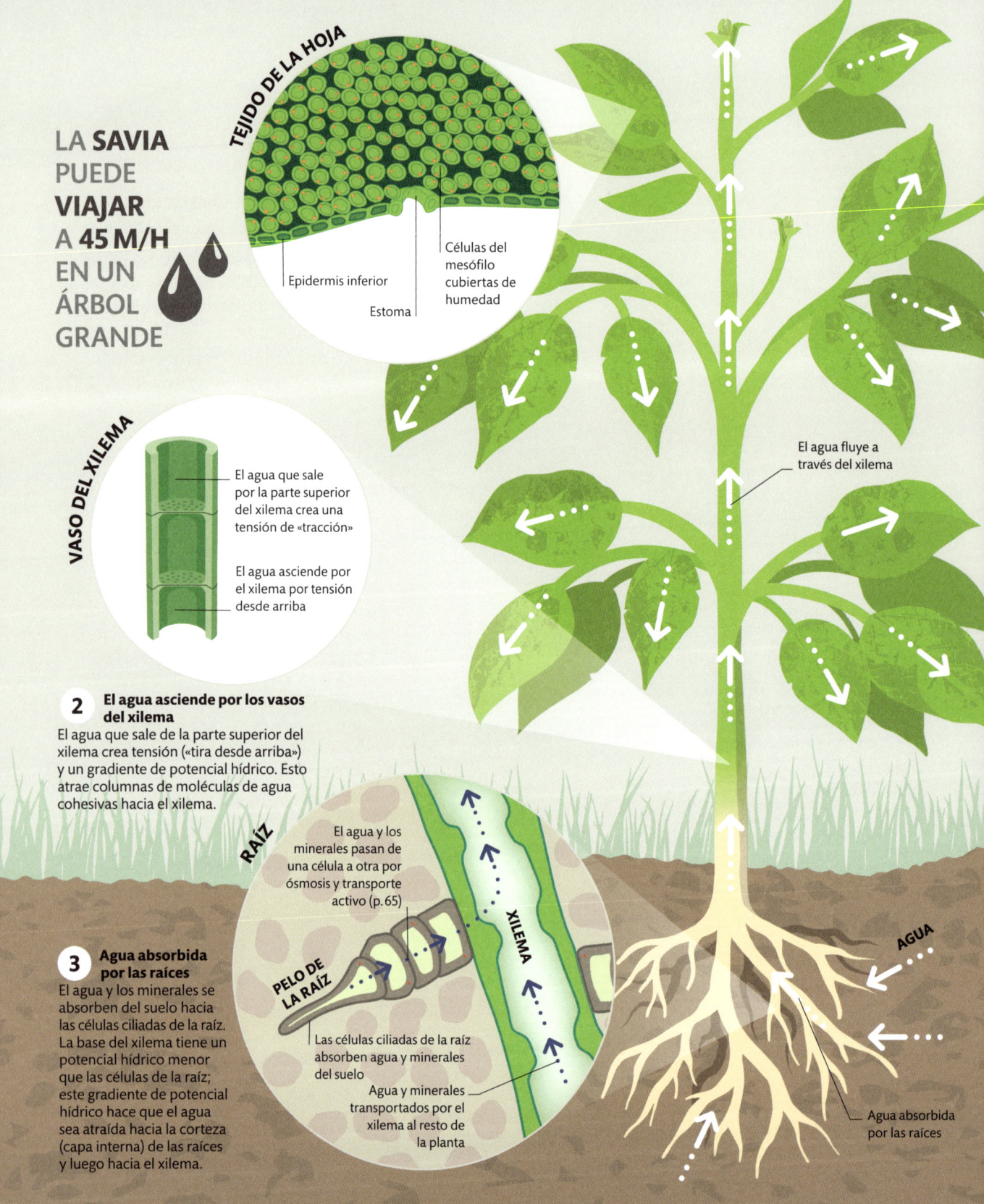

TEJIDO DE LA HOJA

LA **SAVIA** PUEDE **VIAJAR** A **45 M/H** EN UN **ÁRBOL** GRANDE

Epidermis inferior

Estoma

Células del mesófilo cubiertas de humedad

VASO DEL XILEMA

El agua que sale por la parte superior del xilema crea una tensión de «tracción»

El agua asciende por el xilema por tensión desde arriba

2 El agua asciende por los vasos del xilema

El agua que sale de la parte superior del xilema crea tensión («tira desde arriba») y un gradiente de potencial hídrico. Esto atrae columnas de moléculas de agua cohesivas hacia el xilema.

El agua fluye a través del xilema

RAÍZ

El agua y los minerales pasan de una célula a otra por ósmosis y transporte activo (p. 65)

XILEMA

PELO DE LA RAÍZ

3 Agua absorbida por las raíces

El agua y los minerales se absorben del suelo hacia las células ciliadas de la raíz. La base del xilema tiene un potencial hídrico menor que las células de la raíz; este gradiente de potencial hídrico hace que el agua sea atraída hacia la corteza (capa interna) de las raíces y luego hacia el xilema.

Las células ciliadas de la raíz absorben agua y minerales del suelo

Agua y minerales transportados por el xilema al resto de la planta

AGUA

Agua absorbida por las raíces

ESTOMA ABIERTO

La célula guardiana se hincha hasta abrir el poro

Vacuola de célula llena de agua

El agua escapa por un poro abierto

El agua pasa a las células guardianas

El agua sale a través de los estomas

1 El agua se evapora por los estomas
El agua se evapora de la capa interna de las células de las hojas y se difunde por los poros o estomas. Esto reduce el potencial hídrico en la hoja, por lo que el agua sale del xilema.

Transpiración y presión radical

La transpiración es la evaporación del agua en las hojas. Esto crea gradientes de potencial hídrico, tendencia del agua a moverse desde áreas de alto potencial hídrico (con un alto nivel de agua) a áreas de bajo potencial hídrico (bajos niveles de agua). La transpiración hace que el agua sea absorbida por las raíces y transportada por la planta por el xilema (p. 144). De noche, con los estomas cerrados, la planta toma agua por presión radical. Los minerales siguen extrayéndose por las raíces hacia el xilema, lo que reduce el potencial hídrico en el xilema. Una acumulación de agua en la base del xilema crea presión, lo que obliga al agua a subir por el tallo.

Transporte

Los animales tienen un corazón para llevar la sangre por el cuerpo, mientras que las plantas se sirven de procesos químicos y biológicos para transportar agua y nutrientes a las células, y los impulsan con diferencias en la presión y en las concentraciones de fluidos.

Translocación

La sacarosa y los aminoácidos se transportan en el floema (p. 144) por translocación: movimiento de áreas de producción (fuentes) a áreas donde se usan en la respiración o el crecimiento (sumideros). Son transportados en un líquido llamado savia. El agua de los tejidos cercanos es absorbida por la savia concentrada en la fuente, empujándola hacia el sumidero. Según la estación del año, la fuente pueden ser hojas u órganos de almacenamiento como tubérculos, y el sumidero son brotes, yemas, flores, frutos, semillas u órganos de almacenamiento.

Fuente: azúcar producida por la fotosíntesis

Sumidero: azúcar utilizado para el crecimiento

El azúcar se mueve por el floema por translocación

El azúcar sube por el floema

Sumidero: azúcar convertido en almidón almacenado

Fuente: almacén de almidón convertido en azúcar

VERANO

PRIMAVERA

Translocación en una patata
En verano, la fuente son las hojas: allí se produce glucosa mediante fotosíntesis y se convierte en sacarosa. Los tubérculos en crecimiento son el sumidero, donde la sacarosa se convierte en almidón para su almacenamiento. Las hojas mueren durante el invierno, por lo que los tubérculos son la única fuente. En primavera, los tubérculos empiezan a brotar. Estos brotes se convierten en el sumidero.

MARCHITAMIENTO

En una planta hidratada, la presión del agua en las células (presión de turgencia) aprieta la membrana celular contra la pared celular y constriñe las células entre sí, lo que mantiene la planta vertical. Se marchita si la transpiración es mayor que la absorción de agua. Al perder agua las células se vuelven flácidas. La membrana celular se separa de la pared celular (plasmólisis). Las células flácidas no se presionan entre sí y la planta se marchita.

Hojas y tallos flácidos por pérdida de agua

PLANTA MARCHITA

FLOR POLINIZADA POR EL VIENTO	FLOR POLINIZADA POR INSECTOS
No se produce néctar	Suele producirse néctar (alimento) para atraer a los insectos
No se produce fragancia	Suele producirse una fragancia para atraer a los insectos
Si los hay, los pétalos son pequeños y poco llamativos, a menudo verdes	Pétalos coloridos, a menudo con diseños solo visibles para los insectos
El estigma y los estambres colgantes cuelgan fuera de la flor y quedan expuestos al viento	El estigma y los estambres se encuentran dentro de la flor para pegar polen en el insecto o quitárselo
El estigma tiene una gran superficie	El estigma tiene una superficie pequeña
El estigma tiene plumas para atrapar el polen del aire	El estigma no es plumoso pero suele ser pegajoso
Los granos de polen pequeños se transportan fácilmente en el viento	Los granos de polen son grandes y rugosos, para adherirse a los insectos
Se producen grandes cantidades de polen, lo que aumenta las posibilidades de que alcance su objetivo	Se produce solo una pequeña cantidad de polen, pues los insectos garantizan una adecuada transferencia de polen entre las flores

Flores

Las plantas con flores, o angiospermas, son la forma dominante de plantas terrestres y son mucho más numerosas y diversas que las gimnospermas, como las coníferas. Destacan, además de por sus flores, por sus diversas formas de esparcir polen y semillas.

Estructura de las flores

Las flores son el sistema reproductivo de una planta. Los estambres son los órganos masculinos y producen polen. Los órganos femeninos, denominados pistilo, están formados por el ovario, el estilo y el estigma. Muchas flores tienen pétalos de colores brillantes y desprenden aroma para atraer a polinizadores como los insectos. La mayoría de las flores tienen órganos femeninos y masculinos, aunque hay plantas, como los calabacines, con flores masculinas y femeninas separadas. Especies como el acebo tienen plantas por completo masculinas o femeninas.

¿QUÉ PLANTA TIENE LA FLOR MÁS GRANDE?

Las flores individuales de la flor cadáver, *Rafflesia arnoldii*, una planta parásita autóctona de las selvas tropicales de Indonesia, alcanzan 1 m de ancho.

Las anteras (parte del estambre) producen polen

La flor tiene dos o tres estigmas, que son plumosos para capturar los granos de polen del viento

Partes reproductivas con brácteas en lugar de pétalos

Cada filamento sostiene una antera

En el ovario se desarrollan las semillas

Flor polinizada por el viento
Las flores de plantas como las gramíneas son pequeñas y, a menudo, de color anodino. Los estambres y el estigma plumoso cuelgan fuera de la flor para atrapar el viento.

FLOR DE HERBÁCEA

El pegajoso estigma atrapa el polen que se desprende de los insectos

Los estambres (anteras y filamentos) se encuentran dentro de la flor, donde los insectos pueden rozarlos fácilmente

Los granos de polen deben formar un tubo hacia abajo para llegar al ovario

El ovario contiene óvulos

Los óvulos contienen células reproductoras femeninas, que el polen fecundará

Flor polinizada por insectos
Las flores son coloridas, a veces perfumadas y producen néctar. Atraen insectos para la polinización. Los estambres y el estigma pegajoso están dentro de la flor.

AMAPOLA

CONOS DE CONÍFERAS

Las gimnospermas no tienen flores. Sus semillas están en conos, no en frutos. Las coníferas tienen conos masculinos pequeños y conos femeninos grandes. Los masculinos producen gran cantidad de polen, que es dispersado por el viento. Una vez que el polen cae en un cono femenino y lo fecunda, las semillas tardan hasta tres años en formarse. Luego el cono femenino se abre y libera las semillas.

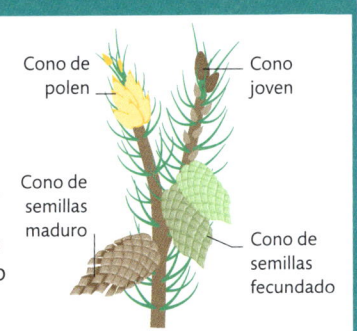

Cono de polen

Cono joven

Cono de semillas maduro

Cono de semillas fecundado

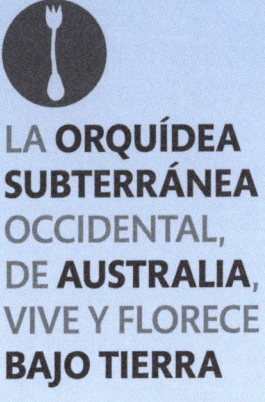

LA **ORQUÍDEA SUBTERRÁNEA** OCCIDENTAL, DE **AUSTRALIA**, VIVE Y FLORECE **BAJO TIERRA**

Polinización cruzada de insectos
Más del 80 por ciento de la polinización animal la llevan a cabo insectos (abejas, mariposas, polillas y moscas). Otros polinizadores son algunas aves y murciélagos.

Las abejas llevan algo de polen a la colmena o anidan en cestas de polen en sus patas traseras

3 **Polen transferido a la segunda flor**
Al alimentarse de néctar, el insecto frota el polen de la primera flor en el estigma pegajoso de la segunda.

La abeja se mueve por la flor, roza el estigma y transfiere el polen

2 **Insecto vuela hacia la segunda flor**
Los pétalos de colores, y en algunos casos el aroma, guían a la abeja hacia la siguiente flor. Los pétalos suelen tener diseños de guía que solo son visibles para los insectos.

1 **Un insecto visita la primera flor**
Cuando una abeja se posa, el polen de los estambres de la flor se pega a su cuerpo mientras el insecto accede al néctar.

Cuando la abeja visita la flor, el polen queda pegado a los pelos de la abeja

FLOR

POLINIZADOR

Polinización

La polinización es la transferencia de polen de la antera de una flor al estigma. La mayoría de las flores deben fecundarse con polinización para convertirse en semillas y frutos. Pueden ser polinizadas por animales (agentes bióticos) o por el viento, y a veces por el agua (agentes abióticos). Un 80 por ciento de las plantas con flores son polinizadas por animales y el 20 por ciento, por el viento. Las herbáceas y muchos árboles son polinizados por el viento.

Frutos

Todas las plantas con flores dan frutos. En botánica, un fruto es un ovario maduro que contiene semillas. El término incluye no solo frutas típicas, como las manzanas, sino también tomates, pimientos, calabacines, nueces y cápsulas de amapola. Los frutos tienen una doble función: protegen las semillas y ayudan a su dispersión.

Desarrollo del fruto

Una flor debe ser fecundada para que se convierta en fruto. En el proceso, las células germinativas de los granos de polen masculinos se fusionan con los óvulos femeninos de los óvulos en el ovario. Cada óvulo necesita un grano de polen. Tras la fecundación, cada óvulo se convierte en una semilla y el ovario, en un fruto. A medida que se transforma en fruto, el ovario aumenta de tamaño y su pared se vuelve más gruesa para convertirse en la capa exterior carnosa del fruto (pericarpio). Al madurar el fruto, los azúcares se acumulan en su interior y los pétalos marchitos y otras partes de las flores se caen. El desarrollo y la maduración están controlados por hormonas.

Doble fecundación

Las angiospermas (plantas con flores) son las únicas que emplean doble fecundación. Dos células germinativas del grano de polen fecundan núcleos separados dentro de cada óvulo. Una fusión crea un cigoto, que se convierte en el embrión de la planta. La otra fusión forma el endospermo, que es el almacén de alimento del embrión.

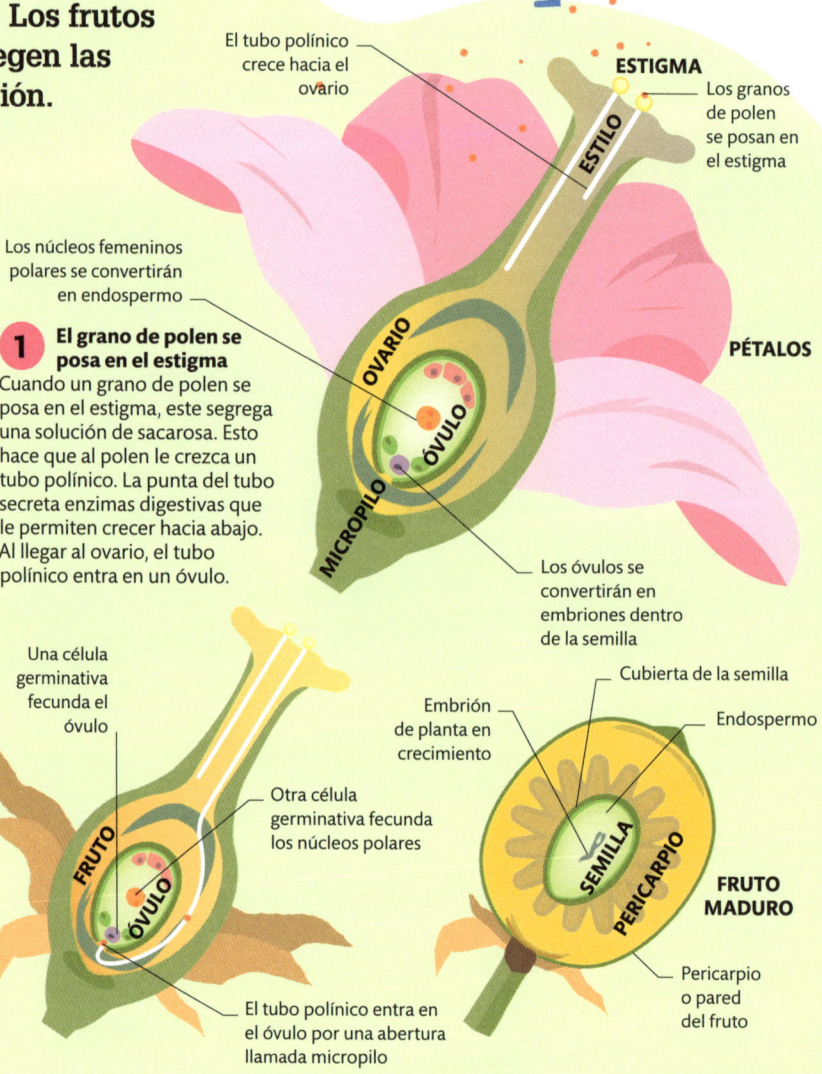

INSECTO POLINIZADOR

POLEN

ESTIGMA

Los granos de polen se posan en el estigma

El tubo polínico crece hacia el ovario

ESTILO

PÉTALOS

Los núcleos femeninos polares se convertirán en endospermo

1 El grano de polen se posa en el estigma
Cuando un grano de polen se posa en el estigma, este segrega una solución de sacarosa. Esto hace que al polen le crezca un tubo polínico. La punta del tubo secreta enzimas digestivas que le permiten crecer hacia abajo. Al llegar al ovario, el tubo polínico entra en un óvulo.

OVARIO

ÓVULO

MICROPILO

Los óvulos se convertirán en embriones dentro de la semilla

Una célula germinativa fecunda el óvulo

Otra célula germinativa fecunda los núcleos polares

FRUTO

ÓVULO

El tubo polínico entra en el óvulo por una abertura llamada micropilo

Cubierta de la semilla

Embrión de planta en crecimiento

Endospermo

SEMILLA

PERICARPIO

FRUTO MADURO

Pericarpio o pared del fruto

2 Fecundación del ovario
Dos células germinativas del grano de polen van por el tubo hasta el óvulo. Una se fusiona con el óvulo para formar un cigoto, que se convertirá en un embrión. La segunda se fusiona con otros dos núcleos femeninos y forma el endospermo (reserva de alimentos).

3 El fruto crece
La fecundación convierte los óvulos en semillas y el ovario en fruto. La pared del ovario se convierte en el pericarpio (pared carnosa del fruto). Los pétalos de las flores se caen. El fruto crece, acumula azúcares y madura a medida que maduran las semillas.

PRINCIPALES MÉTODOS DE DISPERSIÓN DE SEMILLAS Y FRUTOS

DISPERSIÓN ANIMAL

Tomate
Los frutos son dulces y de color brillante para atraer animales y pájaros. Luego las semillas se dispersan en excrementos.

Abrojo
Frutos con ganchos en todas direcciones. Estos se adhieren con mucha facilidad al pelaje de los animales.

DISPERSIÓN POR EL AGUA

Coco
Los frutos flotan y los rodea una cáscara espesa y fibrosa que les permite sobrevivir en el mar meses o incluso años.

Loto
Los lotos crecen en el agua. Sus semillas caen y se las lleva la corriente, para germinar después en el barro.

DISPERSIÓN POR EL VIENTO

Arce blanco
Los frutos tienen alas rígidas, por lo que pueden volar. Las alas están alabeadas para que el fruto gire.

Diente de león
Cada fruto tiene una sola semilla muy liviana con un paracaídas plumosos, el vilano, que puede llevarlo muy lejos con la brisa.

AUTODISPERSIÓN

Cohombrillo amargo
La acumulación de presión dentro del fruto hace que se desprenda del tallo y al caer expulse un chorro de semillas.

Ponciana enana
El pericarpio (vaina de la semilla) se seca en la planta y luego se abre violentamente, expulsando las semillas.

Métodos de dispersión

Una vez maduras las semillas, los frutos ayudan a dispersarlas. La dispersión permite que las plantas se establezcan en nuevas áreas y evita que las plántulas compitan con la planta madre y entre sí por espacio, luz, agua y nutrientes. Los frutos están muy adaptados para la dispersión, y cada especie emplea un método diferente. Algunas utilizan animales (dispersión biótica); otras propagan sus semillas por medios abióticos como el viento, el agua o la autodispersión mecánica.

EL **CATAHUA** ES UN ÁRBOL TROPICAL DE **FRUTOS EXPLOSIVOS** QUE **EXPULSAN SUS SEMILLAS** A UNA VELOCIDAD DE HASTA **257 KM/H**

TIPOS DE FRUTO

Los frutos simples, como los limones, crecen de una sola flor. Los compuestos, como las frambuesas, forman un racimo de frutos pequeños, también a partir de una sola flor. En los frutos falsos, como las manzanas, la mayor parte del fruto está formada por tejidos distintos del ovario. Los frutos pueden ser secos o carnosos. Los frutos secos, como nueces y vainas de guisantes, tienen pericarpio duro o fino. Los frutos carnosos, como las cerezas, tienen un pericarpio blando y pulposo.

Pericarpio (vaina de la semilla)

Exocarpio (piel)

Mesocarpio (carne)

Endocarpio (semilla)

FRUTO SECO   **FRUTO CARNOSO**

LOS

ANIMALES

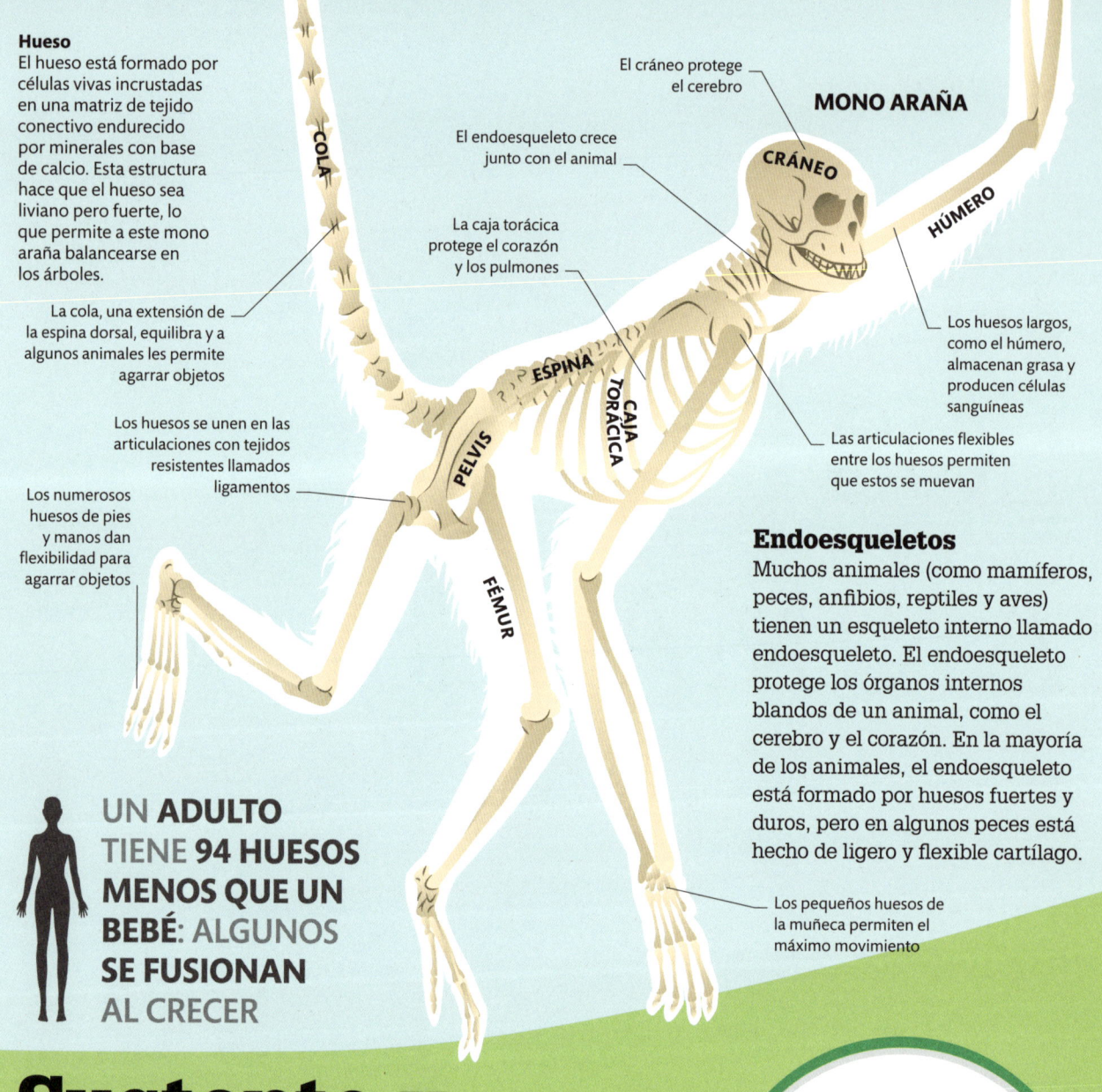

Hueso
El hueso está formado por células vivas incrustadas en una matriz de tejido conectivo endurecido por minerales con base de calcio. Esta estructura hace que el hueso sea liviano pero fuerte, lo que permite a este mono araña balancearse en los árboles.

La cola, una extensión de la espina dorsal, equilibra y a algunos animales les permite agarrar objetos

Los huesos se unen en las articulaciones con tejidos resistentes llamados ligamentos

Los numerosos huesos de pies y manos dan flexibilidad para agarrar objetos

El cráneo protege el cerebro

MONO ARAÑA

El endoesqueleto crece junto con el animal

La caja torácica protege el corazón y los pulmones

Los huesos largos, como el húmero, almacenan grasa y producen células sanguíneas

Las articulaciones flexibles entre los huesos permiten que estos se muevan

COLA

CRÁNEO

HÚMERO

ESPINA

CAJA TORÁCICA

PELVIS

FÉMUR

Endoesqueletos
Muchos animales (como mamíferos, peces, anfibios, reptiles y aves) tienen un esqueleto interno llamado endoesqueleto. El endoesqueleto protege los órganos internos blandos de un animal, como el cerebro y el corazón. En la mayoría de los animales, el endoesqueleto está formado por huesos fuertes y duros, pero en algunos peces está hecho de ligero y flexible cartílago.

Los pequeños huesos de la muñeca permiten el máximo movimiento

UN ADULTO TIENE 94 HUESOS MENOS QUE UN BEBÉ: ALGUNOS **SE FUSIONAN** AL CRECER

Sustento y movimiento

Un esqueleto, al igual que las varillas de una tienda de campaña, proporciona la infraestructura básica que da forma a un animal, protege sus órganos vitales y forma la estructura rígida sobre la cual los músculos pueden estirarse para crear movimiento.

¿LAS TORTUGAS TIENEN ENDOESQUELETO O EXOESQUELETO?

El duro caparazón exterior de una tortuga no es un auténtico exoesqueleto, sino una adaptación de su endoesqueleto.

ESQUELETOS HIDROSTÁTICOS

Algunos animales primitivos, como las lombrices, tienen una cámara llena de líquido y rodeada de músculos que les da soporte, forma y movimiento, y recibe el nombre de esqueleto hidrostático.

Los músculos circulares de los segmentos frontales se contraen y se alargan para empujar la cabeza hacia delante

EMPUJAR HACIA DELANTE

Los músculos longitudinales se contraen y acortan para tirar hacia delante de los segmentos posteriores

Las cerdas se agarran al suelo para anclar los segmentos

TIRAR HACIA ARRIBA

Los pelos se liberan para permitir el movimiento

Los músculos longitudinales se relajan y los circulares se contraen para volver a empujar hacia delante

EMPUJAR HACIA DELANTE

Exoesqueletos

Muchos invertebrados tienen esqueletos externos parecidos a armaduras. Como un endoesqueleto, un exoesqueleto da la estructura para soportar el movimiento, protege los tejidos internos blandos y, en animales como los insectos, evita que se sequen. Algunos exoesqueletos no crecen, por lo que deben mudarse a medida que el animal crece.

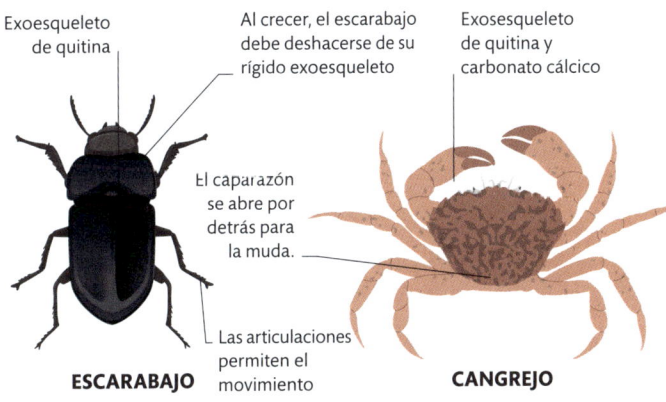

Exoesqueleto de quitina

Al crecer, el escarabajo debe deshacerse de su rígido exoesqueleto

Exosesqueleto de quitina y carbonato cálcico

El caparazón se abre por detrás para la muda.

Las articulaciones permiten el movimiento

ESCARABAJO

CANGREJO

Cómo funcionan los músculos

Un esqueleto se mueve con músculos que tiran de los huesos. En los endoesqueletos, los músculos se unen a los huesos con tejidos fibrosos llamados tendones, y en los exoesqueletos se unen directamente al esqueleto. Los músculos de las articulaciones trabajan en pares opuestos: mientras un músculo se contrae para provocar el movimiento, el otro se relaja (pp. 72-73).

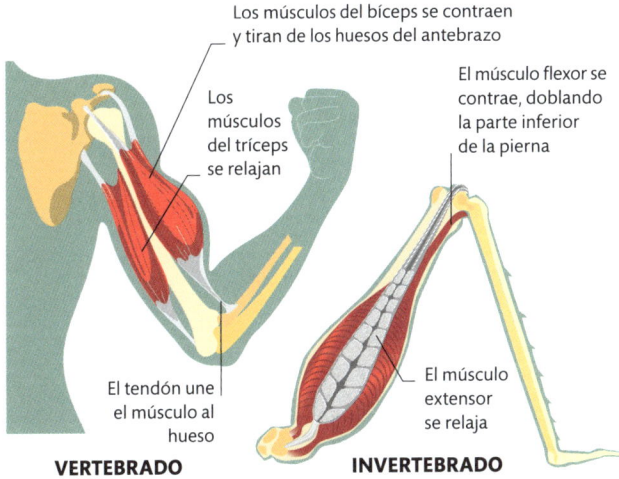

Los músculos del bíceps se contraen y tiran de los huesos del antebrazo

Los músculos del tríceps se relajan

El músculo flexor se contrae, doblando la parte inferior de la pierna

El tendón une el músculo al hueso

El músculo extensor se relaja

VERTEBRADO

INVERTEBRADO

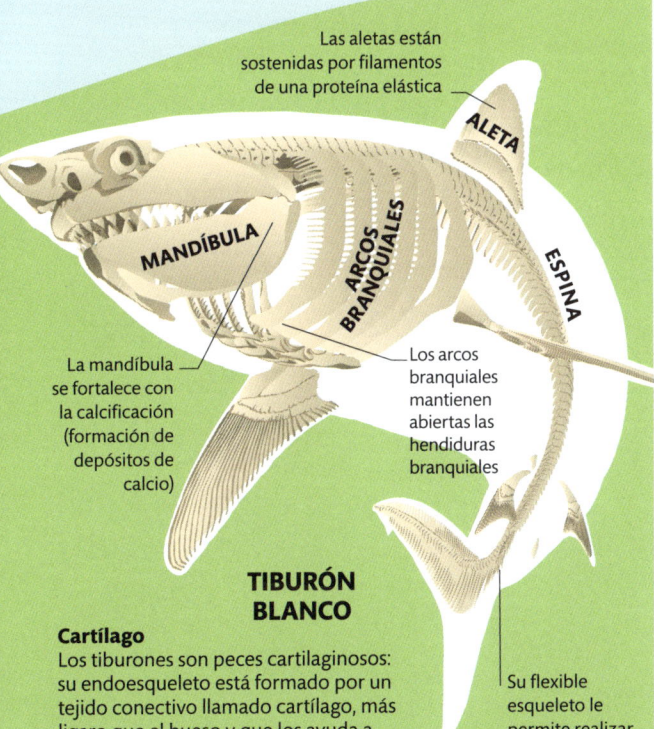

Las aletas están sostenidas por filamentos de una proteína elástica

ALETA

ARCOS BRANQUIALES

ESPINA

MANDÍBULA

La mandíbula se fortalece con la calcificación (formación de depósitos de calcio)

Los arcos branquiales mantienen abiertas las hendiduras branquiales

TIBURÓN BLANCO

Cartílago
Los tiburones son peces cartilaginosos: su endoesqueleto está formado por un tejido conectivo llamado cartílago, más ligero que el hueso y que los ayuda a mantenerse a flote.

Su flexible esqueleto le permite realizar giros cerrados

Respiración

Los animales necesitan oxígeno para vivir, pero cada grupo ha desarrollado sus propios métodos para llevar oxígeno a sus cuerpos, dependiendo de su tamaño, de su forma y de si respiran aire o agua.

Pulmones

Los mamíferos, las aves, los reptiles y algunos anfibios y peces utilizan pulmones para respirar. Los pulmones son como una bomba de succión que se hincha para reducir su presión, lo cual atrae aire hacia su interior. Además de ser potentes bombas, los pulmones contienen superficies por donde el oxígeno entra en el torrente sanguíneo y por donde sale el dióxido de carbono.

¿POR QUÉ RONCAMOS?

Los ronquidos ocurren cuando los tejidos blandos de la parte posterior del paladar se relajan y agitan al respirar, o cuando las vías nasales se estrechan y vibran durante el sueño.

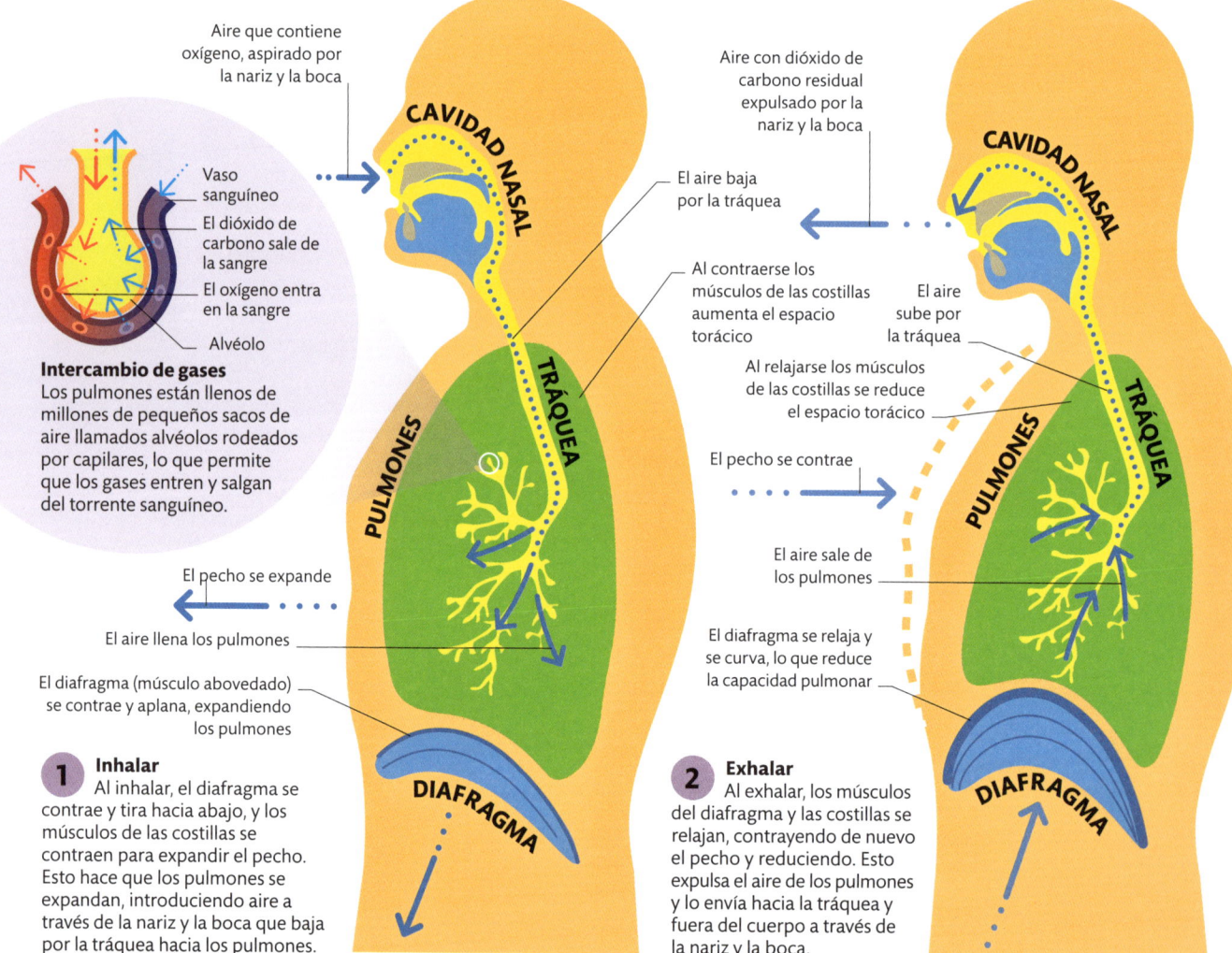

Vaso sanguíneo

El dióxido de carbono sale de la sangre

El oxígeno entra en la sangre

Alvéolo

Intercambio de gases
Los pulmones están llenos de millones de pequeños sacos de aire llamados alvéolos rodeados por capilares, lo que permite que los gases entren y salgan del torrente sanguíneo.

Aire que contiene oxígeno, aspirado por la nariz y la boca

CAVIDAD NASAL

TRÁQUEA

PULMONES

DIAFRAGMA

El pecho se expande

El aire llena los pulmones

El diafragma (músculo abovedado) se contrae y aplana, expandiendo los pulmones

1 Inhalar
Al inhalar, el diafragma se contrae y tira hacia abajo, y los músculos de las costillas se contraen para expandir el pecho. Esto hace que los pulmones se expandan, introduciendo aire a través de la nariz y la boca que baja por la tráquea hacia los pulmones.

Aire con dióxido de carbono residual expulsado por la nariz y la boca

El aire baja por la tráquea

Al contraerse los músculos de las costillas aumenta el espacio torácico

El aire sube por la tráquea

Al relajarse los músculos de las costillas se reduce el espacio torácico

El pecho se contrae

El aire sale de los pulmones

El diafragma se relaja y se curva, lo que reduce la capacidad pulmonar

CAVIDAD NASAL

TRÁQUEA

PULMONES

DIAFRAGMA

2 Exhalar
Al exhalar, los músculos del diafragma y las costillas se relajan, contrayendo de nuevo el pecho y reduciendo. Esto expulsa el aire de los pulmones y lo envía hacia la tráquea y fuera del cuerpo a través de la nariz y la boca.

Agallas

Los peces, cangrejos, moluscos y las larvas de otros animales que comienzan su vida en el agua respiran por branquias, unos filamentos cuya forma proporciona una gran superficie para el intercambio de gases. Como los sacos de aire de los pulmones, los filamentos están rodeados de pequeños vasos sanguíneos que introducen oxígeno en la sangre y hacen salir dióxido de carbono. Las branquias deben mantenerse húmedas para evitar que se sequen y colapsen.

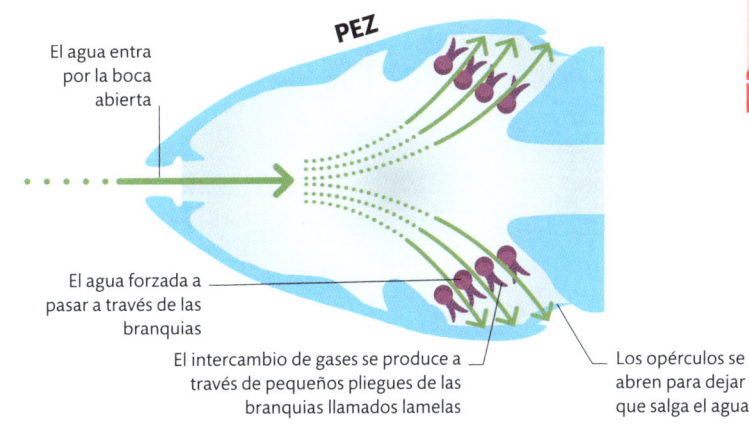

PEZ

El agua entra por la boca abierta

El agua forzada a pasar a través de las branquias

El intercambio de gases se produce a través de pequeños pliegues de las branquias llamados lamelas

Los opérculos se abren para dejar que salga el agua

Tráqueas y espiráculos

El sistema respiratorio de los insectos, como las cucarachas, está del todo separado del sistema circulatorio, por lo que su sangre no transporta gases. En cambio, tienen un sistema traqueal en el que el aire entra por los poros del cuerpo y se transporta por una red de tubos llamados tráqueas. Este sistema traqueal suministra oxígeno directamente a los tejidos y elimina el dióxido de carbono residual.

UN COLIBRÍ **RESPIRA** UNAS **250 VECES POR MINUTO,** MIENTRAS QUE LAS PERSONAS, **UNA MEDIA DE 12 VECES**

Tejidos

Espiráculo

Traqueola

Tráquea

Red de tubos
Los espiráculos se abren para dejar entrar aire al sistema traqueal, que se ramifica por todo el cuerpo y transporta oxígeno directamente a los tejidos.

RESPIRACIÓN CUTÁNEA

Algunos animales (como las esponjas, los corales, las medusas y los gusanos) realizan toda su respiración a través de la piel. Los anfibios, como las ranas, combinan la respiración cutánea con branquias (en los renacuajos) o pulmones (en los adultos). La piel debe estar húmeda y ser muy fina para que los gases la atraviesen en un proceso llamado difusión.

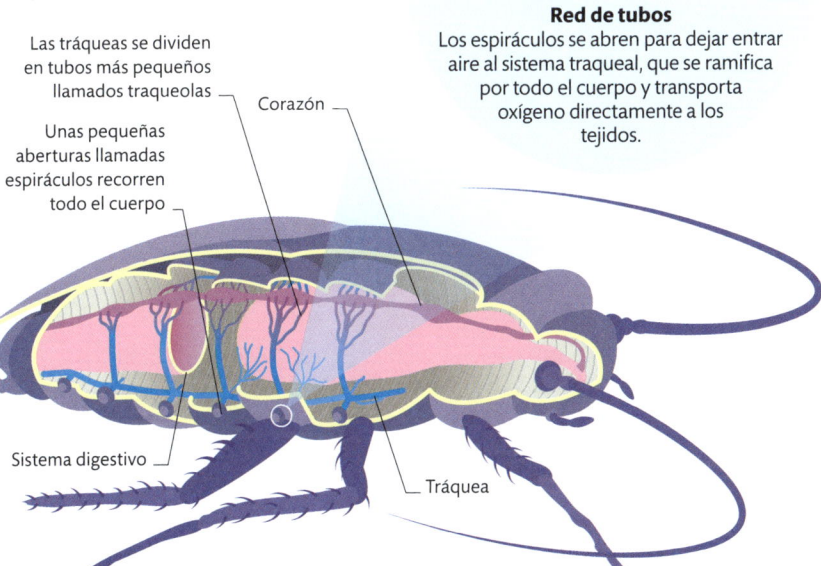

Las tráqueas se dividen en tubos más pequeños llamados traqueolas

Corazón

Unas pequeñas aberturas llamadas espiráculos recorren todo el cuerpo

Sistema digestivo

Tráquea

CUCARACHA

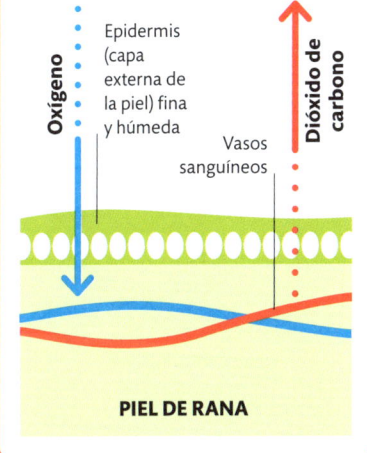

Oxígeno

Epidermis (capa externa de la piel) fina y húmeda

Dióxido de carbono

Vasos sanguíneos

PIEL DE RANA

Sistema circulatorio

El sistema circulatorio es un sistema de transporte esencial que suministra a cada célula del cuerpo de un animal los nutrientes y células inmunitarias que necesita, y de eliminación de los desechos.

Sistema de soporte vital

Todos los animales complejos necesitan un sistema para trasladar nutrientes y desechos por el cuerpo. Los animales tienen sistemas circulatorios con redes de vasos sanguíneos que pueden transportar sangre a todas las células del cuerpo. El corazón es una potente bomba en el centro del sistema que lo mantiene en movimiento.

Simple o doble

Los vertebrados pueden tener un sistema circulatorio simple o doble. En los sistemas individuales, la sangre pasa por el corazón solo una vez en un ciclo completo. En sistemas de doble circulación, como en los humanos, la sangre pasa dos veces por el corazón: una vez tras pasar por los pulmones y otra después de haber recorrido el resto del cuerpo.

Las arterias de la cabeza suministran oxígeno al cerebro

Los capilares forman grandes redes, llamadas lechos capilares, alrededor de tejidos y órganos

Los capilares de los pulmones absorben oxígeno y eliminan dióxido de carbono

CEREBRO

Durante el ejercicio intenso, el corazón bombea más rápido para llevar oxígeno a los tejidos que lo necesitan

El corazón es una bomba muscular que envía sangre a todo el cuerpo

CORAZÓN

PULMONES

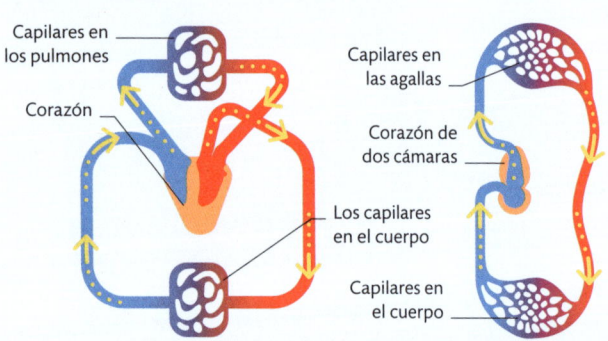

Capilares en los pulmones

Corazón

Los capilares en el cuerpo

Capilares en las agallas

Corazón de dos cámaras

Capilares en el cuerpo

Capilares en los pulmones

Sangre mezclada (violeta)

Corazón de tres cámaras

Capilares en el cuerpo

Mamíferos y aves
Los mamíferos y las aves tienen un doble sistema de circulación. La sangre se bombea a los pulmones donde se oxigena y luego al resto del cuerpo.

Peces
En los peces, la sangre se bombea en un solo circuito del corazón a las branquias, donde recoge oxígeno de camino al resto del cuerpo.

Anfibios
Los anfibios tienen un sistema doble, pero la sangre rica en oxígeno se mezcla en el corazón con la pobre en oxígeno y se bombea al cuerpo.

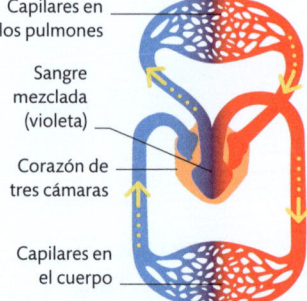

La sangre está formada por glóbulos rojos, glóbulos blancos y plaquetas en un líquido llamado plasma

SISTEMAS CIRCULATORIOS ABIERTOS

Los animales pequeños y simples, como las lombrices de tierra y los insectos, poseen un sistema abierto en el que un corazón largo y tubular bombea un líquido llamado hemolinfa directamente a la cavidad corporal e intercambia sustancias químicas entre el líquido y las células.

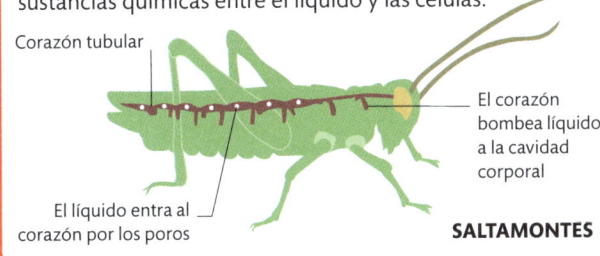

Corazón tubular

El corazón bombea líquido a la cavidad corporal

El líquido entra al corazón por los poros

SALTAMONTES

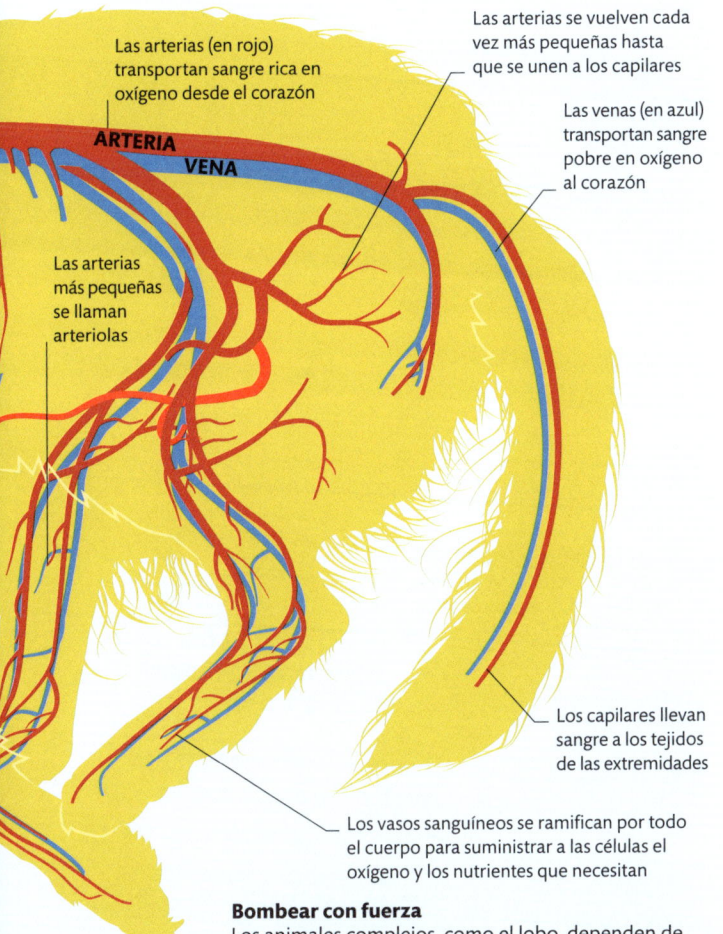

Las arterias (en rojo) transportan sangre rica en oxígeno desde el corazón

ARTERIA

VENA

Las arterias más pequeñas se llaman arteriolas

Las arterias se vuelven cada vez más pequeñas hasta que se unen a los capilares

Las venas (en azul) transportan sangre pobre en oxígeno al corazón

Los capilares llevan sangre a los tejidos de las extremidades

Los vasos sanguíneos se ramifican por todo el cuerpo para suministrar a las células el oxígeno y los nutrientes que necesitan

Bombear con fuerza
Los animales complejos, como el lobo, dependen de un sistema circulatorio eficiente para proporcionar con rapidez las sustancias químicas a sus músculos.

Tipos de vasos sanguíneos

Hay tres tipos de vasos sanguíneos (arterias, venas y capilares) que transportan sangre por el cuerpo de un mamífero. Las arterias llevan sangre desde el corazón y pueden ensancharse o estrecharse para controlar el flujo. Las venas llevan sangre de regreso al corazón. Los capilares hacen el intercambio de nutrientes y sustancias de desecho en los tejidos.

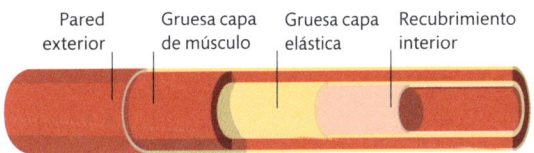

Pared exterior

Gruesa capa de músculo

Gruesa capa elástica

Recubrimiento interior

Arteria
Las arterias están rodeadas por una capa de tejido conectivo y tienen paredes gruesas, musculares y elásticas que les permiten hacer frente a los aumentos repentinos de presión cuando la sangre es bombeada por su interior.

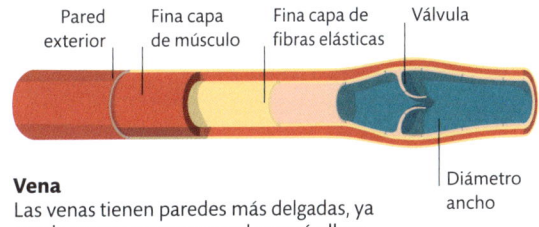

Pared exterior

Fina capa de músculo

Fina capa de fibras elásticas

Válvula

Diámetro ancho

Vena
Las venas tienen paredes más delgadas, ya que la sangre que regresa al corazón lleva una presión más baja. Contienen válvulas unidireccionales que aseguran que la sangre no fluya hacia atrás.

Capa de células individuales

Diámetro estrecho

Capilar
Los capilares tienen paredes muy delgadas que permiten que los nutrientes, los gases y otras moléculas viajen entre la sangre y los tejidos. Algunos tienen huecos o poros que permiten el paso de moléculas más grandes.

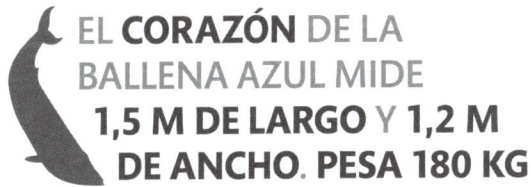

EL **CORAZÓN** DE LA BALLENA AZUL MIDE **1,5 M DE LARGO** Y **1,2 M DE ANCHO**. PESA **180 KG**

Sistema digestivo

El sistema digestivo descompone los alimentos que los animales ingieren para que puedan absorber los nutrientes y la energía que necesitan. El sistema varía según los animales en función de sus necesidades nutricionales.

De la comida a las heces

El viaje de la comida para todos los animales comienza en la boca. Para muchos, a continuación viene el paso de los alimentos a través del largo tracto gastrointestinal, que utiliza contracciones musculares y sustancias químicas para descomponer los nutrientes de los alimentos, que después serán absorbidos por el revestimiento intestinal y hacia el torrente sanguíneo. Todo lo que queda (los componentes no digeribles) se elimina en forma de heces.

2 Esófago
El esófago se contrae con movimientos ondulatorios, llamados peristaltis, para llevar los alimentos y los líquidos de la boca al estómago.

3 Estómago
Los músculos de la pared del estómago se contraen para batir los alimentos con jugos gástricos ácidos y enzimas, descomponiéndolos en una suspensión llamada quimo que se libera al intestino delgado.

El recto es la última sección del intestino grueso

LINCE

El ciego de un carnívoro es muy pequeño

8 Recto
Las heces se almacenan en el recto (parte del intestino grueso). La pared del recto se contrae para expulsar las heces del cuerpo a través de una abertura llamada ano.

INTESTINO GRUESO

HÍGADO

El hígado secreta jugos digestivos y elimina toxinas de la sangre

Las heces salen del cuerpo por el ano

INTESTINO DELGADO

ESTÓMAGO

La pared del intestino delgado está cubierta con protuberancias en forma de dedos llamadas vellosidades, que maximizan la absorción

La comida está varias horas en el estómago

7 Intestino grueso
Cuando el quimo llega al intestino grueso, la mayoría de los nutrientes ya han sido absorbidos, dejando alimentos y agua no digeribles. El agua se absorbe en la sangre y los alimentos no digeridos se prensan en forma de heces.

4 Hígado y páncreas
El hígado produce bilis, un jugo digestivo que emulsiona los lípidos, y el páncreas (a su lado) segrega jugo pancreático, rico en enzimas, en el intestino delgado para digerir aún más el contenido del quimo.

5 Intestino delgado
El quimo pasa a través de un tubo largo y enrollado llamado intestino delgado. Allí continúa descomponiéndose en pequeñas moléculas de nutrientes, que se absorben a través de las paredes intestinales hacia la sangre.

Carnívoros

Los animales que comen principalmente carne se llaman carnívoros. Los carnívoros tienen un tracto digestivo corto porque la carne es rica en nutrientes que se pueden extraer con relativa facilidad. Los estómagos de los carnívoros son grandes y muy ácidos para descomponer la carne.

6 Ciego
En los carnívoros, el ciego es una pequeña cámara al comienzo del intestino grueso que absorbe sales y minerales. En los herbívoros, el ciego es más grande y está más desarrollado para hacer frente a su dieta rica en plantas.

¿TODOS LOS ANIMALES TIENEN SISTEMA DIGESTIVO?

La tenia es parasitaria y no tiene sistema digestivo. Absorbe nutrientes del tracto digestivo de su huésped directamente a través de la piel.

EL WÓMBAT ES EL ÚNICO MAMÍFERO QUE PRODUCE EXCREMENTOS CÚBICOS

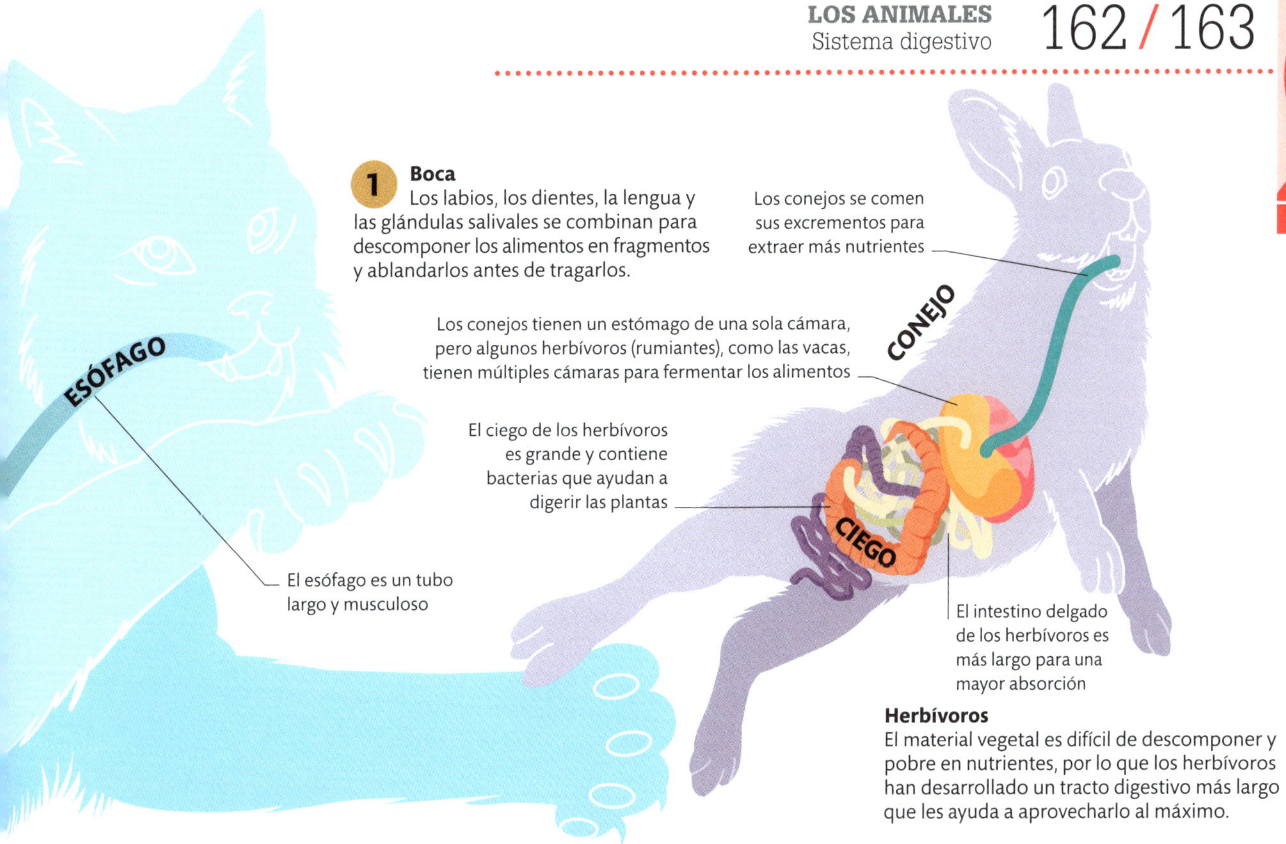

1 **Boca**
Los labios, los dientes, la lengua y las glándulas salivales se combinan para descomponer los alimentos en fragmentos y ablandarlos antes de tragarlos.

Los conejos se comen sus excrementos para extraer más nutrientes

ESÓFAGO

CONEJO

Los conejos tienen un estómago de una sola cámara, pero algunos herbívoros (rumiantes), como las vacas, tienen múltiples cámaras para fermentar los alimentos

El ciego de los herbívoros es grande y contiene bacterias que ayudan a digerir las plantas

CIEGO

El esófago es un tubo largo y musculoso

El intestino delgado de los herbívoros es más largo para una mayor absorción

Herbívoros
El material vegetal es difícil de descomponer y pobre en nutrientes, por lo que los herbívoros han desarrollado un tracto digestivo más largo que les ayuda a aprovecharlo al máximo.

Diversidad digestiva

Aunque la función del tracto digestivo es universal, existe una variación significativa en la forma que adopta entre los diferentes grupos de animales. Los sistemas digestivos han evolucionado en función de lo que comen los animales, de cómo comen y de dónde viven. Los sistemas van desde el avanzado tracto gastrointestinal de múltiples cámaras de los vertebrados, tal como se muestra arriba, hasta la cavidad primitiva que se observa en algunos invertebrados, como las anémonas de mar.

Boca y ano

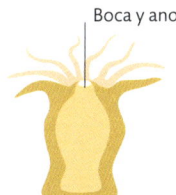

Estómago succionador

Molleja

Buche

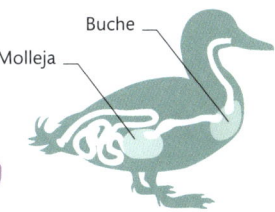

Una sola abertura
Las anémonas de mar comen y excretan por la misma abertura. Pasan los alimentos a través de esta hacia el estómago central y excretan sus desechos por el mismo lugar.

Digestión externa
Las arañas comienzan la digestión fuera del cuerpo regurgitando enzimas digestivas sobre sus presas para ablandarlas, y luego emplean un estómago succionador para sorberlas.

Cámara de trituración
Las aves no tienen dientes, pero han desarrollado una bolsa muscular (buche) que almacena y humedece los alimentos, y una molleja con arena y piedras pequeñas que los muele.

DIENTES

Desde los caninos perforadores de un carnívoro hasta los molares trituradores de un herbívoro, los dientes son una herramienta importante para adquirir y preparar alimentos. Como resultado, se han especializado en función de la dieta del animal.

Los carnívoros matan a sus presas y desgarran la carne con dientes frontales largos y puntiagudos

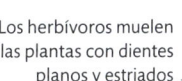

CARNÍVORO

Los herbívoros muelen las plantas con dientes planos y estriados

HERBÍVORO

Los omnívoros que comen carne y plantas tienen dientes que trituran y perforan

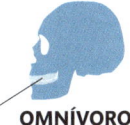

OMNÍVORO

Cerebro y sistema nervioso

El cerebro y el sistema nervioso de un animal funcionan un poco como un centro de mando y una red de fibra óptica: el cerebro procesa información de su entorno externo y coordina el cuerpo mediante una red de fibras nerviosas.

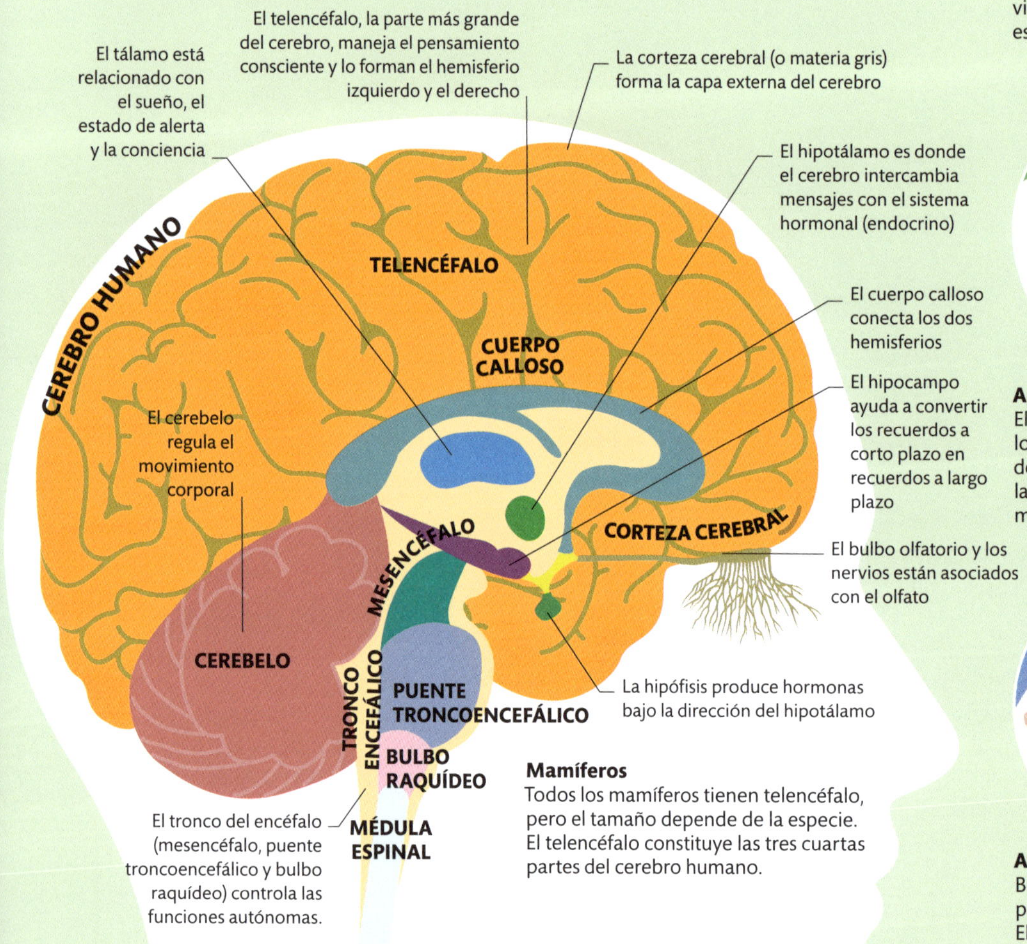

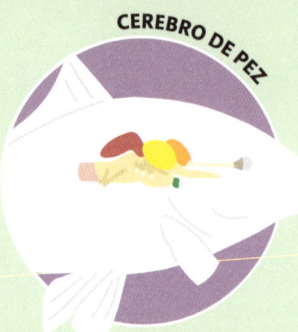

CEREBRO DE PEZ

Peces
Buena parte del cerebro de un pez se dedica a procesar información visual (lóbulo óptico), y el cerebro es relativamente pequeño.

El tálamo está relacionado con el sueño, el estado de alerta y la conciencia

El telencéfalo, la parte más grande del cerebro, maneja el pensamiento consciente y lo forman el hemisferio izquierdo y el derecho

La corteza cerebral (o materia gris) forma la capa externa del cerebro

El hipotálamo es donde el cerebro intercambia mensajes con el sistema hormonal (endocrino)

CEREBRO DE SAPO

Anfibios
El tamaño relativo del cerebro de los anfibios es diminuto respecto del humano. Las proporciones de las regiones sugieren que dependen mucho de movimientos reflejos.

CEREBRO HUMANO

TELENCÉFALO

CUERPO CALLOSO

El cuerpo calloso conecta los dos hemisferios

El hipocampo ayuda a convertir los recuerdos a corto plazo en recuerdos a largo plazo

El cerebelo regula el movimiento corporal

MESENCÉFALO

CORTEZA CEREBRAL

El bulbo olfatorio y los nervios están asociados con el olfato

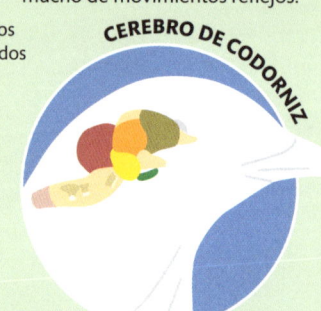

CEREBRO DE CODORNIZ

CEREBELO

TRONCO ENCEFÁLICO

PUENTE TRONCOENCEFÁLICO

BULBO RAQUÍDEO

La hipófisis produce hormonas bajo la dirección del hipotálamo

MÉDULA ESPINAL

El tronco del encéfalo (mesencéfalo, puente troncoencefálico y bulbo raquídeo) controla las funciones autónomas.

Mamíferos
Todos los mamíferos tienen telencéfalo, pero el tamaño depende de la especie. El telencéfalo constituye las tres cuartas partes del cerebro humano.

Aves
Buena parte del cerebro de un pájaro está dedicada al olfato. El cerebelo y el cerebro también son grandes en comparación con otras partes del cerebro.

Cómo funciona el cerebro

El cerebro procesa información constantemente, la compara con la almacenada y coordina las respuestas del cuerpo. El de los vertebrados está formado por regiones con miles de millones de neuronas conectadas con funciones específicas. Consume mucha energía, y en cada especie ha evolucionado para maximizar las áreas más necesarias.

CLAVE
- Cerebelo
- Hipófisis
- Lóbulo óptico
- Bulbo raquídeo
- Telencéfalo
- Bulbo olfatorio

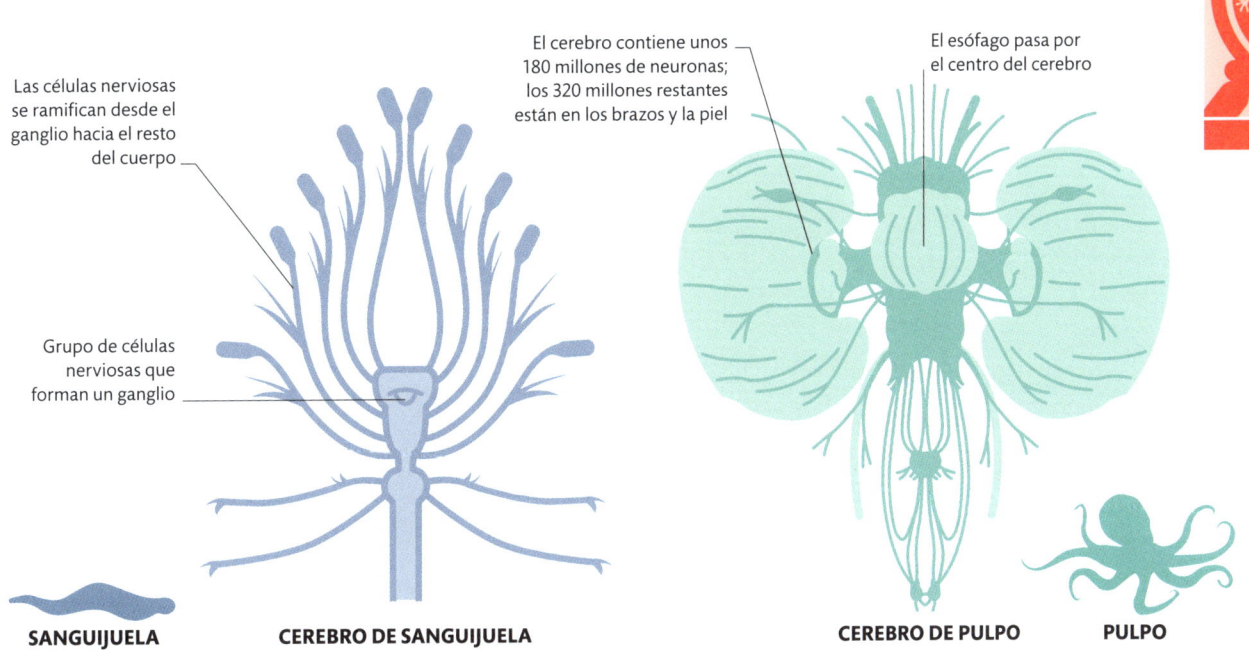

El cerebro contiene unos 180 millones de neuronas; los 320 millones restantes están en los brazos y la piel

El esófago pasa por el centro del cerebro

Las células nerviosas se ramifican desde el ganglio hacia el resto del cuerpo

Grupo de células nerviosas que forman un ganglio

SANGUIJUELA

CEREBRO DE SANGUIJUELA

CEREBRO DE PULPO

PULPO

El sistema nervioso de los invertebrados

La complejidad y la forma del cerebro son mucho más variadas entre los invertebrados, que representan hasta el 97 por ciento del reino animal, que en los vertebrados. Desde esponjas sin células nerviosas hasta pulpos con cerebro en forma de rosquilla y unos 500 millones de neuronas. Muchos invertebrados poseen ganglios, grupos de células nerviosas unidas entre sí que no están organizadas al nivel de un cerebro.

EL **ESÓFAGO** DE LA SEPIA ATRAVIESA POR UN **HUECO** SU **CEREBRO**, QUE TIENE **FORMA DE ROSQUILLA**

EL SISTEMA NERVIOSO PERIFÉRICO

El sistema nervioso se divide en sistema nervioso central (el cerebro y la médula espinal) y sistema nervioso periférico (todo lo demás). La médula espinal es la carretera principal por la que pasa la información entre el cerebro y el cuerpo, y es desde allí donde se ramifican pares de nervios espinales que conectan la médula espinal con el resto del cuerpo. Algunos de estos nervios periféricos llevan a cabo acciones voluntarias y recopilan información sensorial (el sistema nervioso somático). El resto realizan acciones involuntarias en el cuerpo, como la digestión o la respiración (el sistema nervioso autónomo).

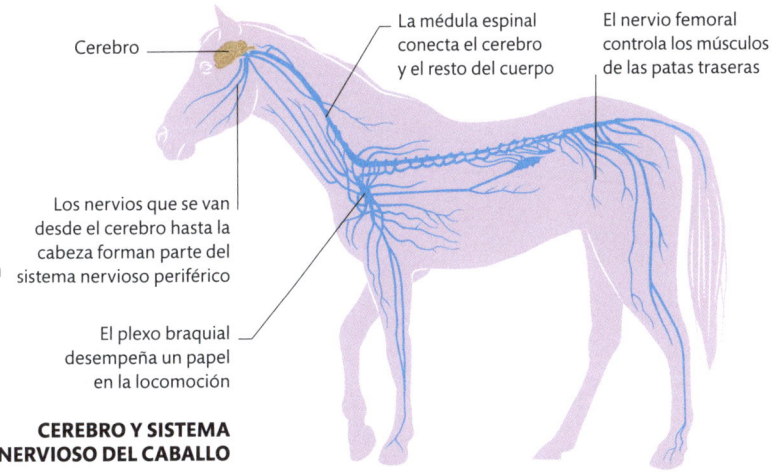

Cerebro

La médula espinal conecta el cerebro y el resto del cuerpo

El nervio femoral controla los músculos de las patas traseras

Los nervios que se van desde el cerebro hasta la cabeza forman parte del sistema nervioso periférico

El plexo braquial desempeña un papel en la locomoción

CEREBRO Y SISTEMA NERVIOSO DEL CABALLO

Vista

La vista convierte la luz en señales eléctricas que son procesadas por el cerebro. Los sistemas visuales simples, como los ocelos, detectan la luz y la oscuridad, y los ojos complejos permiten a un animal detectar presas desde lejos.

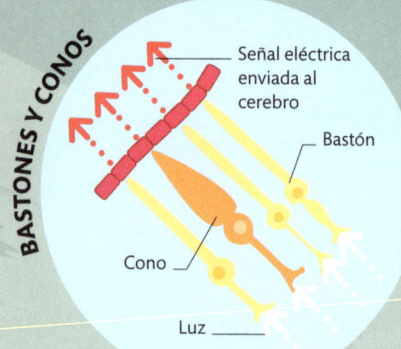

BASTONES Y CONOS

Señal eléctrica enviada al cerebro

Bastón

Cono

Luz

Fotorreceptores
En la retina hay dos tipos de células sensibles a la luz. Los conos son sensibles al color en condiciones de mucha luz, y los bastones permiten ver imágenes (pero no el color) en condiciones de poca luz.

5 Retina
Se forma una imagen invertida en la retina, donde los fotorreceptores convierten la luz en señales eléctricas para que el cerebro las interprete.

Un pecten es un peine de vasos sanguíneos que se cree que nutre la retina de las aves

El humor vítreo, un líquido gelatinoso detrás del cristalino, da al ojo su forma y estructura

Un anillo de hueso, llamado anillo esclerótico, mantiene el ojo en su sitio

Los músculos ciliares forman un anillo alrededor del cristalino

Un líquido llamado humor acuoso llena la parte frontal del ojo para mantener la presión y transportar nutrientes

Visión de búho
Los búhos tienen ojos grandes en forma de tubo que permiten que llegue la mayor cantidad de luz posible a la retina. Esto les da una visión nítida para cazar de noche con poca luz.

RETINA

CÓRNEA

IRIS

CRISTALINO

PUPILA

RAYO DE LUZ

PRESA

NERVIO ÓPTICO

PECTEN

6 Nervio óptico
Las señales se transportan al cerebro a través del nervio óptico. Donde este se conecta con la retina, no hay células fotorreceptoras, y se crea un punto ciego.

2 Córnea
Al llegar al ojo, la luz es enfocada por la córnea, una capa transparente que también protege los elementos internos del ojo.

1 Presa
Los ojos del búho detectan la luz reflejada en un ratón, lo que indica su presencia.

4 Cristalino
Esta lente flexible afina el enfoque de la imagen. Los músculos ciliares tiran del cristalino y cambian su forma para permitir un enfoque de mayor nitidez.

3 Iris
El iris es un músculo que controla el tamaño de la pupila para permitir el paso de más o menos luz. En condiciones de poca luz, por ejemplo, el iris ensancha la pupila.

LA **VISIÓN UV** EN LOS **DEPREDADORES** LES PERMITE **DETECTAR ORINA** EN EL **RASTRO** DE SUS **PRESAS**

El ojo de los vertebrados

En el ojo de un vertebrado, las partículas de luz pasan por una capa frontal transparente (córnea) y entran en el ojo a través de la pupila. Una única lente enfoca la luz hacia una capa de tejido sensible a la luz en la parte posterior del ojo (retina), donde se convierte en señales eléctricas. Luego, el cerebro interpreta esta información.

¿POR QUÉ LAS PUPILAS DEL GATO SON VERTICALES?

Las pupilas verticales son comunes en los depredadores que cazan al acecho porque optimizan la percepción de la profundidad. Les ayuda a estimar la distancia hasta su presa.

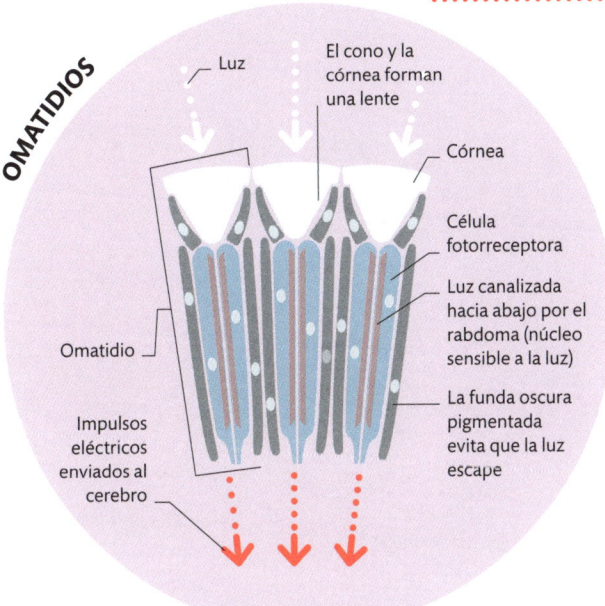

OMATIDIOS

Luz

El cono y la córnea forman una lente

Córnea

Célula fotorreceptora

Luz canalizada hacia abajo por el rabdoma (núcleo sensible a la luz)

La funda oscura pigmentada evita que la luz escape

Omatidio

Impulsos eléctricos enviados al cerebro

Los omatidios pequeños y densamente dispuestos producen una resolución más alta

Visión de mosca
Las unidades hexagonales (omatidios) forman la superficie curva de un ojo compuesto. Esto dota a la mosca de una vista de casi 360°; cada unidad captura un fragmento de la imagen.

Ojos compuestos

La mayoría de los insectos y crustáceos (como el cangrejo) tienen ojos compuestos con miles de omatidios que tienen córnea, cristalino y células fotorreceptoras. Este sistema ofrece una visión amplia pero una resolución de imagen más pobre en comparación con el ojo de un vertebrado. Los ojos compuestos son una adaptación que ayuda a los animales a detectar movimientos rápidos.

Visión monocular y binocular

En la visión monocular se crea una sola imagen, y en la binocular, los dos ojos actúan juntos. Los depredadores suelen tener una visión más binocular, pues les da una imagen más clara y mejor percepción de la profundidad. Los herbívoros tienden a tener una visión más monocular, ya que les permite detectar el peligro a ambos lados.

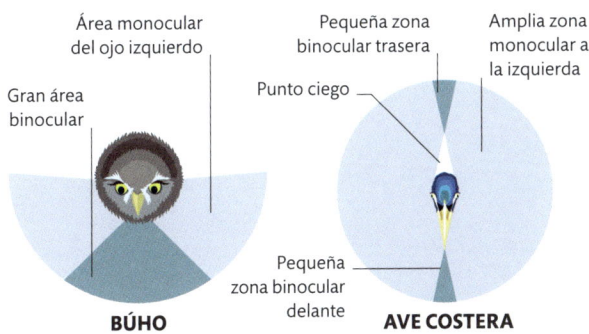

Área monocular del ojo izquierdo

Gran área binocular

BÚHO

Pequeña zona binocular trasera

Punto ciego

Amplia zona monocular a la izquierda

Pequeña zona binocular delante

AVE COSTERA

MÁS ALLÁ DEL ESPECTRO VISIBLE

Muchos animales pueden ver más allá del rango de longitudes de onda de la luz visible para los humanos. Así, los abejorros tienen fotorreceptores sensibles a la luz ultravioleta (UV), lo que les permite detectar dibujos aparentemente invisibles en las flores que los ayudan a encontrar fuentes de néctar, como las luces en una pista.

VISTA HUMANA

VISTA DE ABEJORRO

Oído

El sonido puede proporcionar información vital sobre el entorno y, a veces, puede significar la vida o la muerte para un animal que persigue a una presa, que huye de un depredador o que busca pareja. Los animales han desarrollado distintas formas de detectar vibraciones sonoras, desde los simples pelos en las antenas de un insecto hasta el complejo oído de los mamíferos.

El sonido se crea cuando un objeto vibra, lo que hace que las partículas en el aire también vibren

Muchos mamíferos, como los perros, mueven su oído externo para captar ondas sonoras provenientes de una dirección particular, mientras que otros, como las focas, no tienen parte externa visible

ONDAS SONORAS

PABELLÓN AURICULAR

El pabellón auricular dirige el sonido hacia el canal auditivo

¿Cómo oyen los mamíferos?

El oído de los mamíferos tiene tres secciones: oído externo, medio e interno. El oído externo recoge las ondas sonoras y las canaliza hacia el oído medio, donde se amplifican y se transmiten al oído interno. Luego, el oído interno convierte la estimulación mecánica de las ondas en señales eléctricas que se envían al cerebro, donde pueden interpretarse para actuar de una forma u otra.

1 Oído externo
El oído externo capta las ondas sonoras. Por lo general, consta de un pabellón auricular (la parte visible de la oreja), un canal auditivo y músculos para mover el pabellón auricular.

El sonido viaja en forma de ondas

¿Oyen los insectos?

La capacidad de oír ha evolucionado en los insectos diversas veces, y se observan varias adaptaciones para la audición en diferentes tipos de insectos. Algunos tienen órganos auditivos en las antenas y otros en las patas delanteras, en las alas o incluso en la boca. Evitar a los depredadores parece un beneficio obvio del oído, pero encontrar pareja también es importante, porque, entre las cigarras, solo aquellas especies que cantan para atraer pareja han desarrollado oído.

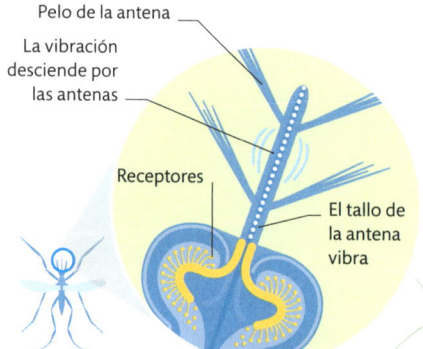

Pelo de la antena

La vibración desciende por las antenas

Receptores

El tallo de la antena vibra

Mosquito
Los mosquitos detectan vibraciones sonoras a través de diminutos pelos de sus antenas. Los machos son particularmente sensibles al sonido de las vibraciones de las alas femeninas.

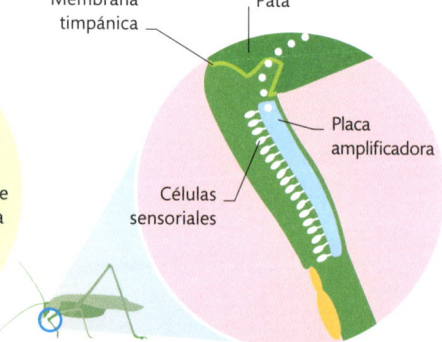

Membrana timpánica

Pata

Placa amplificadora

Células sensoriales

Tetigónido
Membranas timpánicas en las patas delanteras de un tetigónido (tipo de saltamonte) transmite vibraciones sonoras a una placa amplificadora que las pasa a un órgano similar a la cóclea.

EL **BÚHO** NO TIENE OÍDO EXTERNO. USA SU «DISCO FACIAL» PARA ENFOCAR EL SONIDO

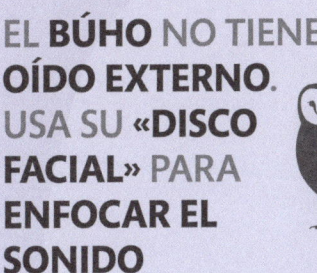

3 **Oído interno**
El oído interno consta de los conductos semicirculares, que se ocupan del equilibrio, y la cóclea, que convierte las ondas sonoras en señales eléctricas.

Los canales semicirculares llenos de líquido contienen pelos diminutos que se doblan cuando el líquido pasa sobre ellos en respuesta al movimiento; este movimiento se convierte en señales eléctricas que pasan al cerebro

El nervio vestibular transporta información sobre el equilibrio al cerebro

CONDUCTOS SEMICIRCULARES

NERVIO VESTIBULAR

NERVIO COCLEAR

El nervio coclear transporta señales auditivas al cerebro

La vibración de los osículos transmite ondas sonoras al líquido del oído interno

OSÍCULOS

Yunque

Martillo

Las ondas sonoras hacen vibrar el tímpano; luego las vibraciones pasan a los osículos

TÍMPANO

Estribo

La ventana ovalada conecta el oído medio y el interno

CÓCLEA

CANAL AUDITIVO

Los osículos son tres huesos diminutos, llamados martillo, yunque y estribo, que evolucionaron a partir de los huesos de la mandíbula

2 **Oído medio**
El oído medio amplifica los sonidos. Tres pequeños huesos (martillo, yunque y estribo) se combinan para recibir, amplificar y transmitir las ondas sonoras desde el tímpano al oído interno.

La trompa de Eustaquio conecta el oído medio con la garganta, drena líquido y equilibra la presión del aire

TROMPA DE EUSTAQUIO

La cóclea tiene miles de diminutos pelos que convierten las ondas sonoras en señales eléctricas

---

¿SE OYE EL SONIDO EN EL ESPACIO EXTERIOR?

No, el sonido no se puede oír en el espacio porque no hay aire, de modo que no hay un medio por el que viajen las ondas sonoras.

MÁS ALLÁ DEL OÍDO HUMANO

Las vibraciones por segundo de un sonido son la frecuencia. Algunos animales emiten y oyen sonidos de frecuencias inferiores (infrasonidos) o superiores (ultrasonidos) al rango humano. Los elefantes oyen sonidos de baja frecuencia al sentir vibraciones a través de sus pies. Los murciélagos utilizan una detección de sonido de alta frecuencia llamada ecolocalización (p. 175).

ELEFANTE

SER HUMANO

MURCIÉLAGO

POR DEBAJO DE 20 HZ · ENTRE 20 HZ Y 20 000 HZ · MÁS DE 20 000 HZ

Percepción química

Poder detectar sustancias químicas con sistemas como el olfato y el gusto puede ser cuestión de vida o muerte para los animales, que dependen de ellos para evadir a los depredadores y localizar comida.

El olfato de los mamíferos

Los mamíferos utilizan el sistema olfativo para detectar en el aire sustancias químicas aromáticas, llamadas odorantes, y de ese modo obtener información útil sobre su entorno. Los olores, al entrar en la nariz, son captados por células sensoriales que envían señales al bulbo olfatorio del cerebro. El tamaño del bulbo olfatorio y el número y tipos de sensores difieren considerablemente entre los mamíferos.

La estructura crea una gran superficie para los receptores olfativos

Los finos huesos están enrollados como pergaminos

SECCIÓN DEL EPITELIO OLFATORIO

Cavidad recubierta de epitelio

3 **Dentro del cerebro**
Las señales de las neuronas receptoras olfatorias se transmiten a través de grupos de nervios llamados glomérulos a las células mitrales ubicadas en un área del cerebro llamada bulbo olfatorio. Luego, las células mitrales transportan esas señales a diferentes áreas del cerebro.

Bulbo olfatorio

Neurona receptora olfatoria

El epitelio olfatorio
La parte posterior del conducto nasal contiene un laberinto de finos huesos (el receso olfatorio) cubierto por una fina capa de tejido llamada epitelio olfatorio.

CEREBRO **3**

Célula mitral

Glomérulo

La molécula de olor se une a la neurona receptora

Molécula de olor (odorante)

2 **Receptores olfatorios**
Cuando los olores entran en la cavidad nasal, se disuelven en una capa húmeda llamada epitelio olfativo. Incrustadas en esa capa de piel hay cientos de miles de células que detectan sustancias químicas y que reciben el nombre de neuronas receptoras olfatorias.

Epitelio olfativo

CAVIDAD NASAL

Órgano de Jacobson, ubicado en la base de la cavidad nasal

El olfato de un ratón
Los ratones tienen un agudo sentido del olfato y lo utilizan para detectar fuentes de alimento. También recurren a un órgano especial llamado órgano de Jacobson cuando se trata de detectar parejas.

1 **El aire entra en la nariz**
Al aspirar aire, los pelos de la nariz atrapan partículas dañinas pero dejan pasar pequeñas moléculas aromáticas (olorantes) a la cavidad nasal.

Arándanos

1 Lengua

La lengua mueve la comida dentro de la boca, pero también está cubierta por una membrana mucosa que disuelve sustancias químicas para saborearlas, lo que ayuda al cerebro a determinar si la comida puede comerse.

Lengua

La lengua de los mamíferos

La lengua de los mamíferos, llena de detectores de gusto, se combina con la nariz para determinar si los alimentos son nutritivos y seguros. La mayoría de los mamíferos tienen cinco tipos de células receptoras del gusto: dulce, agrio, amargo, salado y umami (sabores terrosos). Los gatos han perdido sensibilidad a lo dulce, pues son carnívoros estrictos.

DEL TODO **CUBIERTO** DE **SENSORES GUSTATIVOS**, EL SILURO ES UNA «**LENGUA QUE NADA**»

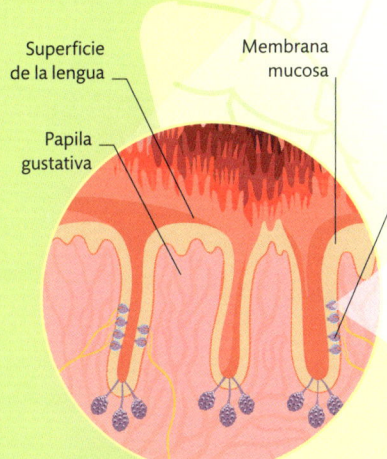

Superficie de la lengua

Membrana mucosa

Papila gustativa

Poro gustativo

Poro gustativo

Célula receptora del gusto

Fibra nerviosa

Célula de apoyo

En las microvellosidades hay receptores que se unen a las sustancias químicas de los alimentos

Molécula de sabor

Mensajero químico

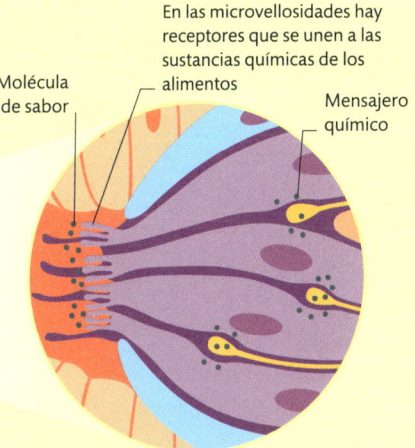

2 Papilas

Las pequeñas estructuras abultadas en la parte superior de la lengua se llaman papilas. Se cree que aumentan la superficie de la lengua, poniendo más membrana mucosa en contacto con la comida.

3 Papilas gustativas

Una papila gustativa es un conjunto de células receptoras del gusto, nervios y células de soporte. En su extremo hay un poro gustativo, donde las puntas de las células sensoriales sobresalen hacia la membrana mucosa.

4 Células receptoras del gusto

Cada célula receptora del gusto está especializada en ciertas sustancias, como azúcares o sales. Cuando estas se unen a las células receptoras, se envía una señal al cerebro a través de las fibras nerviosas.

LENGUAS BÍFIDAS Y ÓRGANOS DE JACOBSON

La lengua de la serpiente transporta olores a una bolsa llamada órgano de Jacobson. Las moléculas se unen a los receptores del órgano, que envían información al cerebro. La serpiente puede saber la dirección del olor por cuántas moléculas aterrizan en cada tenedor de su lengua.

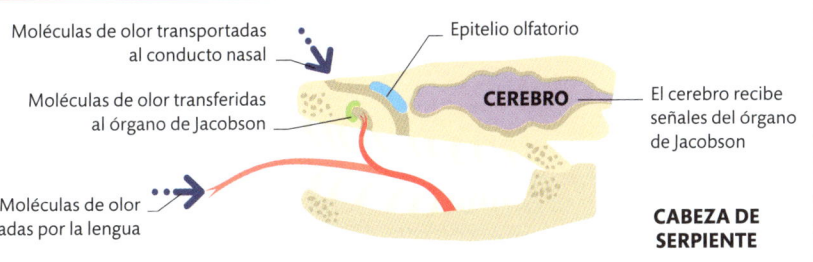

Moléculas de olor transportadas al conducto nasal

Moléculas de olor transferidas al órgano de Jacobson

Moléculas de olor captadas por la lengua

Epitelio olfatorio

CEREBRO

El cerebro recibe señales del órgano de Jacobson

CABEZA DE SERPIENTE

Tacto

El tacto es uno de los sistemas sensoriales más antiguos y básicos del reino animal. Incluso animales simples sin órganos sensoriales complejos como ojos u oídos suelen tener alguna forma de detectar y responder al tacto.

Receptores del tacto

El sentido del tacto se forma a partir de señales recibidas por varios tipos de receptores. La mayoría se encuentran en la piel; algunos están cerca de la superficie para detectar un contacto muy ligero, y otros, en capas más profundas, por lo que necesitan más estimulación para activarse. Cuando la información física (como el calor, la presión, el frío, el estiramiento y el contacto) altera o distorsiona el receptor, este traduce la información en un impulso nervioso. La señal viaja al cerebro, que genera una respuesta a la información.

BRISA LIGERA

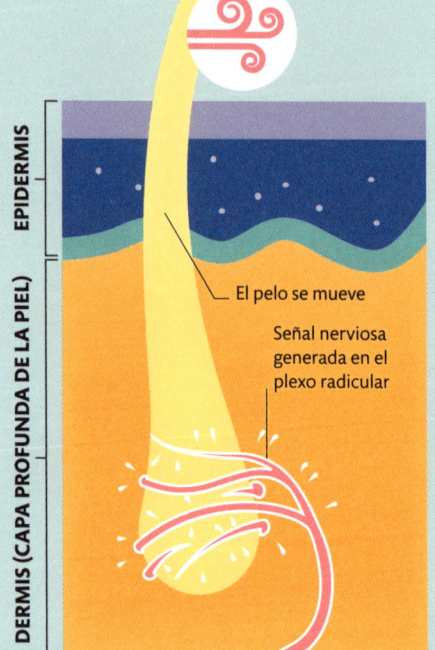

EPIDERMIS

DERMIS (CAPA PROFUNDA DE LA PIEL)

El pelo se mueve

Señal nerviosa generada en el plexo radicular

Plexo piloso de la raíz
La raíz de pelo está rodeada por una red de terminaciones nerviosas. Cuando el pelo se mueve o toca algo, activa el plexo y envía una señal al nervio.

CAMBIO DE TEMPERATURA

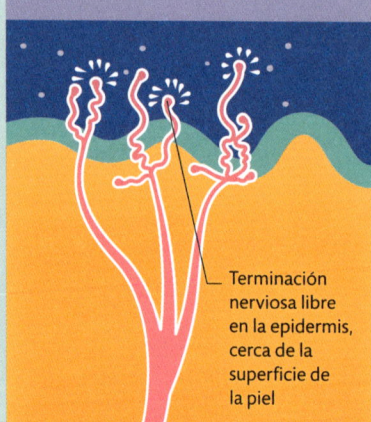

Terminación nerviosa libre en la epidermis, cerca de la superficie de la piel

Terminaciones nerviosas libres
Algunos nervios no tienen estructuras especiales en sus extremos, y se extienden hasta la capa superficial de la piel y son sensibles al calor, al frío, al dolor y al picor.

ROCE DE UNA PLUMA

Los discos están ubicados en la base de la epidermis

Discos de Merkel
Estas terminaciones son sensibles al tacto muy ligero y ayudan a detectar formas y bordes de objetos. Son muy numerosos en las yemas de los dedos.

LA LÍNEA LATERAL

Los peces detectan cambios en la presión y el movimiento del agua con un sistema sensorial llamado línea lateral. El agua entra en el canal de la línea lateral por los poros en los costados del pez. Unas terminaciones nerviosas llamadas neuromastos se doblan en respuesta a cambios en la presión o el flujo del agua y convierten esa curvatura mecánica en una señal eléctrica que va al cerebro.

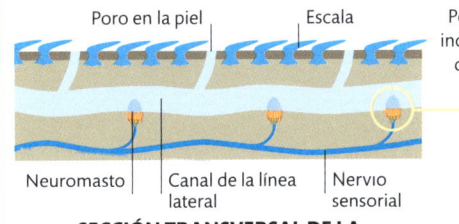

Poro en la piel

Escala

Pelos sensoriales incrustados en un cono gelatinoso

Neuromasto

Canal de la línea lateral

Nervio sensorial

Célula ciliada sensorial

SECCIÓN TRANSVERSAL DE LA SUPERFICIE DEL CUERPO DE UN PEZ

NEUROMASTO

LAS **FOCAS** SE VALEN DE SUS **BIGOTES** PARA DETECTAR UN **PEZ QUE** NADA A **100 M**

TOQUE SUAVE

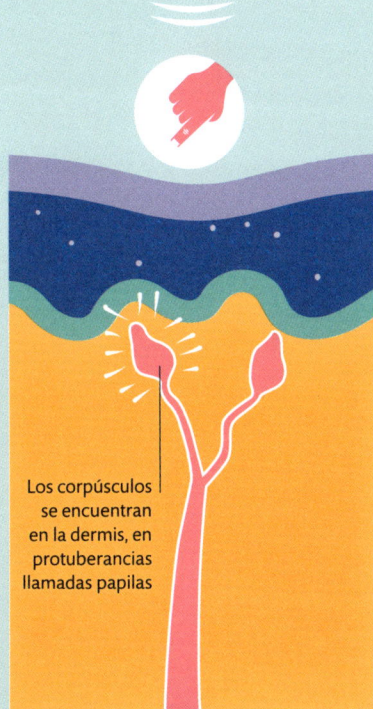

Los corpúsculos se encuentran en la dermis, en protuberancias llamadas papilas

Corpúsculos de Meissner
Más profundas, estas terminaciones son sensibles a la presión y la vibración ligeras y detectan formas y texturas. Están en zonas sin pelo (yemas de los dedos y palmas).

MASAJE FUERTE

Los corpúsculos de Ruffini están en lo profundo de la dermis

Terminaciones de Ruffini
Perciben presión y estiramiento sostenidos. Detectan cambios en los ángulos de las articulaciones, lo que da conciencia de la posición y el movimiento del cuerpo.

VIBRACIÓN

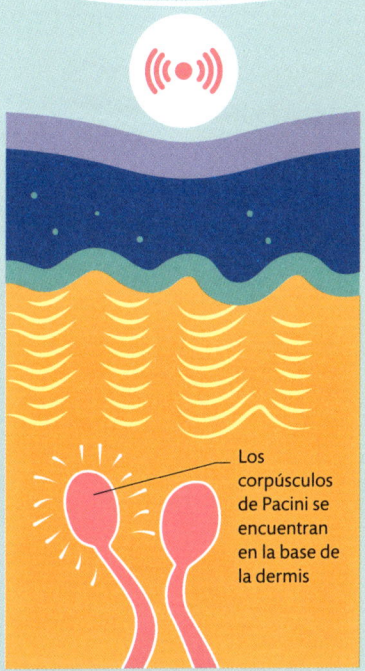

Los corpúsculos de Pacini se encuentran en la base de la dermis

Corpúsculos de Pacini
En lo profundo de la piel hay terminaciones sensibles a las vibraciones. No son numerosas, pero también se encuentran en los intestinos y las articulaciones.

Sensores

Desde escarabajos que siguen a los incendios y pueden detectarlos a 130 kilómetros, hasta los ornitorrincos, que usan sus picos como detectores de metales, muchos animales han desarrollado supersensores ultrasensibles que los ayudan a sobrevivir en su entorno.

El cerebro recibe señales a través de fibras nerviosas de las ampollas de Lorenzini

Fibra nerviosa

Ampolla de Lorenzini

CEREBRO

Cada ampolla tiene un haz de células receptoras conectadas a fibras nerviosas

¿POR QUÉ EL ESCARABAJO *MELANOPHILA* BUSCA LOS INCENDIOS?

Sus larvas solo comen madera quemada y usan sensores para detectar la radiación infrarroja y localizar incendios.

Las señales eléctricas se propagan a través del agua circundante

2 Tiburón
Un tiburón, mientras nada en el agua, utiliza haces de electrorreceptores llamados ampollas de Lorenzini para detectar el campo eléctrico de un pez. Los poros, visibles, se concentran alrededor de la cabeza, principalmente en el hocico y la mandíbula.

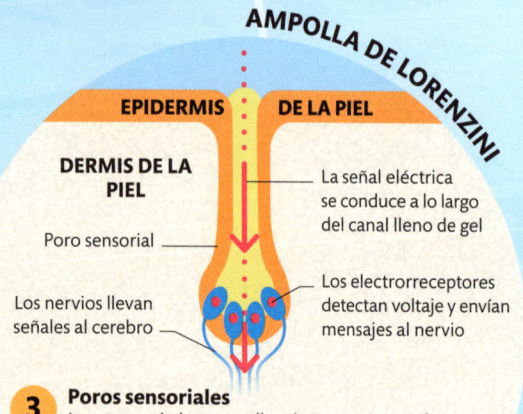

AMPOLLA DE LORENZINI

EPIDERMIS DE LA PIEL

DERMIS DE LA PIEL

Poro sensorial

La señal eléctrica se conduce a lo largo del canal lleno de gel

Los nervios llevan señales al cerebro

Los electrorreceptores detectan voltaje y envían mensajes al nervio

3 Poros sensoriales
Los poros de las ampollas de Lorenzini se abren a canales con gel. El gel conductor transfiere señales eléctricas en el agua a células electrorreceptoras en la base de la fosa sensorial. Luego, las señales se envían al cerebro y el tiburón se prepara para atacar.

Sensores eléctricos

Algunos animales detectan las débiles señales eléctricas de los movimientos musculares de otros animales. Esto es muy útil para los que viven en entornos con poca luz, como ríos turbios, y para los que cazan de noche o buscan presas enterradas en la arena. Algunos animales incluso generan una señal eléctrica débil y detectan distorsiones en el campo producidas por objetos como rocas. Este sentido, conocido como electrorrecepción, es más común en ambientes acuáticos porque el agua transporta señales eléctricas mucho mejor que el aire. Los tiburones, programados para cazar, tienen una red de entre cientos y miles de electrorreceptores que los ayudan a detectar la ubicación de presas cercanas y alinearse para atacar con precisión.

LAS **AVES SE ORIENTAN** EN LA MIGRACIÓN CON EL **CAMPO MAGNÉTICO DE LA TIERRA**

Las contracciones musculares de los peces generan un campo eléctrico

PRESA

1 Pez
Cuando un pez se mueve por el agua, sus contracciones musculares generan tenues señales eléctricas que crean un campo eléctrico alrededor. Aunque esté completamente quieto, el latido de su corazón genera un campo eléctrico.

ECOLOCALIZACIÓN

Algunos animales, como los delfines y los murciélagos, utilizan ondas sonoras de alta frecuencia para orientarse. Generan ondas sonoras de alta frecuencia y reciben los ecos cuando rebotan en los objetos. Esta capacidad, llamada ecolocalización, ayuda a estos animales a determinar la distancia de un objeto (velocidad del eco), su tamaño (tamaño del eco) y su dirección (la fuerza del eco en cada oído).

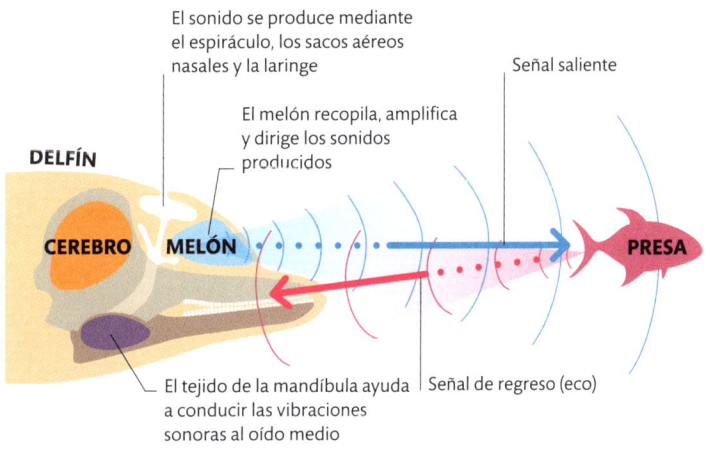

El sonido se produce mediante el espiráculo, los sacos aéreos nasales y la laringe

El melón recopila, amplifica y dirige los sonidos producidos

Señal saliente

DELFÍN

CEREBRO

MELÓN

PRESA

El tejido de la mandíbula ayuda a conducir las vibraciones sonoras al oído medio

Señal de regreso (eco)

La ecolocalización de los delfines
Los delfines envían un haz de clics que resuenan a través de un área grasa de su cabeza llamada melón. Cuando las ondas sonoras alcanzan a un pez, rebotan y crean un eco.

Antenas

La mayoría de los artrópodos (como los insectos y los crustáceos) tienen antenas que perciben información olfativa, táctil, gustativa, auditiva y de velocidad del viento, de calor o de humedad. Muchas especies poseen combinaciones de sensores, pero el sentido predominante es el olfato. Han desarrollado antenas de formas diferentes en función de su uso. Una hormiga que sigue un rastro de olor tiene antenas en forma de codo que tocan el suelo, mientras que una polilla tiene antenas en forma de plumas para detectar moléculas de olor en el aire.

Cada segmento de antenas tiene ramificaciones finas y plumosas

Las ramas están cubiertas por diferentes tipos de pelos sensoriales llamados sensilias

Los pelos de las sensilias sobresalen de estructuras en forma de paja

Los diferentes tipos de sensilias perciben cosas diferentes, como calor o movimiento

SENSILIAS

Antenas de polilla
Las antenas de la polilla dan una gran superficie para las células sensoriales (muchas sirven de olfato). La polilla puede detectar la dirección de un olor según dónde aterrizan las moléculas de olor en sus antenas.

POSICIÓN DE LAS ANTENAS

CEREBRO

La imagen de la araña se procesa después de que ya ha comenzado la respuesta de lucha o huida

La señal visual pasa a través del tálamo a la corteza y al sistema límbico

CORTEZA VISUAL

TÁLAMO

HIPOTÁLAMO

CUERPO AMIGDALINO

Las señales de los ojos pasan a la amígdala

Las señales del cuerpo amigdalino provocan una respuesta en el hipotálamo

OJO

¿Luchar o huir?
La presencia de una amenaza desencadena al instante una cadena de respuestas físicas y hormonales que liberan energía y preparan los músculos para la acción. Esto permite que un animal o una persona se defienda o huya de una amenaza.

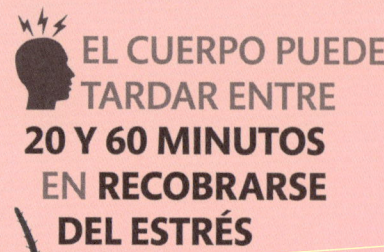

EL CUERPO PUEDE TARDAR ENTRE 20 Y 60 MINUTOS EN RECOBRARSE DEL ESTRÉS

ARAÑA

Las causas de las fobias, como las arañas, desencadenan respuestas de amenaza en algunas personas

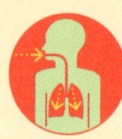

Corazón
La frecuencia cardíaca aumenta para suministrar oxígeno y energía al cuerpo.

SEÑAL NERVIOSA

HORMONAS

2 Enviar señales
Antes de que se forme una percepción consciente, el cuerpo amigdalino envía una señal al hipotálamo. Esto hace que el sistema nervioso simpático responda y que la pituitaria libere una hormona llamada ACTH.

1 Detectar la amenaza
Ciertas señales, sobre todo señales visuales como la forma o el movimiento de una amenaza, desencadenan una respuesta inconsciente o incluso instintiva.

Respiración
Las vías respiratorias se expanden y la respiración se acelera para aumentar la absorción de oxígeno.

Las señales hormonales y nerviosas desencadenan respuestas en las glándulas suprarrenales

La hormona del estrés, el cortisol, se produce en la corteza de las glándulas suprarrenales

Digestión ralentizada
Funciones corporales no esenciales quedan en suspenso.

Sistema inmune
Se producen cambios para preparar el cuerpo para posibles lesiones.

Las pupilas se dilatan, permitiendo que llegue más luz a la retina.

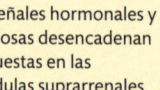

GLÁNDULAS SUPRARRENALES

Las glándulas suprarrenales segregan adrenalina

3 La respuesta del cuerpo
Las hormonas de la hipófisis hacen que las glándulas suprarrenales produzcan las hormonas adrenalina (epinefrina) y cortisol, que provocan cambios en el cuerpo para que el animal reaccione ante la amenaza.

4 La percepción consciente
Se forma una imagen en la corteza y se analiza para evaluar si la amenaza es real; se consultan los recuerdos para determinar si se ha enfrentado antes.

La sangre va a los músculos
La sangre se desvía de otras áreas del cuerpo hacia los músculos.

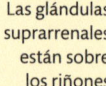

Las glándulas suprarrenales están sobre los riñones

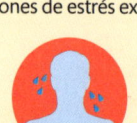

Vejiga
La vejiga se relaja; esto puede causar pérdida de control en situaciones de estrés extremo.

Respuestas posibles a una amenaza

Un animal o un ser humano que se enfrenta a una amenaza puede reaccionar de varias maneras dependiendo de la situación, del grado de amenaza y de la posibilidad de defenderse. La reacción más común es quedarse inmóvil para pasar desapercibido. Por otro lado, el animal o la persona pueden actuar: luchar contra el agresor o huir. Estas respuestas son activadas por el elemento simpático del sistema autónomo. En los seres humanos, pueden ocurrir como reacción a amenazas físicas y mentales, por ejemplo en personas con fobias.

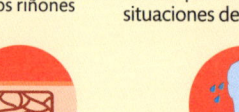

Grasa usada como energía
Se libera grasa, que es una rica fuente de energía, para impulsar los músculos.

Los vasos se constriñen
La sangre va hacia los músculos y se restringe en otras zonas.

Aumenta el sudor
En el ser humano, el sudor aumenta al subir la temperatura corporal.

Amenazas

Ante una amenaza, un animal debe responder mucho antes de que su cerebro la haya percibido conscientemente. Una vía rápida del cerebro al cuerpo lo prepara para la acción. Esto puede marcar la diferencia entre la vida y la muerte.

El sistema nervioso autónomo

El sistema nervioso autónomo es parte del sistema nervioso periférico, que comprende todas las estructuras nerviosas, salvo el cerebro y la médula espinal (sistema nervioso central). El sistema autónomo controla funciones corporales inconscientes como la frecuencia cardíaca, las contracciones del tracto digestivo, el flujo sanguíneo y la respiración. En el sistema nervioso autónomo hay dos redes: el sistema nervioso simpático, que prepara el cuerpo para luchar o huir (página opuesta), y el parasimpático, que prepara al cuerpo para el descanso y la recuperación. Los dos sistemas actúan para controlar los mismos órganos y otras partes del cuerpo, pero de manera exactamente opuesta.

¿TIENEN LOS INSECTOS UNA REACCIÓN DE LUCHA O HUIDA?

No tienen adrenalina, pero cuentan con una hormona similar, la octopamina, que aumenta su ritmo cardíaco y libera reservas de grasa almacenadas listas para luchar o huir.

Descanso y digestión

Cuando un animal no está en modo de lucha o huida, el sistema nervioso parasimpático envía señales desde la médula espinal a varios órganos, calmándolos y poniendo el cuerpo en modo de reposo y digestión. La energía se dirige a realizar funciones de mantenimiento como la absorción de nutrientes y la reparación del cuerpo (por medio del sistema inmunitario).

Ojos
Las pupilas se contraen y solo se dilatan si hay poca luz.

Vasos sanguíneos
Las arterias vuelven al diámetro normal, para lograr un flujo sanguíneo uniforme.

Hígado
El hígado genera reservas de energía almacenadas en azúcares o en grasa.

Vejiga
El cuello de la vejiga se contrae para evitar la pérdida de orina.

Pulmones
Las vías respiratorias de los pulmones vuelven a su diámetro normal.

Corazón
El corazón late a la frecuencia cardíaca normal de reposo.

Estómago
Se estimulan las contracciones en el estómago para la digestión.

Intestino
Los músculos lisos del intestino se contraen para evacuar desechos.

HACERSE EL MUERTO

Algunos animales no huyen ni luchan, sino que se hacen los muertos (inmovilidad tónica o tanatosis) para que parezca que no merece la pena comérselos. Esta reacción es más fuerte que quedarse inmóvil. Las frecuencias cardíaca y respiratoria descienden. El cuerpo se pone rígido y la boca se abre. El animal libera orina, heces o líquidos malolientes. El efecto a veces es tan poderoso que algunos animales permanecen «muertos» durante horas.

SERPIENTE (DEPREDADOR)

Serpiente deja en paz a la zarigüeya, creyéndola muerta

La excesiva salivación da la impresión de que el animal está enfermo

Muestra los dientes en una mueca de cadáver

El líquido maloliente de las glándulas anales disuade al depredador

ZARIGÜEYA

Defenderse de la enfermedad

Los animales necesitan mecanismos de defensa contra patógenos, parásitos y contaminantes que pueden causar enfermedades si se les permite arraigar.

Barreras físicas

La primera defensa de un animal ante enfermedades es su barrera física exterior, como un exoesqueleto (p. 157). Algunos tienen una gruesa capa de piel. Para mayor resistencia, la piel también tiene células especiales que producen mucosidad, lo que ayuda a atrapar y eliminar a los invasores, igual que un foso dificulta alcanzar el muro de un castillo. La barrera debe permitir el intercambio entre el entorno interno y externo del animal, de modo que a veces los invasores pueden atravesarlo.

A LAS **BACTERIAS** LES **CUESTA PEGARSE** A LA **PIEL DE TIBURÓN** DEBIDO A SU **ESTRUCTURA** ÚNICA

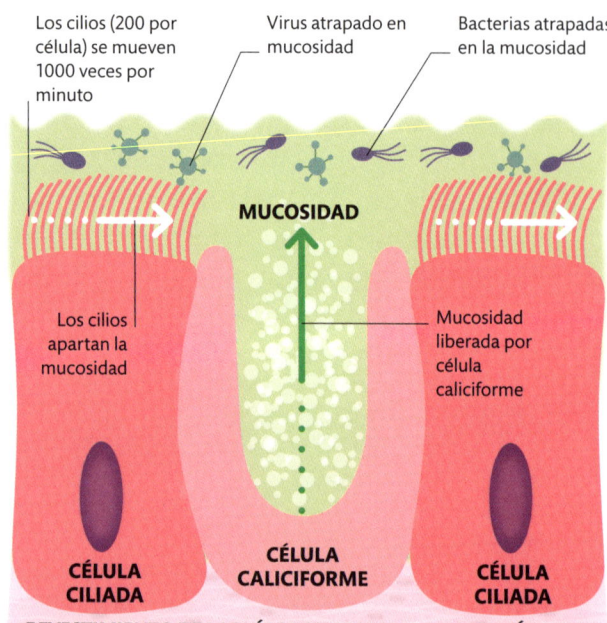

Los cilios (200 por célula) se mueven 1000 veces por minuto

Virus atrapado en mucosidad

Bacterias atrapadas en la mucosidad

MUCOSIDAD

Los cilios apartan la mucosidad

Mucosidad liberada por célula caliciforme

CÉLULA CILIADA

CÉLULA CALICIFORME

CÉLULA CILIADA

REVESTIMIENTO DE LAS VÍAS RESPIRATORIAS EN MAMÍFEROS

Mucosidad
El moco frena los patógenos. La mucosidad de la piel de peces y anfibios contiene sustancias que matan microbios. Los mamíferos también tienen células secretoras de mucosidad en las vías respiratorias. La mucosidad, junto con pequeños pelos (cilios), atrapa a los invasores, y luego se tragan o se expulsan por la nariz.

El sistema inmunitario

Si los invasores o patógenos logran atravesar las barreras físicas del cuerpo, un equipo de células del sistema inmunitario está listo para atacarlos. Hay dos líneas de defensa. La primera parte, el sistema innato, contiene glóbulos blancos (p. 74) que responden inmediatamente a señales de alarma provenientes de células enfermas o dañadas. Estas células buscan al invasor y lo engullen. Si esto falla, un segundo sistema inmunitario, el sistema adaptativo, utiliza información almacenada en infecciones anteriores de patógenos para lanzar una respuesta específica.

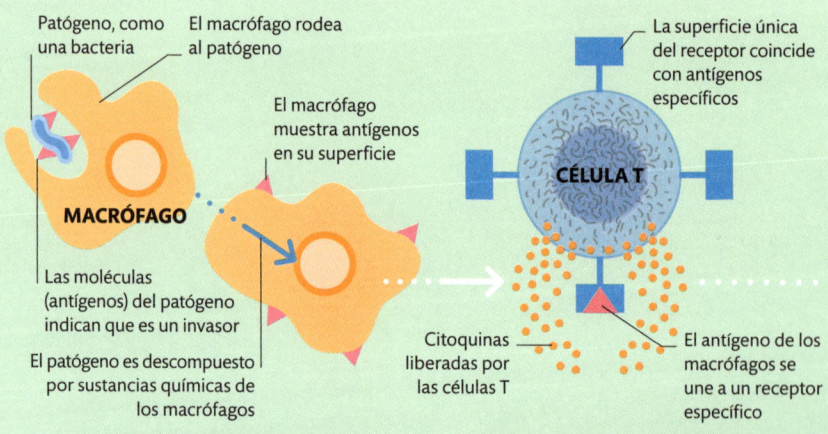

Patógeno, como una bacteria

El macrófago rodea al patógeno

El macrófago muestra antígenos en su superficie

La superficie única del receptor coincide con antígenos específicos

CÉLULA T

MACRÓFAGO

Las moléculas (antígenos) del patógeno indican que es un invasor

El patógeno es descompuesto por sustancias químicas de los macrófagos

Citoquinas liberadas por las células T

El antígeno de los macrófagos se une a un receptor específico

1 Patrullando en busca de patógenos
Los macrófagos (glóbulos blancos) atacan al patógeno envolviéndolo. Luego, el macrófago descompone el patógeno y exhibe las moléculas de este en su propia superficie para alertar a otras células del problema.

2 Las células T se replican
Las células T (glóbulos blancos) se unen a los antígenos y desencadenan la respuesta del sistema inmunitario. Las citoquinas dicen a las células T «asesinas» que se repliquen y activen las células B.

Las células de la superficie exterior están muertas y se desprenden constantemente

Los microbios se eliminan junto con las células muertas de la piel

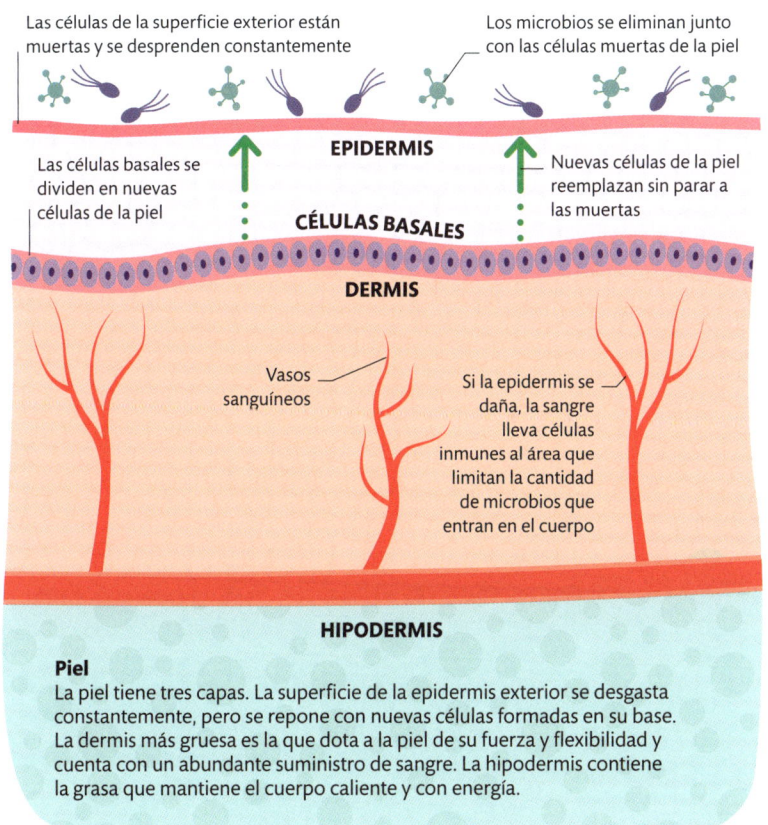

EPIDERMIS

Las células basales se dividen en nuevas células de la piel

Nuevas células de la piel reemplazan sin parar a las muertas

CÉLULAS BASALES

DERMIS

Vasos sanguíneos

Si la epidermis se daña, la sangre lleva células inmunes al área que limitan la cantidad de microbios que entran en el cuerpo

HIPODERMIS

Piel
La piel tiene tres capas. La superficie de la epidermis exterior se desgasta constantemente, pero se repone con nuevas células formadas en su base. La dermis más gruesa es la que dota a la piel de su fuerza y flexibilidad y cuenta con un abundante suministro de sangre. La hipodermis contiene la grasa que mantiene el cuerpo caliente y con energía.

BURBUJAS DE MOCO

Los peces producen una capa de mucosidad que no solo frena a los invasores microscópicos, sino que también contiene compuestos químicos que matan microbios como las bacterias. Los peces loro construyen un gran capullo de mucosidad a su alrededor durante la noche para evitar que los parásitos y los microbios los ataquen mientras duermen.

La mucosidad oculta el olor del pez

Los microbios atrapados desaparecen cuando se elimina la mucosidad

PEZ LORO

Las células B de memoria circulan por el torrente sanguíneo a la espera de infecciones

Los anticuerpos adheridos a los antígenos de las bacterias atraen a los macrófagos

Las proteínas en forma de Y (anticuerpos) se unen a los antígenos en la sangre

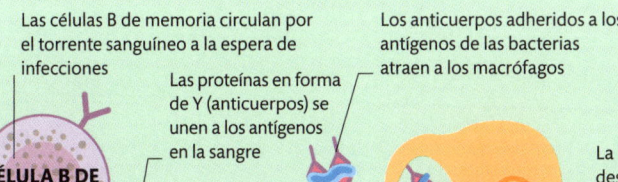

CÉLULA B DE MEMORIA

La bacteria se descompone en la vacuola de la célula.

CÉLULA PLASMÁTICA

Los anticuerpos evitan que algunos patógenos produzcan toxinas

La célula plasmática produce anticuerpos para el antígeno

El macrófago engulle la bacteria

¿POR QUÉ TRANSMITEN TANTAS ENFERMEDADES LOS MURCIÉLAGOS?

Al parecer, el ADN de los murciélagos tiene una mutación que les permite vivir con más virus que otros mamíferos.

3 **Las células B atacan**
Las células B activadas se replican y forman células B de memoria y plasmáticas. Las células de memoria tienen información sobre un antígeno; las plasmáticas liberan anticuerpos de un patógeno específico.

4 **Marcados para ser destruidos**
Los anticuerpos impiden que el patógeno se una a las células y las infecte. También ayudan a pegar unos con otros los patógenos, lo que facilita que los macrófagos busquen los patógenos invasores y los destruyan.

ECOLOGÍA

Ecosistemas

Los ecosistemas son comunidades de plantas, animales y otros organismos y sus interacciones entre sí y con el entorno físico. Pueden ser pequeños como un estanque o grandes como todo un desierto.

1 Energía
La mayor parte de la energía de los ecosistemas proviene de la luz solar, que permite que plantas y algas usen la fotosíntesis para convertir el dióxido de carbono y el agua en compuestos orgánicos. En entornos en los que no hay luz, como los respiraderos hidrotermales (p. 25), algunos organismos obtienen la energía de sustancias químicas en un proceso que se conoce como quimiosíntesis.

CALOR

2 Productor
Las plantas y las algas son productoras o autótrofas. Producen su propia energía y proporcionan alimento a otros organismos por medio de los procesos de fotosíntesis y quimiosíntesis. Cada nivel de una cadena alimentaria se denomina nivel trófico y los productores representan el primero. Cuando los consumidores se comen a los productores, la energía pasa al siguiente nivel trófico.

Un ecosistema estable
Cuando un ecosistema está sano, existe una relación equilibrada entre los diferentes organismos y su entorno. Las cadenas alimentarias, como esta de un ecosistema de bosque, muestran de qué manera todos los seres vivos dependen unos de otros para alimentarse, cómo fluye la energía entre ellos y cómo se reciclan los residuos.

CALOR

CALOR

NUTRIENTES

CALOR

NUTRIENTES

CALOR

NUTRIENTES

NUTRIENTES

4 Consumidor secundario
Los consumidores secundarios forman el tercer nivel trófico. Son herbívoros o bien depredadores (de consumidores primarios).

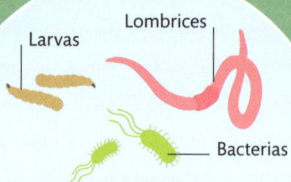
Larvas   Lombrices   Bacterias

3 Consumidor primario
El segundo nivel trófico de un ecosistema lo forman los consumidores primarios, que se alimentan solo de productores, plantas y algas.

5 Descomponedores
Los descomponedores obtienen energía de detritos (material orgánico no vivo) como madera, hojas caídas y animales muertos.

NUTRIENTES

CLAVE

→ **Flujo de energía**
La energía fluye entre niveles tróficos a través de los seres vivos, pero solo alrededor del 10 por ciento, pues la mayor parte se pierde en forma de calor (liberado durante los procesos metabólicos) y a través del movimiento.

→ **Ciclo de nutrientes**
Las plantas absorben nutrientes vitales como carbono, oxígeno, nitrógeno y calcio a través de sus raíces. Estos se transfieren a los consumidores que los comen o se reciclan al suelo cuando la planta muere.

Comunidades biológicas

Una comunidad biológica está formada por todos los organismos que viven en una zona y se ve afectada por cambios ambientales, como el aumento del suministro de nutrientes o la disminución de las precipitaciones. Los cambios en la población de cualquier especie también tendrán un efecto en cadena en toda la comunidad. Por ejemplo, un aumento en el número de depredadores afectará el número de presas (p. 187).

¿QUÉ ES UN NICHO ECOLÓGICO?

La palabra *nicho* viene del francés *nicher*, que significa «anidar». En ecología, se refiere al encaje de una especie en un lugar específico en un ecosistema.

Factores bióticos y abióticos

Dos grupos de factores moldean un ecosistema: bióticos y abióticos. Los bióticos son todos los organismos vivos, cada uno de los cuales tiene un efecto directo o indirecto sobre todos los demás. Los abióticos son las variables no vivas que influyen en la variedad y abundancia de los organismos, como la luz, la temperatura, el suelo, la disponibilidad y acidez del agua, la abundancia de nutrientes y la contaminación. Los factores abióticos los determina el clima, la geología y la topografía.

BIÓTICOS
- Disponibilidad de alimento
- Depredación
- Enfermedades
- Competición

ABIÓTICOS
- Luz
- Viento
- Temperatura
- Precipitaciones

MICROHÁBITATS

Una pequeña parte de un ecosistema que tiene sus propias condiciones de temperatura y luz, por ejemplo, y sus propias especies características se denomina microhábitat. Algunos ejemplos de microhábitats con su propia flora y fauna son las pozas de marea de roca en playas de arena, huecos llenos de agua en los árboles y zonas de suelo desnudo en los herbazales.

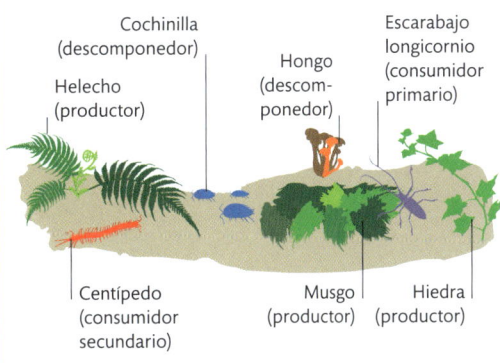

Cochinilla (descomponedor)

Escarabajo longicornio (consumidor primario)

Helecho (productor)

Hongo (descomponedor)

Centípedo (consumidor secundario)

Musgo (productor)

Hiedra (productor)

Tronco en descomposición
Aunque un tronco en descomposición es solo una pequeña parte del hábitat forestal, tiene un carácter distintivo, con sus propias poblaciones de organismos.

Interdependencia

Los organismos de un ecosistema dependen unos de otros hasta cierto punto. Algunas relaciones son especialmente fuertes, y un cambio en la población de una especie en un ecosistema puede afectar a muchas otras especies de la misma comunidad. Esto se llama interdependencia.

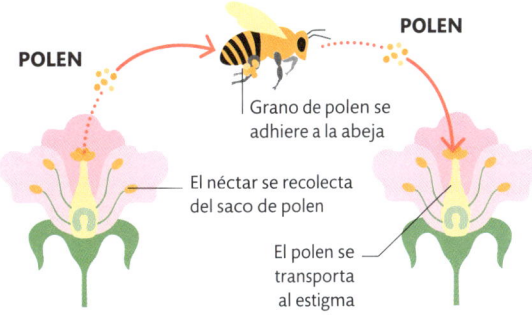

POLEN

POLEN

Grano de polen se adhiere a la abeja

El néctar se recolecta del saco de polen

El polen se transporta al estigma

Relación mutualista
Algunas plantas dependen para la polinización de insectos que necesitan el alimento que les proporcionan esas mismas plantas. Las abejas vuelan de flor en flor fecundando las plantas.

Biomas

Los biomas son grandes regiones geográficas que comparten tipos similares de clima, suelo, especies de plantas y animales. Por su tamaño, hay mucha variación dentro de cada bioma.

Tipos de biomas

La superficie de la Tierra se puede dividir en diez biomas principales, de distribución definida por el clima. El mismo tipo de bioma se encuentra en todos los continentes, como las sabanas de África y Australia. Cada bioma tiene sus comunidades características de organismos, con patrones de plantas, animales, hongos y ecosistemas propios, pero hay muchas similitudes entre ellos.

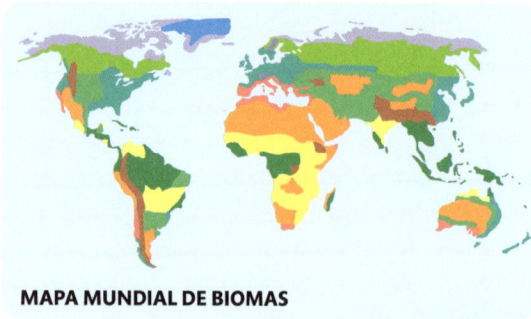

MAPA MUNDIAL DE BIOMAS

Ecorregiones

Los biomas están formados por ecorregiones, cada una con comunidades de especies estrechamente alineadas. Por ejemplo, la isla de Madagascar está dominada por bosques tropicales, desiertos y biomas de sabana. Estos biomas se dividen en ecorregiones con muchas especies de plantas y animales endémicos debido a sus condiciones ambientales distintivas.

CLAVE

- ● Bosque seco caducifolio
- ● Brezal
- ● Selva de tierras bajas
- ● Manglar
- ● Matorral espinoso
- ● Selva subhúmeda
- ● Bosque suculento

Taiga
Con temperaturas bajo cero entre seis y ocho meses, solo sobreviven plantas y animales muy resistentes. Pinos y abetos dominan los bosques. Muchos mamíferos hibernan y la mayoría de las aves migran hacia el sur para pasar el invierno.

Marino
La vida en el bioma más grande de la Tierra abarca desde ballenas azules, los animales más grandes, hasta plancton microscópico. La mayor parte de la vida se concentra en aguas costeras poco profundas y en las corrientes frías.

Sabana
Estos herbazales tropicales y subtropicales y bosques de dosel abierto tienen un clima con marcadas estaciones secas y húmedas. Son el hogar de grandes mamíferos, como cebras, jirafas, grandes felinos y elefantes.

Polar
A pesar del clima inhóspito de estas regiones, cubiertas de hielo durante la mayor parte del año, albergan algunos animales resistentes, como osos polares, pingüinos, focas y narvales.

Selva tropical
Estas regiones cálidas y húmedas tienen lluvias en todas las estaciones. Los frondosos bosques albergan la mayor diversidad de árboles, invertebrados, anfibios, aves y mamíferos del mundo.

Bosque templado

Estos bosques de hoja caduca y de coníferas tienen distintas estaciones con abundante vida silvestre todo el año. Las aves subtropicales visitantes de verano y las migrantes de invierno aumentan la avifauna.

Pastizal templado

Dominan las herbáceas, y a menudo hay gran variedad de flores silvestres en este bioma de veranos calurosos e inviernos fríos. Entre los mamíferos se encuentran coyotes, zorros, comadrejas y aves que se alimentan de semillas.

Mediterráneo

Los inviernos son húmedos y los veranos, secos y calurosos. Este bioma, con árboles pequeños y arbustos de hoja ancha, alberga linces, jabalíes, cabras salvajes, muchas aves rapaces y el 10 por ciento de las especies de plantas de la Tierra.

Tundra

El crecimiento de los árboles se ve limitado por temporadas de crecimiento cortas y temperaturas bajo cero durante gran parte del año, por lo que la vegetación en este bioma se compone de pequeños arbustos, pastos resistentes y musgos.

Desierto

En estos entornos extremadamente áridos, plantas, como los cactus, y animales, como los camellos, están bien adaptados para conservar agua. Las cuatro categorías de desierto son cálido y seco, semiárido, costero y frío.

Biodiversidad

La biodiversidad, o diversidad biológica, es la variedad de organismos que viven en un área, grande o pequeña. Muchos factores inciden en ella: clima, geología, estabilidad en el tiempo. En general, la biodiversidad aumenta hacia el ecuador, y los bosques tropicales y los mares costeros cálidos tienen el mayor número de especies. Desempeña un papel vital en el mantenimiento de los ecosistemas saludables.

DIVERSIDAD BAJA   **DIVERSIDAD MEDIA**   **DIVERSIDAD ALTA**

EN LA **GRAN BARRERA DE CORAL** SE ENCUENTRAN

MÁS DE **9000** ESPECIES MARINAS

PUNTOS CRÍTICOS DE BIODIVERSIDAD

Conservación Internacional ha identificado 36 puntos críticos en función de la riqueza de su biodiversidad y el nivel de amenaza. Cuentan con más de 1500 especies vegetales endémicas y han perdido más del 70 % de su vegetación.

CLAVE
● Punto crítico

¿CUÁL ES EL PAPEL DEL SER HUMANO EN LAS REDES TRÓFICAS MARINAS?

Consumimos animales y plantas marinos. La sobrepesca afecta las redes alimentarias, igual que la contaminación, como la de los vertidos de petróleo.

Los osos polares son superdepredadores porque nada los ataca
OSO POLAR
FOCA OCELADA
CHARRÁN ÁRTICO
El charrán se alimenta sumergiéndose en las aguas superficiales
El bacalao es una especie clave, ya que tiene un alto impacto en sus ecosistemas, pues regula las poblaciones de presas y depredadores
ORCA
Las orcas son consumidores de cuarto nivel (o cuaternario), el nivel más alto en esta red trófica
FOCA COMÚN
BACALAO ÁRTICO
Estas focas son nadadoras ágiles y capaces de capturar muchos peces
Los camarones y las criaturas microscópicas consumen fitoplancton
SALVELINO
FOCA PÍA
Pequeños peces que se alimentan de zooplancton y forman grandes cardúmenes
ZOOPLANCTON
CAPELÍN
FITOPLANCTON

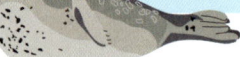

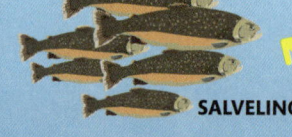

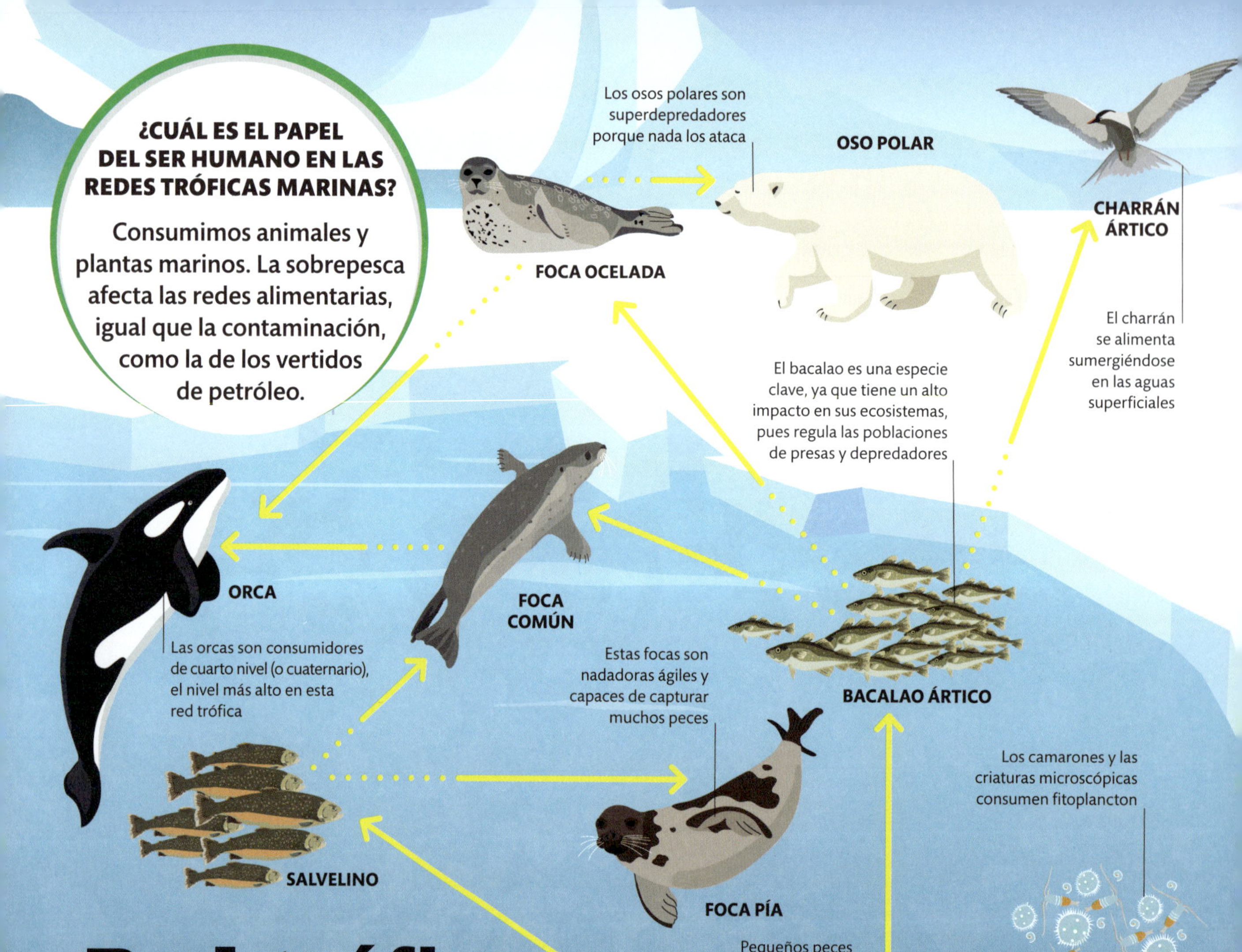

Red trófica

Una red trófica es una representación de la relación entre todas las cadenas tróficas de un ecosistema. Muestra cómo fluye la energía que impulsa la vida.

Relaciones tróficas

En todo ecosistema, las cadenas tróficas lineales –productores primarios y varios niveles de consumidores (pp. 182-183)– no son unidades aisladas, sino que están interconectadas. Las redes tróficas en la vida real son extremadamente complejas. Por ejemplo, algunos consumidores pueden comerse entre sí en diferentes etapas de su ciclo de vida, y los principales depredadores pueden consumir a los productores primarios, así como a niveles inferiores de consumidores.

Océano Ártico
Esta red alimentaria del océano Ártico muestra las relaciones entre los productores (fitoplancton) y los consumidores.

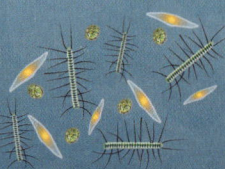

1 KG

10 KG

100 KG

1000 KG

BIOMASA

Grandes carnívoros como guepardos, hienas, leopardos y leones

Pequeños carnívoros como caracales, hienas y serpientes

Herbívoros como ciervos, impalas, cebras y ñus

Diferentes hierbas y arbustos

Pirámide de biomasa del Serengeti
Las plantas se encuentran en el nivel trófico más bajo de la pirámide de biomasa en los pastizales del Serengeti y tienen las mayores cantidades de masa y energía.

Energía y biomasa

La masa total de organismos en cada etapa de la red trófica (nivel trófico), se representa con una pirámide de biomasa. Hay dos tipos de pirámide. En la terrestre (con la base abajo), los productores (plantas) del nivel trófico inferior superan en mucho a los consumidores, y el nivel más alto tiene la biomasa más pequeña. El nivel de energía disminuye también de niveles más bajos a más altos. Una pirámide «invertida» es típica de los ecosistemas marinos, donde los productores tienen menos biomasa que los consumidores.

Clasificar la alimentación

Hay varias formas de clasificar la alimentación de los animales. Un sistema amplio agrupa a los animales según si comen plantas (herbívoros), carne (carnívoros) o ambas cosas (omnívoros). Algunos animales están altamente especializados dentro de estos grupos. Por ejemplo, los insectívoros, como los osos hormigueros, comen insectos; y los frugívoros, como los murciélagos frugívoros, comen fruta. Un sistema alternativo divide a los animales en depredadores, presas y carroñeros.

Depredador
Consumidor secundario, terciario o cuaternario que obtiene la mayor parte de sus alimentos matando y comiendo animales vivos.

HERBÍVORO
Consumidor primario que obtiene la mayor parte de su alimento de las plantas, como los conejos y las ovejas.

Presa
Animal vivo que es cazado y comido por otros animales. Cualquier consumidor, salvo un superdepredador, puede ser una presa.

Carnívoro
Un animal carnívoro que no siempre mata a su presa; los ejemplos incluyen buitres (que también son carroñeros).

Carroñero
Un animal carnívoro que consume organismos muertos por depredadores o por causas naturales.

Omnívoro
Un animal con una dieta mixta de alimentos vegetales y animales, por ejemplo osos, cerdos y muchas especies de aves.

CICLOS DE DEPREDADORES Y PRESAS

El número cambiante de depredadores y presas en un ecosistema constituye un ciclo de depredadores y presas. Por ejemplo, las liebres son depredadas por los linces, por lo que cuando el número de liebres disminuye, también disminuyen los linces al cabo de unos años.

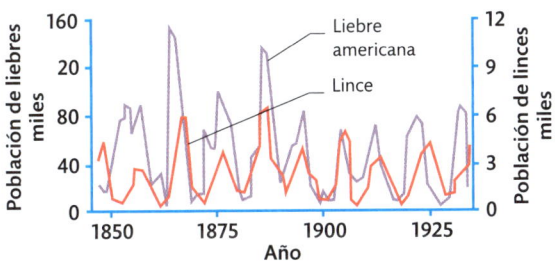

Población de liebres miles

Población de linces miles

Liebre americana

Lince

160
120
80
40
0

12
9
6
3
0

1850 1875 1900 1925
Año

ALGUNAS
BALLENAS AZULES COMEN
HASTA **16 TONELADAS** DE
FITOPLANCTON Y **KRIL CADA DÍA**

Las condiciones ideales son los días tranquilos y soleados que generan corrientes ascendentes

La semilla está unida por un tallo a una estructura similar a una vela llamada vilano, que la ayuda a desplazarse con el viento

Si bien la mayoría de las semillas caen cerca de la planta madre, algunas viajan hasta 100 km de distancia

PROPAGACIÓN CON EL VIENTO

SEMILLA

Suele haber entre 150 y 200 semillas en cada flor

CABEZA DE SEMILLAS

Las semillas se producen por apomixis (sin fecundación)

FLOR DE DIENTE DE LEÓN

El tiempo desde la floración hasta la maduración de las semillas es de entre 9 y 12 días

Reproducirse en cantidad

Para los organismos que viven en entornos inestables y de vida corta, tiene sentido dedicar la energía a producir una gran descendencia de pequeño tamaño. Este rápido ciclo vital, o estrategia r («r» significa reproducción), permite que las poblaciones aumenten rápidamente en condiciones favorables, pero se hunden con la misma rapidez si las condiciones cambian. Los animales con ciclos de vida rápidos suelen tener períodos de gestación cortos y una rápida maduración sexual, muestran poco o ningún cuidado parental y no viven mucho tiempo.

Diseminar semillas

El diente de león es un organismo de ciclo de vida rápido. Produce muchas semillas pero no invierte ningún esfuerzo en su bienestar, y crece muy deprisa pero tiene una vida corta. Coloniza nuevas áreas rápidamente pero muere si las condiciones cambian.

¿SE MEZCLAN ELEMENTOS DE CICLOS DE VIDA RÁPIDOS Y LENTOS?

Hay especies con rasgos de ambas estrategias. Las tortugas marinas y los árboles tienen una larga vida útil, pero producen gran cantidad de crías de las que no se ocupan.

Estrategias reproductivas

Algunos organismos producen solo una pequeña cantidad de descendencia a lo largo de su vida, pero se centran en proteger bien su «inversión». Otros producen una gran cantidad, pero dedican solo una pequeña cantidad de energía a criarlos.

Reproducción para calidad

Animales que viven en ambientes estables siguen un modelo de ciclo de vida lento, o estrategia K («K» significa capacidad de carga), donde se invierte mucho esfuerzo en descendencia de «alta calidad». Las características típicas son largos períodos de gestación, descendencia escasa pero de gran tamaño, madurez lenta, poblaciones generalmente estables y una larga esperanza de vida. Los ejemplos incluyen los mamíferos más grandes, incluidos los humanos, y aves grandes como los albatros.

Elefantes
Las hembras de elefante africano tienen un período de gestación de 22 meses y durante su vida solo dan a luz a cuatro o cinco crías.

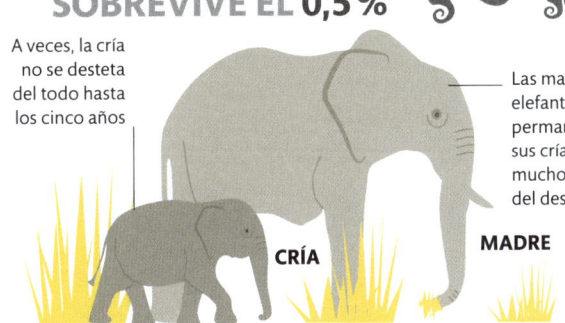

EL CABALLITO DE MAR MACHO TRANSPORTA HASTA 2000 HUEVOS, PERO SOLO SOBREVIVE EL 0,5 %

A veces, la cría no se desteta del todo hasta los cinco años

Las madres elefantes permanecen con sus crías hasta mucho después del destete

CRÍA **MADRE**

Crecimiento y supervivencia

La capacidad de carga de un entorno específico es el tamaño máximo de población de una especie que puede sustentar ese entorno. En un entorno nuevo, la población de un animal o planta de ciclo vital rápido excederá rápidamente esta cifra y luego caerá, pues será insostenible. Una especie con un ciclo de vida lento alcanzará su capacidad de carga más lentamente, pero se mantendrá en ese nivel.

Curva de crecimiento
Las poblaciones de especies de ciclo de vida rápido pueden fluctuar dramáticamente con los cambios en el medio ambiente, mientras que las poblaciones de especies de ciclo de vida lento permanecen estables.

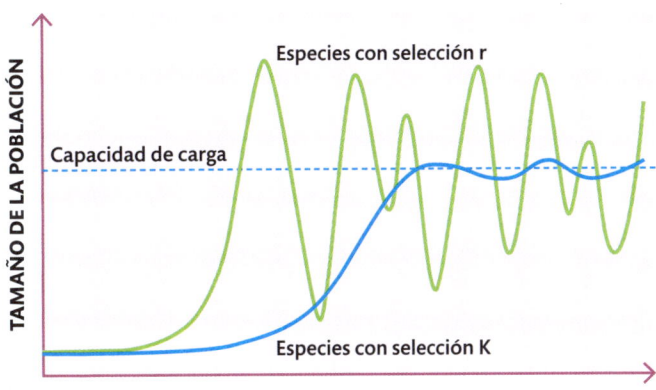

TAMAÑO DE LA POBLACIÓN

Especies con selección r

Capacidad de carga

Especies con selección K

TIEMPO

PARASITISMO DE PUESTA

El cuco común es un parásito de puesta: depende de otras especies para cuidar a sus crías, lo que reduce drásticamente su esfuerzo para sacar adelante a la siguiente generación. Las hembras ponen sus huevos en los nidos de otras aves, engañando al huésped para que cuide al polluelo cuando nazca. El polluelo acaba siendo más grande que su huésped.

El cuco elimina uno de los huevos del huésped y lo reemplaza con el suyo

HUEVO EXTRA

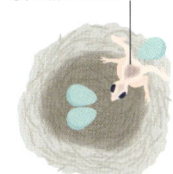

El polluelo de cuco nace primero y saca los demás huevos

VACIADO DEL NIDO

El polluelo de cuco recibe la comida que le traen sus anfitriones

CUCO EN EL NIDO

Vida social

Es común que animales de una misma especie vivan en grupos sociales. Estos van de simples aglomeraciones que dan seguridad por su número a sociedades complejas con roles específicos.

Tipos de comportamiento social

En los animales, el comportamiento social implica interacciones entre individuos relacionados y no relacionados de la misma especie que benefician al grupo. Muchas especies, como los leones, son sociales durante todo el año. Algunos animales se reúnen solo en la temporada de reproducción y viven en solitario el resto del tiempo, como algunas aves marinas. Algunos de los comportamientos sociales más complejos se ven en los insectos, donde las colonias funcionan con la cooperación de muchos individuos.

¿PUEDEN TAMBIÉN LAS PLANTAS FORMAR GRUPOS SOCIALES?

Las raíces de los álamos están interconectadas y comparten nutrientes y otros recursos de los que se benefician mutuamente.

Los miembros del grupo se turnan como centinelas, atentos a los depredadores y ladrando para advertir a la primera señal de peligro

La suricata dominante en el grupo. La mayoría son descendientes o hermanos de la hembra alfa

El macho alfa ocupa el segundo lugar en importancia después de la hembra alfa, con quien forma la pareja alfa

CENTINELA

MACHO ALFA

HEMBRA ALFA

Grupo de suricatas

Un grupo social de suricatas vive en una red de madrigueras y cámaras. Las suricatas trabajan juntas para cazar, criar y defenderse de los depredadores. Los grupos de suricatas pueden constar de hasta 50 individuos.

Eusocialidad

Una forma extrema de vida social, con una división del trabajo y roles especializados, es la eusocialidad. La mayoría de las hormigas son eusociales: todos los individuos de una colonia trabajan en equipo para que funcione. La mayoría de las hormigas cortadoras de hojas son obreras no reproductivas cuyos grupos realizan diferentes funciones. Hay recolectores especializados, soldados protectores e incluso jardineros, y todos trabajan para la reina.

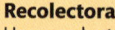

ALIMENTO

Hormiga reina

La reina es la única hormiga de la colonia que pone huevos. Funda un nuevo nido y puede poner varios millones de huevos en su vida. No tiene otro papel.

Recolectora

Una recolectora busca hojas no tóxicas y traza un rastro para informar a otros de su ubicación. Muchas recolectoras cortan las hojas y las llevan a casa.

HUEVOS

LOS **MURCIÉLAGOS VAMPIROS**, TRAS **ALIMENTARSE**, SUELEN **REGURGITAR SANGRE** PARA LOS **MURCIÉLAGOS HAMBRIENTOS** DE SU **GRUPO SOCIAL**

Las suricatas jóvenes (cachorros) aprenden observando y copiando el comportamiento de los adultos, por ejemplo, observando cómo un miembro mayor del grupo arranca el aguijón de un escorpión

NIÑERA

CACHORRO

MACHOS Y HEMBRAS BETA

Los miembros de la manada que no son cachorros ni forman parte de la pareja alfa se llaman hembras y machos beta

Una niñera es una suricata adulta que cuida a las crías mientras otros miembros se alejan de la madriguera para buscar comida

Vivir en grupo

Si bien vivir en grupo tiene ventajas frente a vivir una vida solitaria, también tiene desventajas. Existe la posibilidad de que los miembros de la comunidad luchen y otros problemas potenciales.

Pros

Tener más ojos para detectar depredadores aumenta la protección y hace que sea más fácil combatirlos, lo que resulta en mayores tasas de supervivencia. Hay más oportunidades para la caza y alimentación cooperativas, como se ve en las manadas de leones y de lobos. Las tareas, como el cuidado de las crías, se pueden dividir, como en el caso de las jirafas y los pingüinos.

Contras

Entre individuos densamente asociados hay mayor competencia por los recursos, sobre todo la comida y el espacio para anidar. Es más fácil que parásitos y enfermedades se transmitan rápidamente y que los depredadores detecten el grupo. También es más fácil que individuos estrechamente relacionados tengan descendencia con características no deseables.

COMUNICACIÓN

La comunicación efectiva reduce la necesidad de conflicto físico y es especialmente importante para los animales sociales. La comunicación puede realizarse a través de vocalización, lenguaje corporal o expresiones faciales. Los chimpancés utilizan diversas expresiones para mostrar cómo se sienten.

Chimpancé relajado con la boca cerrada, sin mostrar dientes

ROSTRO RELAJADO

Boca abierta y labios retraídos para exponer los dientes

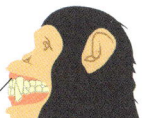

SONRISA DE MIEDO

Los labios superior e inferior se empujan hacia delante si se siente incómodo

PUCHERO

El labio superior cubre los dientes y los inferiores quedan a la vista

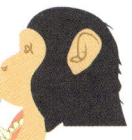

EXPRESIÓN DE JUEGO

Hormiga macho
Los machos solo están en un nido justo antes de que se forme la colonia. Tienen alas y vuelan con las hembras fértiles. Mueren poco después del apareamiento.

Hormiga obrera
Las tareas de los trabajadores de la colonia incluyen el cuidado de los huevos, las larvas y las pupas, la jardinería, la limpieza del nido y la defensa de los ataques.

LARVAS

Daño ecológico

La naturaleza y los humanos han dañado los hábitats naturales durante milenios, pero en los últimos siglos el ritmo se ha acelerado y amenaza la supervivencia de numerosas especies.

¿QUÉ ES LA ACIDIFICACIÓN DEL OCÉANO?

Un exceso de dióxido de carbono en el mar crea ácido. Esto dificulta que los animales marinos formen su caparazón y altera la cadena trófica del océano.

Amenazas medioambientales

Los procesos naturales –fenómenos meteorológicos extremos, incendios forestales, erupciones volcánicas, glaciares…– siempre han dañado los ecosistemas. El ser humano ha talado enormes áreas de bosque para la agricultura, ha drenado humedales, ha convertido en desiertos vastas extensiones de pastizales debido al pastoreo excesivo y las ciudades ocupan grandes áreas. Esto empezó a ocurrir en Europa y América del Norte, y ahora sucede en otros lugares.

Impacto humano

Los científicos estiman que más del 75 por ciento del suelo de la Tierra ha sido gravemente degradado por las actividades humanas. Nuestro impacto negativo sobre el medio ambiente se puede dividir en contaminación, destrucción de hábitats e introducción de especies invasoras. Estos impactos han sido causados por la explotación incesante de los recursos naturales (sobre todo, combustibles fósiles, minerales, árboles, agua y suelo) y los desechos, a menudo tóxicos, producidos por la actividad industrial.

El dióxido de azufre y el óxido de nitrógeno producen lluvia ácida

Las fábricas liberan dióxido de azufre

Las chimeneas de las centrales eléctricas emiten dióxido de carbono

La luz artificial de las ciudades perturba a los animales nocturnos

La combustión de petróleo libera dióxido de carbono

La lluvia ácida mata árboles y plantas

Los vehículos son una fuente importante de emisiones de partículas en suspensión

El vertido de petróleo mata la vida marina

El ruido de los barcos desorienta a ballenas y delfines

Los ríos llevan aguas residuales sin tratar al océano

Suelo y aguas subterráneas, contaminados por toxinas de los vertederos

POLUCIÓN

La contaminación afecta a todos los entornos. Incluye desechos tóxicos de fábricas en el suelo, el agua y el aire; contaminación de lagos y ríos causada por el filtrado de fertilizantes inorgánicos de las granjas; contaminación lumínica, que impacta negativamente a las tortugas marinas y los murciélagos; y contaminación acústica, que desorienta a los mamíferos marinos y perturba a las aves al alimentarse.

EN 2021, CADA MINUTO SE PERDIERON 10 CAMPOS DE FÚTBOL DE BOSQUE TROPICAL

SUCESIÓN

Si aparece tierra nueva —por un deslizamiento de tierra, erupción volcánica o actividad humana—, la comunidad biológica se desarrolla en la tierra desnuda en un proceso de sucesión. La sucesión primaria se da cuando un área de suelo es colonizada por seres vivos por primera vez. La sucesión secundaria, cuando un entorno se recupera tras una perturbación importante —por ejemplo, un incendio devastador—. En ambos casos, las plantas y animales de la zona sufren cambios paulatinos.

La comunidad climática tiene lugar cuando se establece un bosque estable y complejo

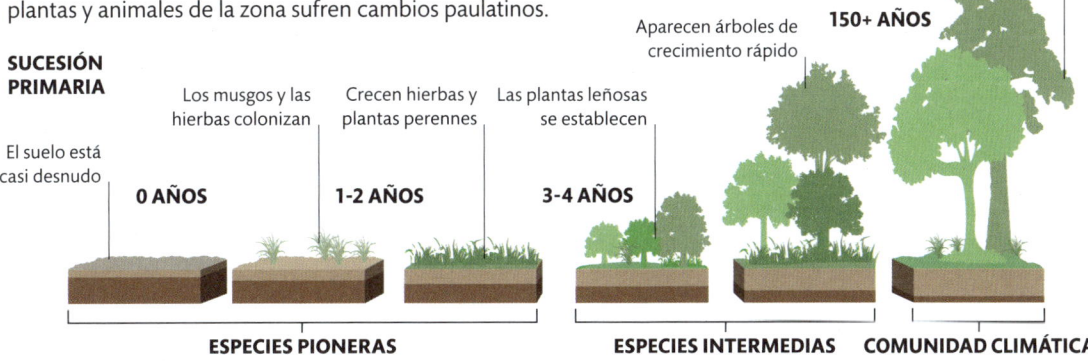

SUCESIÓN PRIMARIA

El suelo está casi desnudo

0 AÑOS

Los musgos y las hierbas colonizan

Crecen hierbas y plantas perennes

1-2 AÑOS

Las plantas leñosas se establecen

Aparecen árboles de crecimiento rápido

3-4 AÑOS

150+ AÑOS

ESPECIES PIONERAS

ESPECIES INTERMEDIAS

COMUNIDAD CLIMÁTICA

A medida que aumentan las temperaturas, los incendios forestales se vuelven más frecuentes e intensos

Los gases residuales como resultado de la contaminación atrapan la energía térmica del sol en la atmósfera

Algunas aves no nativas compiten con las especies nativas por alimento y sitios de anidación

Las enredaderas invasoras crecen rápidamente sobre plantas y árboles, quitándoles la luz solar que necesitan

La deforestación destruye los ecosistemas

La desaparición de los casquetes polares amenaza los hábitats y sus fuentes de alimento

DESTRUCCIÓN DE HÁBITATS

La destrucción de hábitats se produce de forma natural, pero el cambio de hábitats inducido por el hombre ha aumentado rápidamente desde la Revolución Industrial y ahora se encuentra en niveles de récord. Adopta muchas formas, como la deforestación, la conversión de pastizales naturales para la agricultura, la inundación de valles para embalses, la destrucción de hábitats costeros para el desarrollo, y la urbanización.

ESPECIES INVASIVAS

Las plantas y animales introducidos pueden superar a las especies nativas. Por ejemplo, las ardillas grises, originarias de América del Norte, dominan a las ardillas rojas nativas británicas. Además, a menudo en el lugar de introducción no existen invertebrados adaptados para alimentarse de las plantas introducidas, por lo que estas desempeñan un papel mínimo en la cadena trófica.

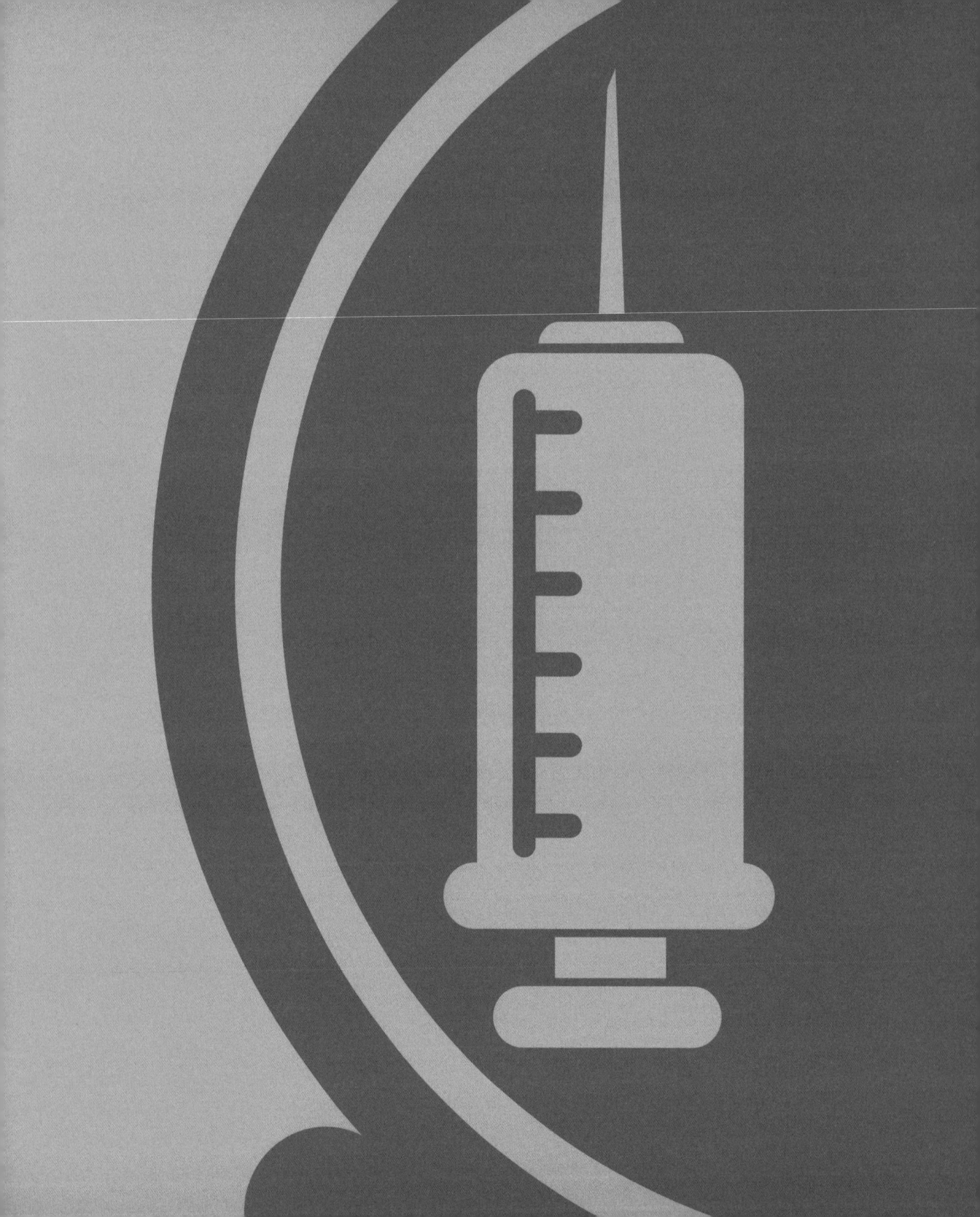

BIOTECNOLOGÍA

Cría selectiva

Desde los primeros asentamientos humanos se ha practicado alguna forma de biotecnología. Con la cría selectiva, se ha impulsado el desarrollo de razas de animales y de variedades vegetales.

¿Qué es la cría selectiva?

En la naturaleza, las plantas y los animales evolucionan lentamente con mutaciones genéticas y una mezcla aleatoria de genes en la reproducción sexual (pp. 84-85). Los «más aptos» sobreviven y se reproducen, y transmiten sus genes. Este proceso está impulsado por el azar y por cambios en el entorno (pp. 104-105). En la cría selectiva, la influencia del azar se reduce, pues se seleccionan animales y plantas a los que se da la oportunidad de reproducirse y transmitir sus genes. El resultado son unos animales que producen más carne, huevos o leche, y plantas con mayor rendimiento de frutas, más proteínas, mejor sabor o menos desperdicio.

LA REVOLUCIÓN VERDE

El proceso de reproducción selectiva puede acelerarse y mejorarse con el cruzamiento de especies y con pruebas genéticas. Una iniciativa que comenzó en la década de 1950, dirigida por el genetista Norman Borlaug, utilizó este enfoque para producir variedades de trigo, arroz y maíz más cortas y resistentes a la sequía. Esta Revolución Verde aumentó los rendimientos en muchos países que sufrían hambrunas y salvó millones de vidas.

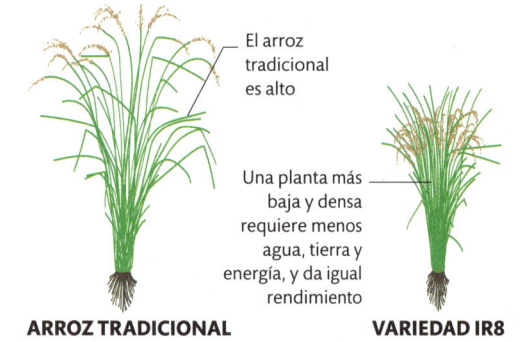

El arroz tradicional es alto

Una planta más baja y densa requiere menos agua, tierra y energía, y da igual rendimiento

ARROZ TRADICIONAL

VARIEDAD IR8

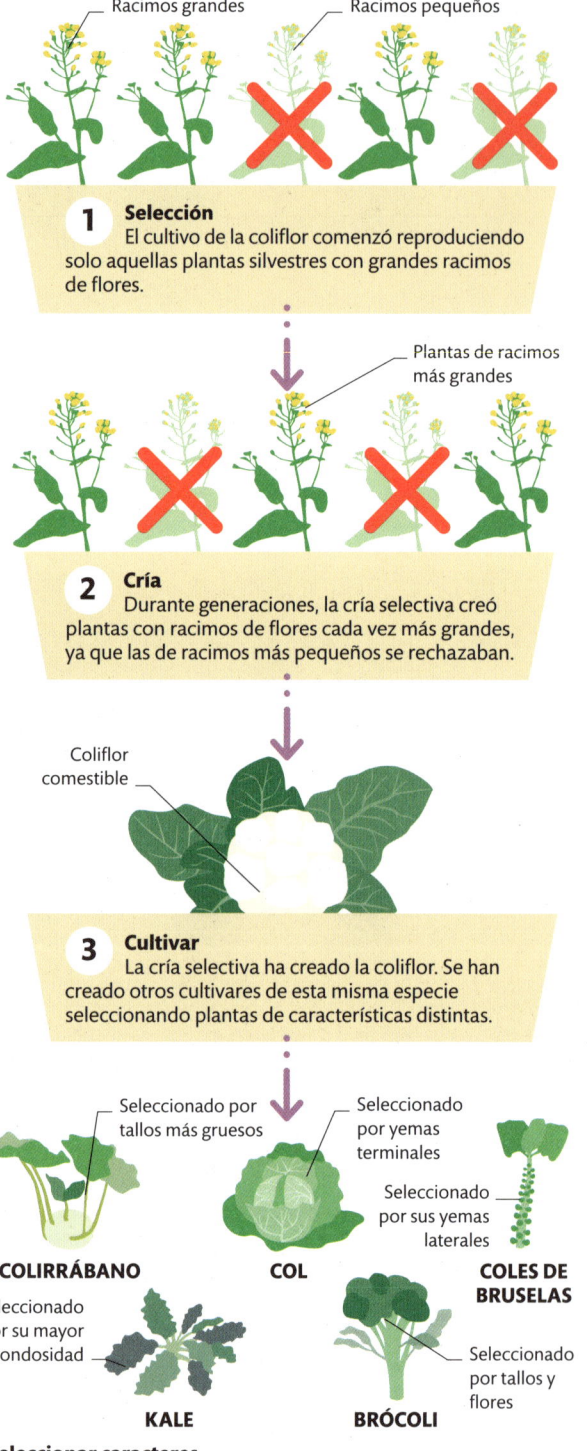

Racimos grandes — Racimos pequeños

1 Selección
El cultivo de la coliflor comenzó reproduciendo solo aquellas plantas silvestres con grandes racimos de flores.

Plantas de racimos más grandes

2 Cría
Durante generaciones, la cría selectiva creó plantas con racimos de flores cada vez más grandes, ya que las de racimos más pequeños se rechazaban.

Coliflor comestible

3 Cultivar
La cría selectiva ha creado la coliflor. Se han creado otros cultivares de esta misma especie seleccionando plantas de características distintas.

Seleccionado por tallos más gruesos

Seleccionado por yemas terminales

Seleccionado por sus yemas laterales

COLIRRÁBANO

COL

COLES DE BRUSELAS

Seleccionado por su mayor frondosidad

Seleccionado por tallos y flores

KALE

BRÓCOLI

Seleccionar caracteres
Un ejemplo del poder de la cría selectiva es el desarrollo de hortalizas crucíferas. A lo largo de siglos, se han creado variedades o cultivares diferentes de la misma especie, cada una con variaciones que le dan un conjunto particular de características.

Tipos silvestres

Los cultivos, el ganado y los animales domésticos que hoy conocemos descienden de plantas y animales que existieron de forma natural. Estos tipos salvajes, como se los conoce, son muy diferentes de las versiones domesticadas. El maíz, por ejemplo, se originó a partir de una planta silvestre llamada teosinte, que crece en México. Las semillas eran duras y las mazorcas pequeñas, pero al seleccionar las plantas de las semillas más blandas y mazorcas más grandes, se desarrolló gradualmente hasta llegar al actual. El tipo silvestre de todos los perros fue un lobo que vivió hace más de 10000 años.

¿ES COMESTIBLE EL PLÁTANO SILVESTRE?

En un plátano silvestre solo es comestible la pequeña cantidad de pulpa que rodea las numerosas semillas. Es mucho más duro y contiene mucho menos azúcar que el cultivado.

LA **CABRA** FUE EL **PRIMER ANIMAL DOMESTICADO**

Ancestro lobo
El lobo del Pleistoceno es el ancestro común de todos los perros y de todos los lobos modernos. En distintas partes del mundo surgieron diferentes razas de perros.

EUROPA

Grandes y fuertes, criados como perros guardianes

PERRO MINIATURA EUROPEO

TERRIER

MASTÍN

NORTEAMÉRICA

SPITZ ÁRTICO

NATIVO AMERICANO

CHINA

Perros de caza rápidos y ágiles que dependen de una buena vista más que del olfato

Pequeños perros de compañía, que antes eran propiedad exclusiva de la realeza

PERRO FERAL

CHOW CHOW

PERRO MINIATURA ASIÁTICO

INDIA

LEBREL

SABUESO

Crear alimentos

Uno de los ejemplos más antiguos de biotecnología es el uso, en la preparación de alimentos y bebidas, de procesos naturales que tienen lugar dentro de los seres vivos, como la fermentación.

¿SE EMBORRACHAN LOS ANIMALES CON FRUTA FERMENTADA?

Las levaduras naturales hacen que las frutas o el néctar de las flores fermenten. Por ello, muchos animales ingieren alcohol y algunos incluso muestran signos de embriaguez.

1 Glucólisis
La materia prima para la fermentación (y para la respiración) es un compuesto orgánico llamado piruvato (ácido pirúvico). Dos moléculas de piruvato se producen a partir de una molécula del azúcar glucosa, que se encuentra en alimentos y bebidas. Este proceso libera energía en forma de ATP (p. 48) para los organismos vivos.

2 Fermentación
En la fermentación, el piruvato reacciona aún más y libera más ATP. Los productos de desecho son ácido láctico en ciertos organismos y dióxido de carbono y etanol (alcohol) en otros. Los ácidos lácticos y el etanol matan otros microbios en los alimentos, lo que ayuda a conservarlos.

Aspergillus oryzae es un moho que suele usarse en la fermentación

GLUCOSA

FERMENTACIÓN DEL ÁCIDO LÁCTICO

Producto final de la glucólisis

PIRUVATO

HONGOS

BACTERIAS

Bacterias productoras de ácido láctico

Hongo comúnmente conocido como levadura de panadería o de cerveza

FERMENTACIÓN DEL ALCOHOL

HONGOS

ASPERGILLUS

LACTOBACILLUS

SACCHAROMYCES

Añadir sabor
La salsa de soja, para la que se fermenta una mezcla de semillas de soja, trigo y salmuera (agua salada), tiene un sabor picante debido al ácido láctico producido por la fermentación.

SALSA DE SOJA

Coagulación
La leche contiene caseína, una proteína que se coagula en condiciones ácidas. El ácido láctico de la fermentación de la leche produce esas condiciones en la elaboración del queso.

QUESO

Bebidas espumosas
La cerveza se elabora con granos que se maltean (se germinan y se hierven para liberar azúcares). La fermentación produce alcohol y dióxido de carbono.

CERVEZA

Bebidas sin gas
La elaboración del vino usa la misma fermentación que la cerveza, pero el dióxido de carbono se libera y queda una bebida desventada en lugar de gaseosa, salvo en el vino espumoso.

VINO

Pan con levadura
Casi todo el pan sube porque las burbujas de dióxido de carbono de la fermentación quedan atrapadas en la masa. También se produce alcohol, pero se evapora al hornear.

PAN

Fermentación

La fermentación es una reacción bioquímica causada por bacterias u hongos. Se usa para ayudar a conservar ciertos alimentos y bebidas o para mejorar su sabor, textura o valor nutricional. Lo importante al elaborar alimentos son los residuos de la fermentación, como el ácido láctico y el dióxido de carbono.

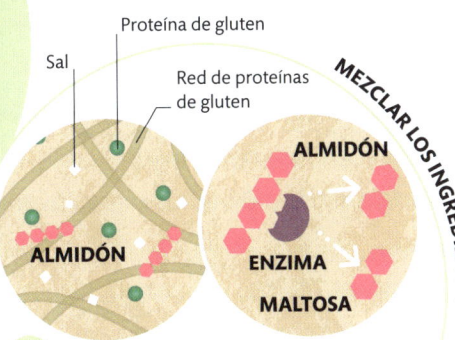

Sal

Proteína de gluten

Red de proteínas de gluten

ALMIDÓN

ALMIDÓN

ENZIMA

MALTOSA

MEZCLAR LOS INGREDIENTES

1 Se mezcla harina, agua, sal y levadura para formar una masa. Dentro de la masa, las proteínas del gluten forman una red y las enzimas de la harina descomponen el almidón de la harina y forman maltosa (un azúcar).

Hacer pan
El pan es un tipo antiguo de alimento preparado y la fermentación tiene un papel importante en la cocción de algunas variedades de pan con levadura.

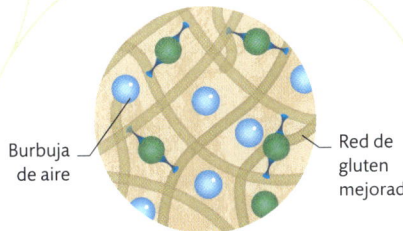

AMASAR LA MASA

Burbuja de aire

Red de gluten mejorada

2 Manipular o amasar la masa fomenta la formación de más enlaces entre las proteínas del gluten y atrapa el aire dentro de la red que los enlaces crean dentro de la masa.

Control de condiciones

Cuando se utilizan procesos vivos o compuestos biológicos como enzimas (pp. 40-41) en la preparación de alimentos, es importante tener las mejores condiciones mediante el control de variables como la temperatura y la acidez. Para conservar los alimentos de forma segura hasta su consumo, debe comprenderse cómo pueden estropearse o contaminarse mediante procesos naturales como el crecimiento microbiano, la temperatura y la oxidación.

EL **PRIMER ASTRONAUTA COREANO** QUE VISITÓ LA **ESTACIÓN ESPACIAL INTERNACIONAL** COMIÓ **KIMCHI**, UN PLATO FERMENTADO

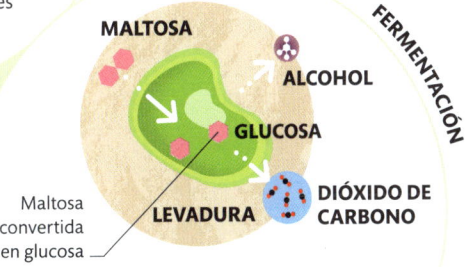

MALTOSA

ALCOHOL

GLUCOSA

Maltosa convertida en glucosa

LEVADURA

DIÓXIDO DE CARBONO

FERMENTACIÓN

3 Dentro de las células de levadura, las enzimas convierten la maltosa en glucosa y fermentan la glucosa, produciendo alcohol y dióxido de carbono, lo que agranda las burbujas de aire y hace que la masa suba.

PASTEURIZACIÓN

La pasteurización tiene como objetivo detener procesos biológicos, en lugar de fomentarlos, para hacer que ciertos alimentos sean más seguros. Se vale del calor para matar la mayoría de los microorganismos presentes naturalmente. Aunque se inventó para evitar que el vino se convierta en vinagre, se asocia más con la leche.

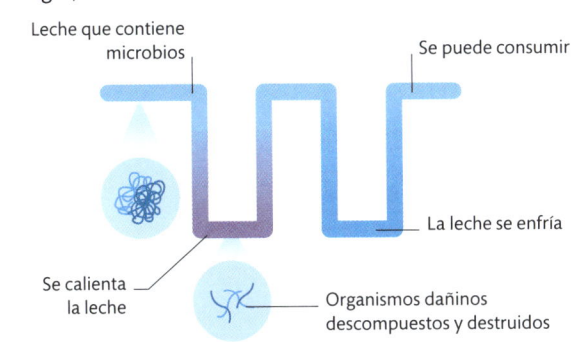

Leche que contiene microbios

Se puede consumir

La leche se enfría

Se calienta la leche

Organismos dañinos descompuestos y destruidos

El alcohol se evapora por el calor de la cocción

Los azúcares y las proteínas se combinan y forman un compuesto marrón

Las burbujas de dióxido de carbono y aire se expanden aún más

CORTEZA

HORNEAR

4 Las burbujas de aire y dióxido de carbono atrapadas se expanden al cocerse la masa, dando al pan una textura ligera y esponjosa. Las reacciones de azúcares y proteínas en la superficie crean la corteza marrón.

Medicamentos

Los medicamentos son fármacos que se utilizan para tratar, curar o prevenir enfermedades. La mayoría se fabrican en laboratorios y deben someterse a pruebas rigurosas para garantizar que son seguros y eficaces.

¿QUÉ ES UN FÁRMACO?

Un compuesto químico o una mezcla de compuestos que tiene un efecto en el organismo. Los medicamentos son fármacos.

Fuentes naturales

Durante cientos o miles de años se han utilizado compuestos que se encuentran en la naturaleza para curar o prevenir enfermedades Muchas de las medicinas tradicionales son efectivas (como la mayoría de las que aparecen a continuación), mientras que algunas tienen poco o ningún beneficio. Las empresas farmacéuticas estudian las medicinas tradicionales y sintetizan en cantidades los compuestos que producen los efectos deseados. En algunos casos, si los compuestos activos son difíciles de sintetizar, se extraen y utilizan compuestos naturales.

DESARROLLAR Y APROBAR UN NUEVO FÁRMACO LLEVA 12 AÑOS

Cápsula de semillas

Amapolas de opio
Los potentes analgésicos opioides morfina y codeína se encuentran en el opio, que se extrae de las cápsulas de las semillas de amapola.

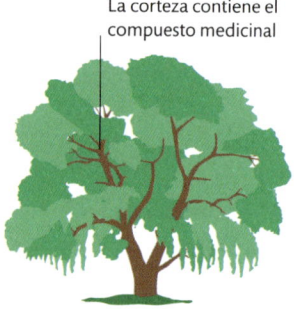

La corteza contiene el compuesto medicinal

Sauce
Se ha utilizado durante miles de años para tratar la fiebre y el dolor. La aspirina es una versión sintetizada del compuesto activo.

La quinina se encuentra en la corteza

Chinchona
Se ha usado durante siglos para tratar la malaria, y hoy en día se sintetiza en grandes cantidades el ingrediente activo, la quinina.

La digoxina se extrae de las hojas

Digital
Contiene el medicamento digoxina, que se usa para tratar arritmias (latidos cardíacos irregulares) e insuficiencia cardíaca.

El extracto se elabora a partir de las hojas y las raíces

Valeriana
Usado al menos dos mil años, el extracto de valeriana contiene aceites que ayudan a reducir la ansiedad y mejorar el sueño.

Se encuentran posibles compuestos medicinales en toda la planta

Hierba santa
Se utiliza tradicionalmente para la fiebre y el dolor de cabeza, pero no hay evidencias científicas de que el extracto de esta planta sea efectivo.

La galantamina se encuentra en los narcisos, pero también se puede sintetizar

Narciso
El narciso, usado tradicionalmente en una amplia gama de enfermedades, contiene galantamina, que alivia la enfermedad de Alzheimer.

El paclitaxel se encuentra en la corteza

Tejo del Pacífico
Tras una extensa búsqueda de compuestos anticancerígenos en plantas, en 1971 se identificó un fármaco potente, el paclitaxel.

ENSAYOS CLÍNICOS

Antes de que un medicamento pueda probarse en personas, debe pasar rigurosas pruebas preclínicas y luego, en animales como ratones para garantizar que es seguro. Después, hay tres fases principales de investigación clínica, cada una de las cuales solo se realiza si el fármaco pasa la fase anterior.

Fase I
Se da el medicamento a decenas de voluntarios sanos para comprobar la seguridad y las dosis.

Fase II
Se administra a personas que padecen la enfermedad (o que están en riesgo) para ver los efectos secundarios.

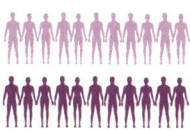

Fase III
Participan miles de voluntarios en un «ensayo doble ciego»: la mitad recibe el fármaco y la otra mitad, un placebo.

1 Identificar vías
Los investigadores estudian una enfermedad. En la mayoría de los casos, se trata de buscar proteínas producidas por patógenos (microorganismos causantes de enfermedades) o por el propio organismo. La interacción entre estas proteínas, llamadas vías, causan la enfermedad o sus síntomas.

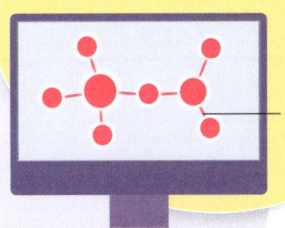

Las redes de proteínas interrumpen la actividad celular

2 Buscar compuestos
A continuación, se buscan compuestos que interrumpan las vías de la enfermedad uniéndose directamente a las proteínas diana. Esto se puede hacer probando miles de posibles compuestos en el laboratorio o diseñando moléculas que se unan y luego sintetizándolas.

Compuestos potenciales administrados a cultivos celulares

Acciones de medicamentos potenciales controladas al microscopio

Desarrollar nuevos fármacos

El proceso para desarrollar un nuevo medicamento comienza con la búsqueda de compuestos que interrumpan las vías de la enfermedad, que son conjuntos de reacciones químicas que causan enfermedades o sus síntomas. Algunos se encuentran en la naturaleza, y otros se diseñan por ordenador y se sintetizan en el laboratorio. Todos los compuestos con resultados prometedores se prueban para garantizar que sean seguros y eficaces. Tras pruebas positivas, el medicamento se registra en una agencia de medicamentos y se fabrica en grandes cantidades.

4 Manufactura
Una vez se demuestra que el nuevo medicamento es seguro y eficaz, se registra en la agencia de medicamentos correspondiente. Luego podrá fabricarse en grandes cantidades y ponerse a disposición de los médicos para que lo receten a sus pacientes. El medicamento aún se controla, en ensayos de fase IV, para detectar los efectos secundarios que pueda tener a largo plazo.

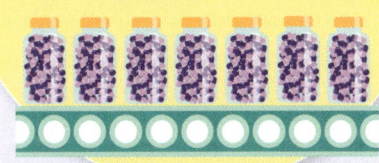

3 Probar los nuevos fármacos
Una vez que se ha identificado en el laboratorio un compuesto prometedor, se debe probar en organismos vivos, primero de manera preclínica, generalmente en animales como ratones, y luego en ensayos clínicos con humanos. Los ensayos clínicos se llevan a cabo en varias etapas (ver arriba).

Vacunas

Las vacunas preparan al sistema inmunitario de una persona para combatir una enfermedad infecciosa, de forma que la enfermedad se prevenga o reduzca en esa persona y se restrinja su propagación.

Cómo funcionan las vacunas

Una vacuna dota al cuerpo de los anticuerpos necesarios para combatir una enfermedad infecciosa. El mismo proceso ocurre cuando el cuerpo desarrolla inmunidad natural después de sufrir una enfermedad, pero en el caso de una vacuna la persona logra la inmunidad sin haber padecido la enfermedad.

¿CUÁNTO DURA UNA VACUNA?

Como con la inmunidad natural, hay enfermedades en que la inmunidad de la vacuna dura toda la vida, mientras que otras necesitan un refuerzo al cabo de unos años o incluso meses.

1 Vacunación
La mayoría de las vacunas se administran con una simple inyección en el músculo, la grasa o la sangre.

INTRODUCCIÓN

Antígeno

Anticuerpo

CÉLULA B

CÉLULAS PLASMÁTICAS B

ANTICUERPOS

Anticuerpo liberado

RESPUESTA A LA VACUNA

2 Antígeno detectado
La vacuna presenta al cuerpo un antígeno: una proteína u otra sustancia idéntica a la de las bacterias o virus que causan una enfermedad.

3 Se liberan anticuerpos
Las células B del sistema inmunitario detectan los antígenos y liberan anticuerpos que coinciden con los antígenos.

La célula se convertirá en plasmática si el patógeno vuelve

CÉLULAS B DE MEMORIA

4 Memoria
Las células B de memoria conservan la capacidad de producir grandes cantidades de anticuerpos, listas para combatir la enfermedad real.

1 Infección
El patógeno entra en el cuerpo: por los pulmones, por un corte o una mordedura, o a través de alimentos o bebidas.

El patógeno entra en las vías respiratorias

INHALACIÓN

5 Patógeno detenido
A medida que los anticuerpos se unen a los antígenos, la acción del patógeno se interrumpe y se inician otras respuestas inmunitarias.

4 Se liberan anticuerpos
Las células B plasmáticas liberan una gran cantidad de anticuerpos que se adhieren a los antígenos del patógeno.

RESPUESTA A LA INFECCIÓN DESPUÉS DE LA VACUNACIÓN

ANTICUERPOS

PATÓGENOS

2 Respuesta de la memoria
Las células B de memoria reconocen el antígeno del patógeno y esto desencadena rápidamente una respuesta inmune.

CÉLULAS B DE MEMORIA

CÉLULAS PLASMÁTICAS B

3 Nuevas células plasmáticas
La respuesta inmunitaria estimula la creación de numerosas células plasmáticas B, que circulan en la sangre.

TIPOS DE VACUNA

Las primeras vacunas, que se crearon hace más de 200 años, eran patógenos de una enfermedad relacionada pero menos grave. Hoy en día existen varias formas en que una vacuna puede administrar los antígenos necesarios para producir la respuesta inmune necesaria.

TIPO	CÓMO FUNCIONA	EJEMPLOS
Desactivado	Un patógeno se mata o se inactiva con calor, radiación o productos químicos para que no cause enfermedad.	Vacunas contra la gripe, la polio, la hepatitis A, el cólera y la peste bubónica
Microbio relacionado	Este tipo de vacuna contiene un patógeno que causa una enfermedad relacionada en otra especie.	Vacunas contra la viruela (ahora erradicada) y la tuberculosis
ADN	Contiene fragmentos de ADN que las células del cuerpo usan para codificar el antígeno.	COVID-19
Toxinas domadas	Contiene versiones seguras de toxinas causantes de enfermedades producidas por algunos patógenos.	Vacunas contra la difteria, la tos ferina y el tétanos
Fragmentos del patógeno	Contiene proteínas o fragmentos de proteínas de la superficie del patógeno y crean una respuesta inmune.	Vacunas contra la hepatitis B y el virus del papiloma humano (VPH)
Vacuna viva atenuada	Estas vacunas contienen una versión viable o «viva» del patógeno que ha sido creada para ser inofensiva.	Vacunas contra sarampión, paperas, rubéola y fiebre amarilla
ARNm	El ARNm de la vacuna ordena a las células del cuerpo que produzcan proteínas idénticas a las del patógeno.	COVID-19

Nuevas vacunas

Como ocurre con todos los medicamentos nuevos (p. 201), las nuevas vacunas se desarrollan en laboratorios y luego deben pasar por unos rigurosos ensayos preclínicos y clínicos antes de ser aprobadas. La primera vacuna de ARN mensajero (ARNm, p. 36) se desarrolló y aprobó más rápidamente en las primeras etapas de la pandemia de COVID-19 para así crear inmunidad contra el patógeno que causa esa enfermedad, el coronavirus SARS-CoV-2.

LAS VACUNAS PREVIENEN ENTRE 4 Y 5 MILLONES DE MUERTES AL AÑO

ANTICUERPOS

Los anticuerpos son moléculas de proteína en forma de Y que se unen a los antígenos. Hay un anticuerpo para casi todos los antígenos; los que coinciden con una enfermedad a la que el cuerpo es inmune se producen rápidamente.

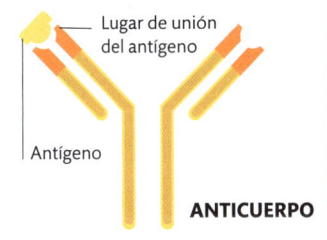

Lugar de unión del antígeno

Antígeno

ANTICUERPO

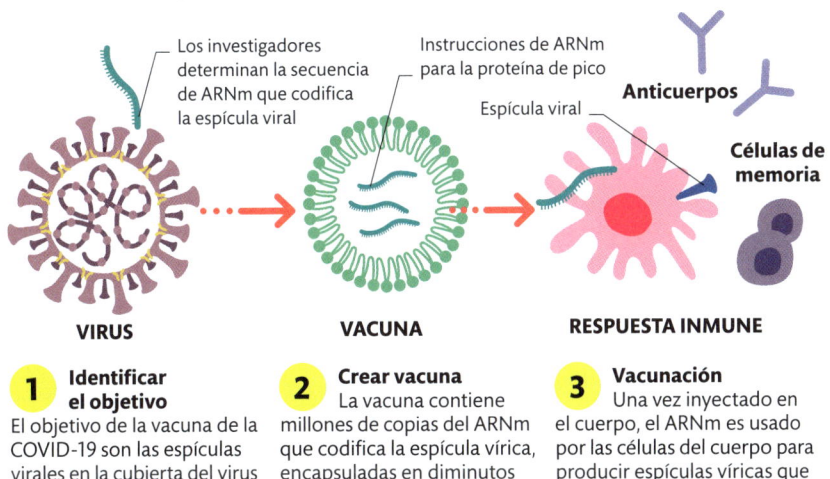

VIRUS

Los investigadores determinan la secuencia de ARNm que codifica la espícula viral

VACUNA

Instrucciones de ARNm para la proteína de pico

RESPUESTA INMUNE

Espícula viral

Anticuerpos

Células de memoria

1 **Identificar el objetivo**
El objetivo de la vacuna de la COVID-19 son las espículas virales en la cubierta del virus que lo ayudan a entrar.

2 **Crear vacuna**
La vacuna contiene millones de copias del ARNm que codifica la espícula vírica, encapsuladas en diminutos glóbulos de grasa.

3 **Vacunación**
Una vez inyectado en el cuerpo, el ARNm es usado por las células del cuerpo para producir espículas víricas que crean una respuesta inmune.

Micromatrices de ADN

Muchas pruebas de ADN incluyen una micromatriz de ADN: una superficie de vidrio o plástico recubierta con cientos o miles de puntos con sondas de ADN (pequeño trozo de ADN). Longitudes específicas del ADN de prueba se unen a estas sondas. Estas tienen marcadores fluorescentes que brillan cuando se une el ADN de la prueba. Luego, un ordenador analiza una fotografía de alta resolución de la fluorescencia para determinar qué versiones de ciertos genes están presentes o qué genes están activos.

Prueba comparativa

Las micromatrices de ADN pueden encontrar mutaciones en ciertos genes o determinar qué genes se expresan en diferentes células. Esto puede ser útil para comparar diferentes tejidos o células de tejidos patológicos (enfermos) y sanos.

Cuadrícula de puntos diminutos, cada uno con una sonda de ADN

MICROMATRIZ DE ADN

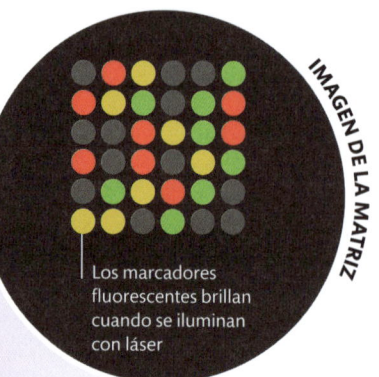

IMAGEN DE LA MATRIZ

Los marcadores fluorescentes brillan cuando se iluminan con láser

CLAVE
- 🟢 Presente en células normales
- 🔴 Presente en células patológicas
- 🟡 Presente en ambas células
- ⚫ No presente

Pruebas de ADN

Las pruebas de ADN se pueden utilizar para encontrar enfermedades hereditarias, identificar a personas con pruebas de paternidad o rastros en la escena de un crimen.

Reacción en cadena de la polimerasa

Antes de realizar la mayoría de las pruebas de ADN, se cortan en secciones más pequeñas las largas hebras de ADN que se van a analizar, normalmente con enzimas de restricción. Luego, para lograr resultados fiables, esas secciones más pequeñas se replican repitiendo varias veces una técnica llamada reacción en cadena de la polimerasa (PCR). En cada ejecución, el número de cada segmento presente se duplica.

¿QUÉ ES EL ADN AMBIENTAL?

Todo organismo pierde ADN. Al estudiar ese ADN ambiental, recolectado del suelo y del agua, los biólogos pueden determinar qué organismos viven en un hábitat particular.

Replicar el ADN

En una PCR, las etapas de desnaturalización, hibridación y extensión, o síntesis, se repiten varios cientos de veces, generando millones de copias de cada segmento de ADN.

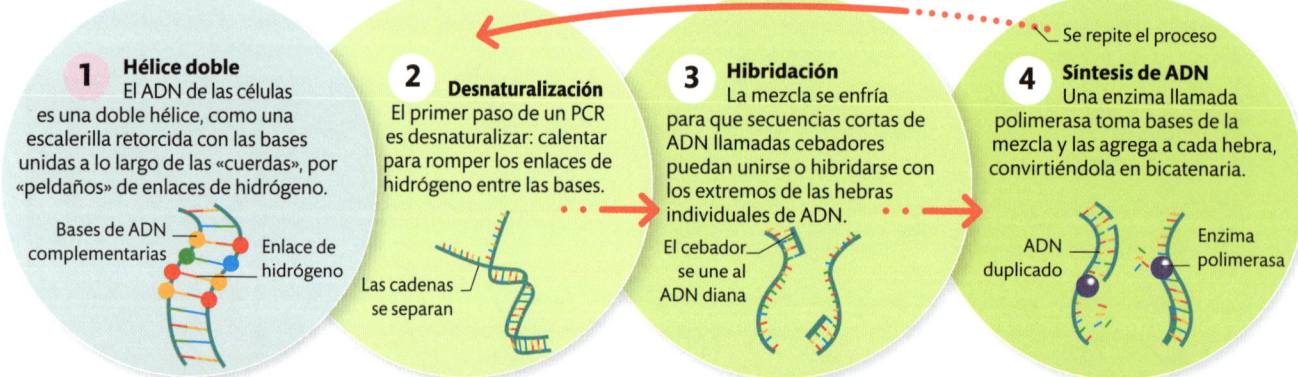

1 Hélice doble
El ADN de las células es una doble hélice, como una escalerilla retorcida con las bases unidas a lo largo de las «cuerdas», por «peldaños» de enlaces de hidrógeno.

Bases de ADN complementarias — Enlace de hidrógeno

2 Desnaturalización
El primer paso de un PCR es desnaturalizar: calentar para romper los enlaces de hidrógeno entre las bases.

Las cadenas se separan

3 Hibridación
La mezcla se enfría para que secuencias cortas de ADN llamadas cebadores puedan unirse o hibridarse con los extremos de las hebras individuales de ADN.

El cebador se une al ADN diana

4 Síntesis de ADN
Una enzima llamada polimerasa toma bases de la mezcla y las agrega a cada hebra, convirtiéndola en bicatenaria.

ADN duplicado — Enzima polimerasa

Se repite el proceso

Secuenciar el ADN

La secuenciación del ADN se logra con máquinas que leen la secuencia de bases en secciones específicas de ADN o de un genoma completo. Las comparaciones directas con versiones sanas de la misma sección o gen pueden revelar enfermedades como el cáncer o una propensión a desarrollar o transmitir enfermedades.

SE TARDÓ **13 AÑOS** EN **SECUENCIAR** POR VEZ PRIMERA EL **GENOMA HUMANO**

Leer el ADN

Hay varias tecnologías de secuenciación de ADN. Las más sofisticadas pueden leer un genoma humano completo en menos de un día. A continuación se muestra la que se conoce como método Sanger.

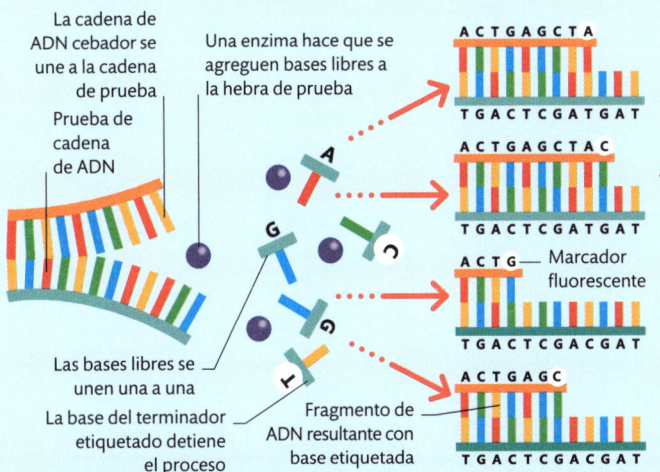

La cadena de ADN cebador se une a la cadena de prueba

Prueba de cadena de ADN

Una enzima hace que se agreguen bases libres a la hebra de prueba

Las bases libres se unen una a una

La base del terminador etiquetado detiene el proceso

Marcador fluorescente

Fragmento de ADN resultante con base etiquetada

1 Bases de ADN etiquetadas

Primero, un cebador se adhiere a una ubicación específica de una longitud monocatenaria del ADN de prueba. Las enzimas polimerasas unen las bases del ADN a la cadena, una a la vez. En solución con las bases normales están las bases terminadoras. Estas detienen el proceso y están etiquetadas con marcadores fluorescentes.

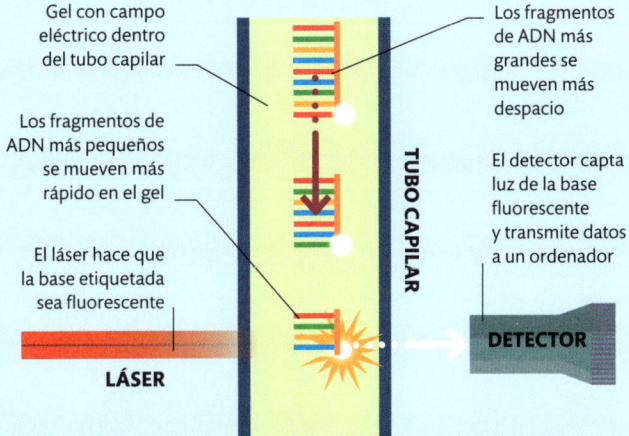

Gel con campo eléctrico dentro del tubo capilar

Los fragmentos de ADN más pequeños se mueven más rápido en el gel

El láser hace que la base etiquetada sea fluorescente

Los fragmentos de ADN más grandes se mueven más despacio

El detector capta luz de la base fluorescente y transmite datos a un ordenador

TUBO CAPILAR

LÁSER

DETECTOR

2 Bases leídas por láser

Las longitudes complementarias de ADN recién formadas se desprenden de la cadena original. Los tramos monocatenarios pasan por un tubo capilar, atraídos por un campo eléctrico. Un láser en el otro extremo del tubo hace que las bases del terminador brillen cerca de un detector. Los fragmentos llegan al láser en orden de longitud.

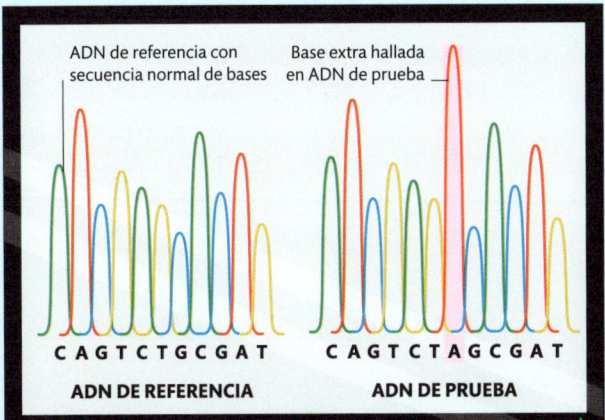

ADN de referencia con secuencia normal de bases

Base extra hallada en ADN de prueba

C A G T C T G C G A T
ADN DE REFERENCIA

C A G T C T A G C G A T
ADN DE PRUEBA

3 Análisis

Un ordenador registra los destellos de colores y reconstruye la secuencia exacta de bases. Al comparar la secuencia de un gen en un paciente con una versión sana conocida de un gen, se pueden identificar adiciones o eliminaciones que causan enfermedades.

PRUEBAS CROMOSÓMICAS

Una célula humana tiene 23 pares de cromosomas (p. 58). Los científicos pueden estudiar el conjunto completo de cromosomas de una persona, llamado cariotipo, para ver si hay cromosomas adicionales, faltantes o anormales.

Cromosomas ordenados en pares por tamaño

XX	XX	XX	XX	XX	XX	XX	XX
1	2	3	4	5	6	7	8
XX	XX	XX	XX	XX	XX	XX	XX
9	10	11	12	13	14	15	16
XX	XX	XX	XX	XX	XX	XX Xx	
17	18	19	20	21	22	23	

CARIOTIPO HUMANO

Cromosomas sexuales (pp. 98-99)

Ingeniería genética

La ingeniería genética (o modificación genética) altera el genoma de un organismo para mejorar sus capacidades. Por lo general, implica transferir un gen de una especie a otra.

Modificación genética

Los humanos llevan miles de años modificando genomas de plantas y animales mediante la domesticación y la reproducción selectiva (p. 196). La ingeniería genética permite realizar modificaciones más específicas y mucho más rápidas. Todas las células comparten el mismo lenguaje genético, el ADN, y eso hace posible la transferencia de genes entre especies, incluso de humanos a bacterias. Entre las aplicaciones de la ingeniería genética están la producción de vacunas y medicamentos, y la creación de plantas y animales genéticamente modificados.

¿SE REPRODUCEN LOS GENES MODIFICADOS?

La transferencia horizontal de genes ocurre en la naturaleza, por lo que es posible que se propaguen genes modificados en los cultivos, pero es muy raro y poco probable que cause problemas.

Resistencia a las enfermedades

Ciertas bacterias del suelo tienen genes que producen proteínas tóxicas para los insectos. La inserción de estos genes en los genomas de las plantas de maíz protege a las plantas de las plagas y reduce la necesidad de pesticidas.

Bacterias del suelo resistentes a las plagas

Gen de resistencia a plagas de una bacteria insertada en una planta

La descendencia es una planta transgénica resistente a las plagas

BACTERIAS **GEN** **MAÍZ**

Alterar la producción

El cuerpo de algunas personas no produce suficiente hormona del crecimiento, un compuesto importante para desarrollarse de manera correcta. Una forma conveniente de producirlo es transferir el gen del genoma humano al genoma de un óvulo o embrión de cabra.

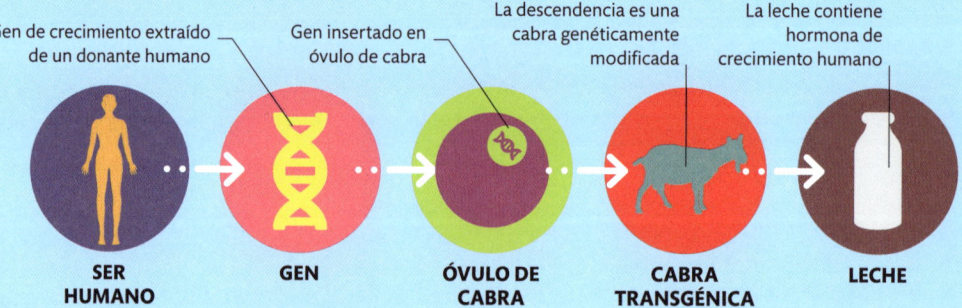

Gen de crecimiento extraído de un donante humano

Gen insertado en óvulo de cabra

La descendencia es una cabra genéticamente modificada

La leche contiene hormona de crecimiento humano

SER HUMANO **GEN** **ÓVULO DE CABRA** **CABRA TRANSGÉNICA** **LECHE**

Fábricas vivientes

Millones de personas con diabetes dependen de la insulina producida por bacterias transgénicas (bacterias modificadas genéticamente) que portan el gen de la insulina humana.

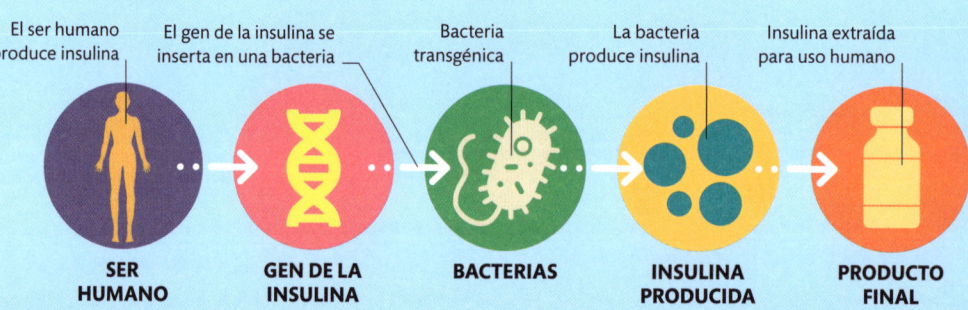

El ser humano produce insulina

El gen de la insulina se inserta en una bacteria

Bacteria transgénica

La bacteria produce insulina

Insulina extraída para uso humano

SER HUMANO **GEN DE LA INSULINA** **BACTERIAS** **INSULINA PRODUCIDA** **PRODUCTO FINAL**

Recombinación

La recombinación es la mezcla de genes de diferentes organismos. Ocurre de forma natural en la meiosis (pp. 82-83), cuando los genes de dos padres constan en el genoma de su descendencia, y en la transferencia horizontal de genes, cuando los organismos unicelulares absorben genes de otras especies. Hay varios métodos para crear ADN recombinante de manera artificial, por ejemplo inyectando un gen en otras células vivas y el uso de enzimas para insertar el gen en una célula bacteriana.

HASTA EL 90 % DE TODA LA SOJA HA SIDO GENÉTICAMENTE MODIFICADA

ORGANISMOS GM

Los cultivos se modifican para hacerlos más resistentes a las plagas o a enfermedades, o para que sigan frescos más tiempo. Aunque se han aprobado muchos organismos GM (genéticamente modificados), incluido un salmón que crece más deprisa, tomates más duraderos y algodón resistente a las plagas, la ingeniería genética en los alimentos sigue siendo un tema controvertido.

SALMÓN

TOMATE   **ALGODÓN**

CAÑÓN DE ADN

El cañón de ADN dispara partículas

CÉLULAS VEGETALES

Se junta a regiones de la planta con células indiferenciadas

En algunas células, el ADN liberado se incorpora al genoma de la planta

La planta ahora lleva modificaciones

CULTIVO GENÉTICAMENTE MODIFICADO

Biolística

La biolística, palabra compuesta de «balística biológica», es un método a menudo usado para crear plantas transgénicas. Pequeñas partículas de metal recubiertas con el gen se disparan a gran velocidad hacia las células diana. Si el ADN entregado se incorpora al genoma de la planta, se transmite a las generaciones futuras de esa planta.

CÉLULA BACTERIANA

Se elimina el plásmido de la célula bacteriana

Hay plásmidos en las bacterias

PLÁSMIDO ELIMINADO

Gen a insertar en plásmido

PLÁSMIDO CORTADO

Las enzimas de restricción cortan el plásmido

ADN RECOMBINANTE

Una enzima llamada ligasa une los extremos del gen insertado a los extremos cortados del plásmido

Gen editado introducido en la bacteria

BACTERIA MODIFICADA

Bacterias y enzimas

Además de su genoma principal, las bacterias tienen pequeños bucles de ADN llamados plásmidos. Los genetistas utilizan enzimas de restricción para cortar los plásmidos e insertar genes de otras especies. Una vez modificado el plásmido, se usa calor o una descarga eléctrica para estimular la bacteria y que absorba el plásmido alterado.

Terapia génica

Algunas enfermedades son el resultado de un alelo (versión de un gen) defectuoso con errores en la secuencia de bases de su ADN (p. 37). Para muchas de estas enfermedades genéticas, hay un tratamiento a través de la terapia génica.

¿ES SEGURA LA TERAPIA GÉNICA?

La terapia génica conlleva algunos riesgos, pero, como ocurre con todas las tecnologías médicas emergentes, está sujeta a estrictas pruebas y regulaciones.

2 Virus incapacitado
Los virus se utilizan porque son hábiles para entrar en las células. Primero se elimina o desactiva el material genético del virus.

El ADN o el ARN se elimina o desactiva

1 Células recolectadas
Realizar terapia génica con células externas al cuerpo (ex vivo) reduce el riesgo de que el sistema inmunitario del cuerpo produzca inflamación.

Algunas células del paciente se eliminan del área del cuerpo afectada por la enfermedad

3 Gen insertado
Después, el alelo sano se inserta en la cubierta proteica del virus (p. 16).

Alelo sano empaquetado en virus

CÉLULAS DEL PACIENTE

Métodos de introducción
Hay varias formas de entregar alelos sanos a un paciente. Lo más común es que los virus transporten el ADN a las propias células del paciente. Este proceso puede ocurrir dentro del cuerpo (ver página opuesta) o fuera (como se muestra aquí).

7 Producción de proteínas
Ahora se puede producir la proteína correcta y la enfermedad disminuirá o se curará. En algunas terapias solo es necesaria una sesión.

Células modificadas introducidas en el cuerpo del paciente

4 Virus añadido a las células
El virus se introduce en las células extraídas del paciente. Una vez dentro, el tipo de virus utilizado en la terapia génica inserta el ADN en el genoma de una célula.

5 Gen sano insertado en células
Este tipo de tratamiento se utiliza a menudo para dividir células, como las de la piel y las sanguíneas. Después, el gen se copia en células hijas antes de introducirlo en el cuerpo.

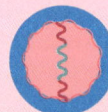

6 Células insertadas en el cuerpo
Las células, que ahora contienen un alelo sano, se insertan en el paciente, normalmente en una única inyección en el tejido afectado por el trastorno.

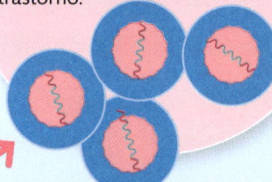

Introducir alelos sanos

Los errores en el ADN de un alelo defectuoso pueden ser hereditarios o mutaciones aleatorias. Ese alelo podría producir una versión defectuosa de la proteína que el gen codifica, o no producir ninguna proteína. La terapia génica administra un alelo funcional de ese gen o elimina o modifica material genético. Es más eficaz para tratar enfermedades causadas por un solo gen defectuoso o que afectan a un solo tipo de tejido, como la sangre o las células pulmonares.

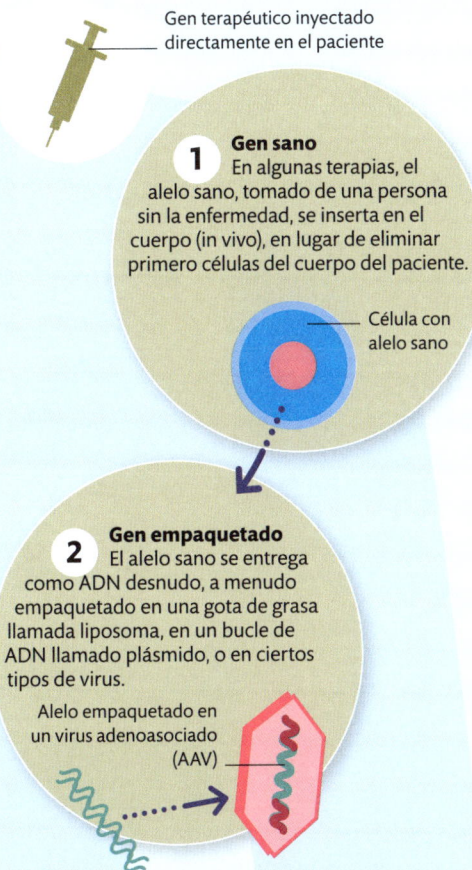

Gen terapéutico inyectado directamente en el paciente

1 **Gen sano**
En algunas terapias, el alelo sano, tomado de una persona sin la enfermedad, se inserta en el cuerpo (in vivo), en lugar de eliminar primero células del cuerpo del paciente.

Célula con alelo sano

2 **Gen empaquetado**
El alelo sano se entrega como ADN desnudo, a menudo empaquetado en una gota de grasa llamada liposoma, en un bucle de ADN llamado plásmido, o en ciertos tipos de virus.

Alelo empaquetado en un virus adenoasociado (AAV)

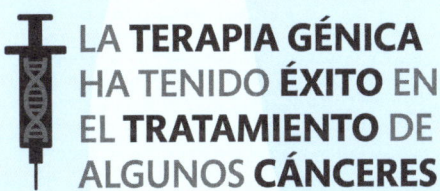

LA **TERAPIA GÉNICA** HA TENIDO **ÉXITO** EN EL **TRATAMIENTO** DE ALGUNOS **CÁNCERES**

Edición del genoma

Con la terapia génica tradicional no hay garantía de que un gen transportado a una célula se inserte en el lugar correcto. Un enfoque más preciso es editar el gen directamente (dentro o fuera del cuerpo) con una técnica de edición de genes llamada CRISPR (repeticiones palindrómicas cortas agrupadas y regularmente interespaciadas). El alelo defectuoso puede eliminarse o repararse, o insertarse uno sano en su lugar.

1 **Preparado para editar**
Una enzima cortadora de ADN llamada Cas9 forma un complejo con un trozo corto de ARN diseñado para coincidir con una secuencia de ADN específica.

2 **Búsqueda**
El complejo se mueve a lo largo del ADN hasta que encuentra la secuencia coincidente en el genoma del paciente y se adhiere a ella.

3 **Cortar**
La enzima Cas9 corta el ADN en el punto deseado del genoma del paciente. Una vez realizado el corte, se separan el ARN guía y la enzima Cas9.

4 **Pegar**
También está presente una copia del ADN de reemplazo, y la célula utiliza sus propias capacidades de reparación para insertar el ADN en su lugar.

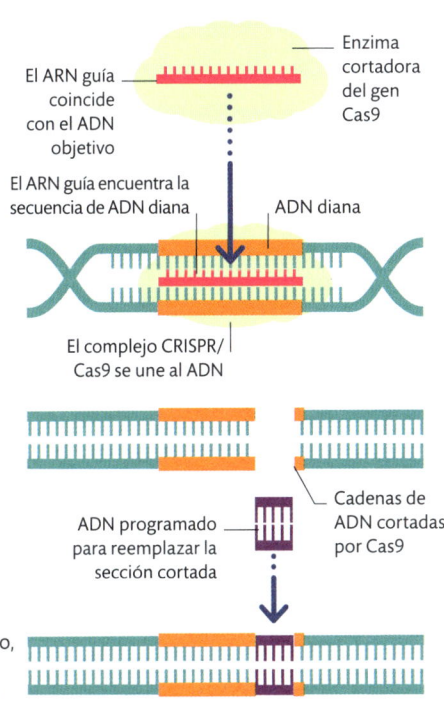

El ARN guía coincide con el ADN objetivo

Enzima cortadora del gen Cas9

El ARN guía encuentra la secuencia de ADN diana

ADN diana

El complejo CRISPR/Cas9 se une al ADN

ADN programado para reemplazar la sección cortada

Cadenas de ADN cortadas por Cas9

TERAPIAS SOMÁTICA Y DE LÍNEA GERMINAL

La terapia génica somática afecta a genes en células que no sean ni espermatozoides ni óvulos, y solo afecta al individuo que recibe el tratamiento. La terapia génica de la línea germinal afecta los genes de los óvulos o los espermatozoides, por lo que se transmitirá si se tienen hijos. La terapia génica de la línea germinal se prohíbe en la mayoría de los países.

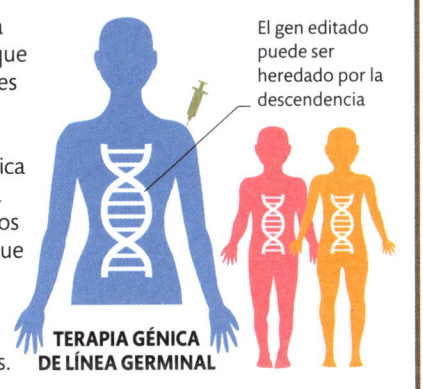

El gen editado puede ser heredado por la descendencia

TERAPIA GÉNICA DE LÍNEA GERMINAL

Clonar animales

Hay dos formas principales de clonar animales enteros. La primera es la división de embriones en dos, en que cada mitad puede convertirse en un animal adulto. Este procedimiento solo permite realizar clones de embriones en desarrollo, no de animales adultos. Un mamífero adulto puede clonarse con la transferencia nuclear de células somáticas (SCNT). En este procedimiento, se extrae el núcleo de una célula somática (una célula distinta del óvulo o el espermatozoide) y se implanta en un óvulo cuyo núcleo se ha eliminado.

LA PRIMERA CÉLULA ANIMAL CLONADA FUE LA DE UN **RENACUAJO, EN 1952**

DIVISIÓN EMBRIONARIA

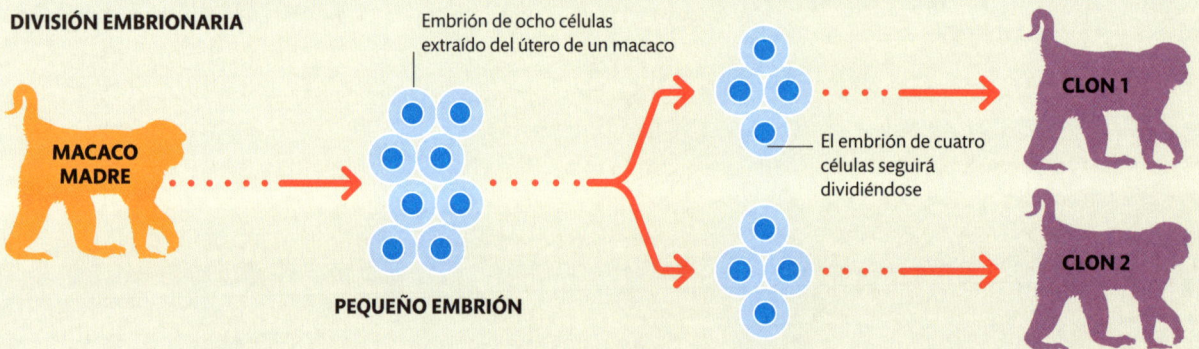

Embrión de ocho células extraído del útero de un macaco

MACACO MADRE

PEQUEÑO EMBRIÓN

El embrión de cuatro células seguirá dividiéndose

CLON 1

CLON 2

1 Extracción del embrión
La división de embriones, también llamada hermanamiento, se ha llevado a cabo en muchas especies. El primer paso del procedimiento es extraer del útero de una hembra embarazada un embrión, que normalmente consta de unas ocho células.

2 Dividir el embrión
Un técnico divide el embrión en dos bajo un microscopio. Cada mitad está formada por células idénticas que son pluripotentes, es decir, pueden convertirse en cualquier tipo de célula y, al dividirse, pueden producir cualquier tipo de tejido.

3 Implantación y desarrollo
Los nuevos embriones son iguales a un embrión en una etapa anterior de desarrollo. Cuando se implanta en el útero de hembras adultas de la misma especie, ambas pueden desarrollarse normalmente, lo que resulta en una descendencia idéntica.

TRANSFERENCIA NUCLEAR DE CÉLULAS SOMÁTICAS

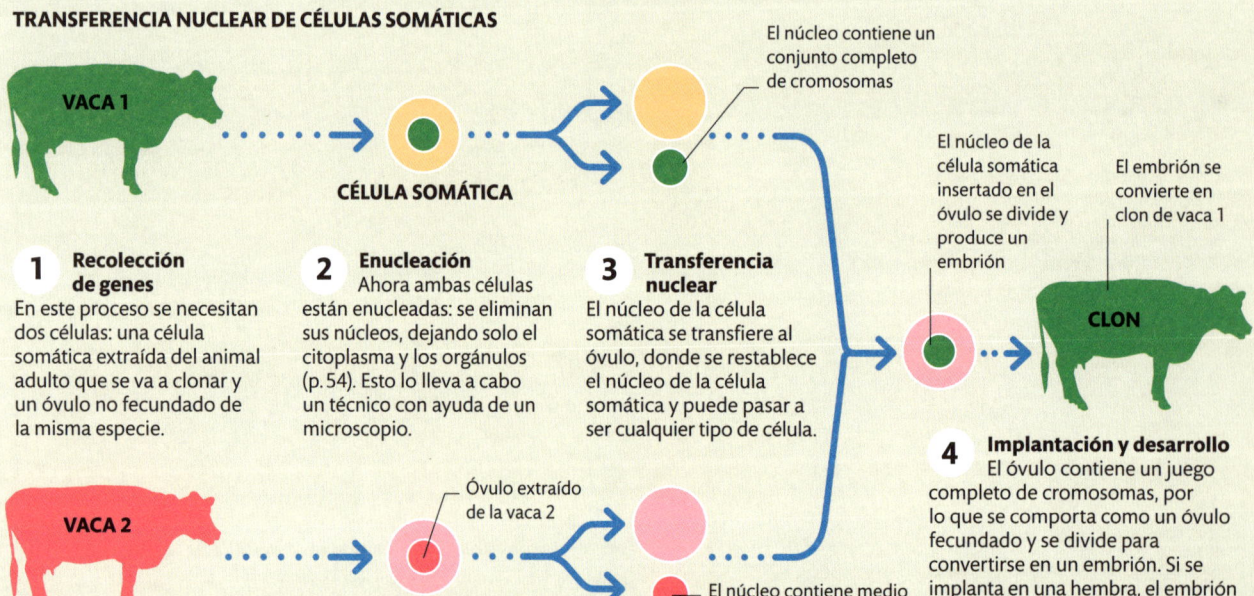

VACA 1

CÉLULA SOMÁTICA

El núcleo contiene un conjunto completo de cromosomas

El núcleo de la célula somática insertado en el óvulo se divide y produce un embrión

El embrión se convierte en clon de vaca 1

CLON

VACA 2

Óvulo extraído de la vaca 2

ÓVULO

El núcleo contiene medio juego de cromosomas

1 Recolección de genes
En este proceso se necesitan dos células: una célula somática extraída del animal adulto que se va a clonar y un óvulo no fecundado de la misma especie.

2 Enucleación
Ahora ambas células están enucleadas: se eliminan sus núcleos, dejando solo el citoplasma y los orgánulos (p. 54). Esto lo lleva a cabo un técnico con ayuda de un microscopio.

3 Transferencia nuclear
El núcleo de la célula somática se transfiere al óvulo, donde se restablece el núcleo de la célula somática y puede pasar a ser cualquier tipo de célula.

4 Implantación y desarrollo
El óvulo contiene un juego completo de cromosomas, por lo que se comporta como un óvulo fecundado y se divide para convertirse en un embrión. Si se implanta en una hembra, el embrión se desarrolla normalmente.

Clonación

Los clones son células, tejidos u organismos con el mismo genoma. La clonación es común en la naturaleza: todo organismo que se reproduce asexualmente produce clones de sí mismo. Los clones también se pueden crear en el laboratorio.

Esquejes y cultivos

Todas las plantas se reproducen sexualmente, pero la mayoría también puede reproducirse asexualmente, en cuyo caso la descendencia son clones de la planta madre. Es la propagación vegetativa. Así, las nuevas plantas de fresa crecen a partir de nódulos en unos tallos alargados llamados estolones, y las de patata, a partir de raíces hinchadas o tubérculos. La propagación vegetativa también se puede lograr de forma artificial, con esquejes. Se usa la biotecnología de micropropagación para producir plantas idénticas, para investigar o para venderlas.

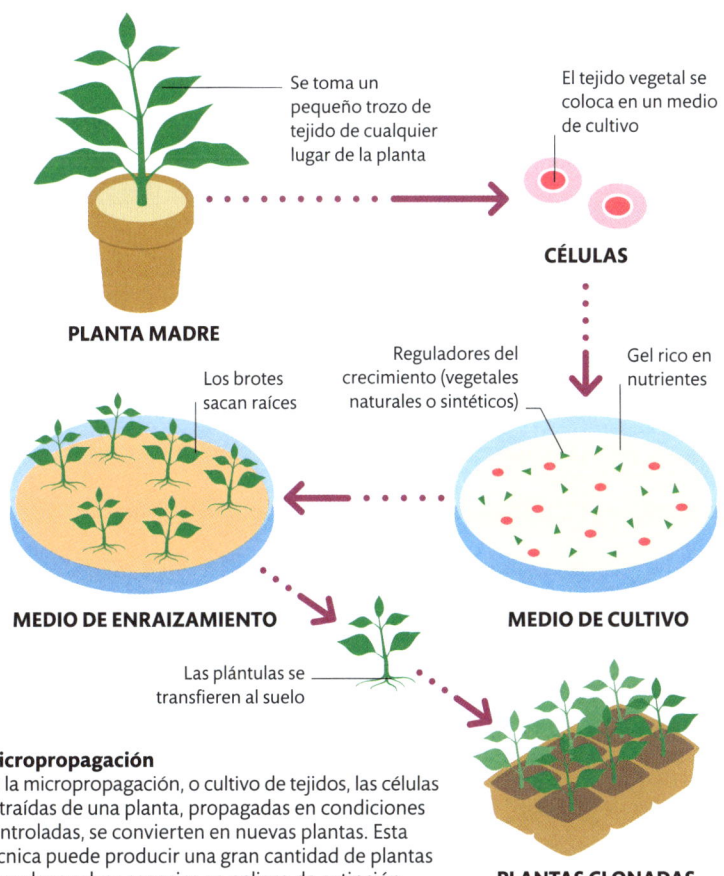

Se toma un pequeño trozo de tejido de cualquier lugar de la planta

El tejido vegetal se coloca en un medio de cultivo

CÉLULAS

PLANTA MADRE

Los brotes sacan raíces

Reguladores del crecimiento (vegetales naturales o sintéticos)

Gel rico en nutrientes

MEDIO DE ENRAIZAMIENTO

MEDIO DE CULTIVO

Las plántulas se transfieren al suelo

Micropropagación
En la micropropagación, o cultivo de tejidos, las células extraídas de una planta, propagadas en condiciones controladas, se convierten en nuevas plantas. Esta técnica puede producir una gran cantidad de plantas y ayudar a salvar especies en peligro de extinción.

PLANTAS CLONADAS

¿PUEDEN CLONARSE LOS DINOSAURIOS?

Aunque parte del material biológico puede conservarse durante millones de años, no es el caso del ADN. Y dado que la clonación requiere un genoma completo, nunca podremos clonar un dinosaurio.

CLONES NATURALES

Unos cuatro de cada mil nacimientos humanos dan gemelos monocigóticos: dos bebés desarrollados a partir de un único cigoto (óvulo fecundado). En los primeros días tras la fecundación, el embrión se divide en dos. Como todas las células del embrión comparten el mismo genoma, también lo comparten los gemelos idénticos.

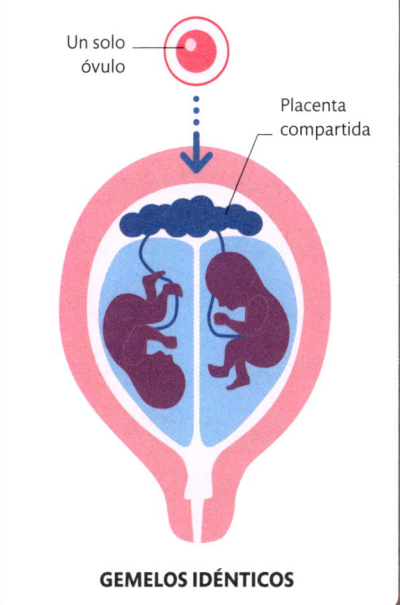

Un solo óvulo

Placenta compartida

GEMELOS IDÉNTICOS

Envejecimiento

Las tecnologías antiedad buscan frenar el proceso de envejecimiento. No siempre tienen como objetivo alargar la vida, sino hacernos menos propensos a enfermedades relacionadas con la edad, como el cáncer y el Alzheimer.

En el núcleo de la célula hay cromosomas

CÉLULA

CÉLULA

CÉLULA

¿Qué es el envejecimiento?

El envejecimiento es el deterioro gradual del cuerpo. A medida que envejece, el cuerpo está sujeto a todo tipo de daños, sobre todo a nivel molecular. Unas sustancias químicas llamadas especies reactivas de oxígeno, creadas normalmente en las células, dañan el ADN. El envejecimiento también se relaciona con la división celular (pp. 68-69). Las células envejecen al dividirse, y llega un momento en el que dejan de hacerlo, lo que se conoce como senescencia celular.

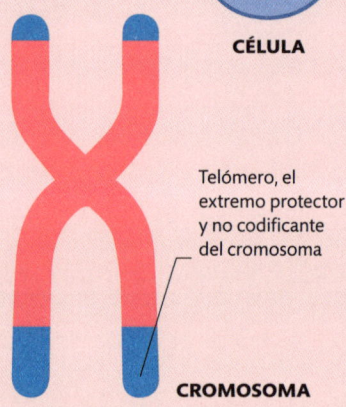

Telómero, el extremo protector y no codificante del cromosoma

CROMOSOMA

Se desarrollan tejidos, hechos de células

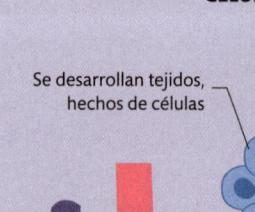

LAS CÉLULAS SE EMPIEZAN A DETERIORAR TRAS UNAS 50 RONDAS DE DIVISIÓN

Senescencia y cromosomas
La senescencia celular se inicia por daños, pero también por la reducción de regiones en los extremos de los cromosomas llamadas telómeros.

Primera edad
Se crece con la división de las células. Con cada división los telómeros se dañan, pero, al estar formados por ADN no codificante, la función celular no se ve afectada.

Rejuvenecimiento

Un enfoque prometedor es la reprogramación celular. Al envejecer las células, sustancias químicas llamadas grupos metilo se adhieren a ciertos lugares a lo largo de las cadenas de ADN. Hay compuestos que pueden eliminar la metilación y devolver las células a un estado más joven. Esto debe hacerse con cuidado, pues eliminar demasiada metilación convierte a una célula en una célula madre pluripotente de nuevo, que puede convertirse en cualquier tipo de célula. Esto puede provocar un crecimiento celular descontrolado, y cáncer.

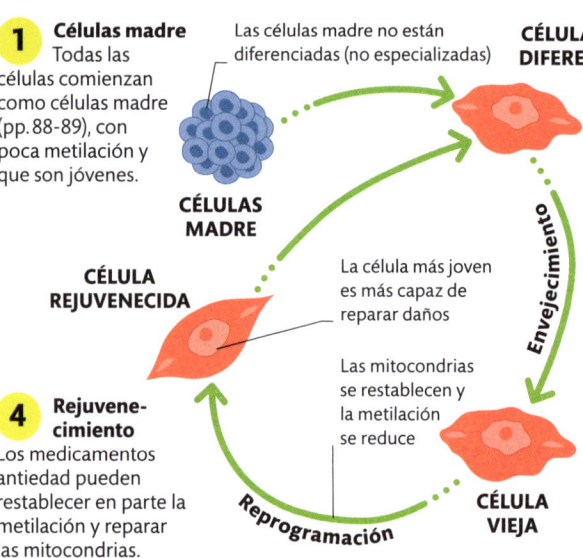

1 Células madre
Todas las células comienzan como células madre (pp. 88-89), con poca metilación y que son jóvenes.

Las células madre no están diferenciadas (no especializadas)

CÉLULAS MADRE

CÉLULA JOVEN DIFERENCIADA

2 Célula joven
Al dividirse una célula madre, tiene lugar una diferenciación para convertirla, por ejemplo, en célula de piel o de hueso. Esto implica un proceso de metilación, que sigue y envejece la célula.

Envejecimiento

CÉLULA REJUVENECIDA

La célula más joven es más capaz de reparar daños

Las mitocondrias se restablecen y la metilación se reduce

4 Rejuvene-cimiento
Los medicamentos antiedad pueden restablecer en parte la metilación y reparar las mitocondrias.

Reprogramación

CÉLULA VIEJA

3 Célula vieja
Con el tiempo, la metilación aumenta y la célula no funciona tan bien como antes. Las mitocondrias (p. 60) se degradan.

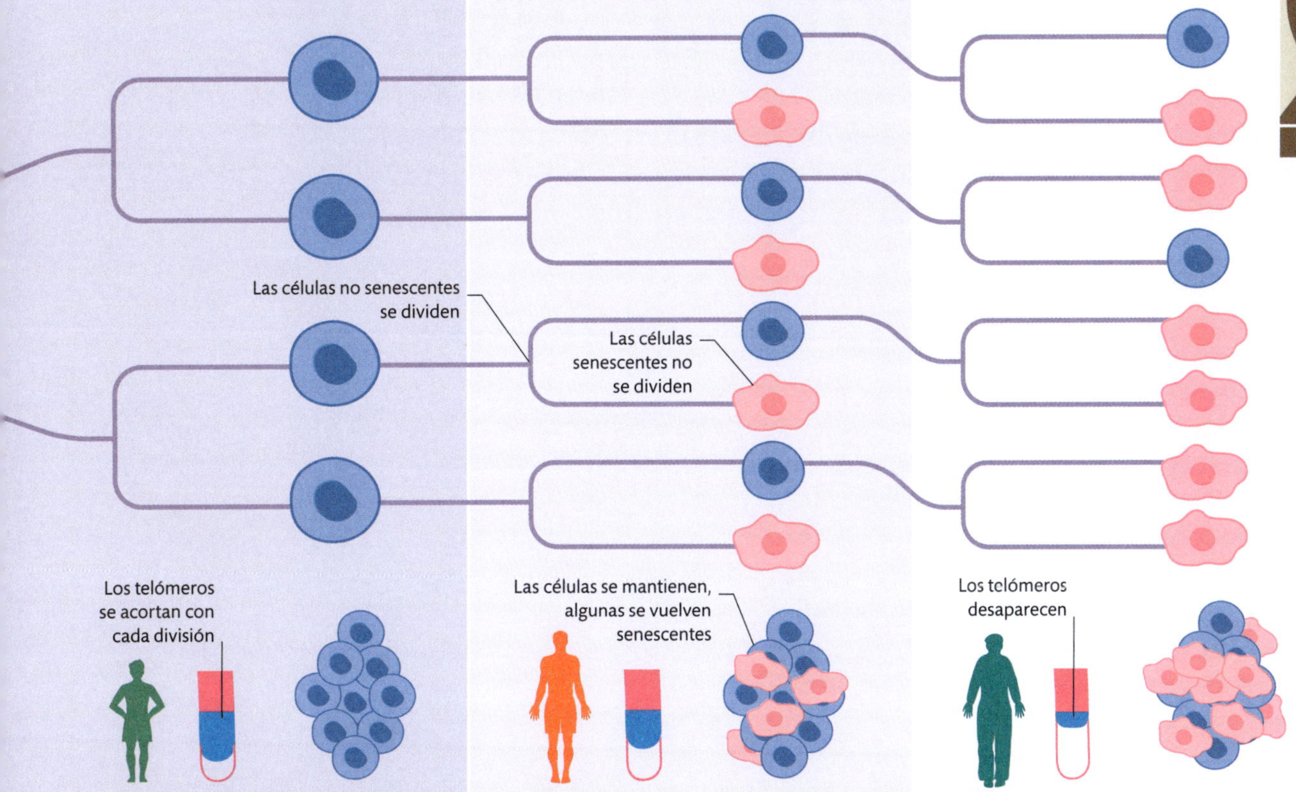

Las células no senescentes
se dividen

Las células
senescentes no
se dividen

Los telómeros
se acortan con
cada división

Las células se mantienen,
algunas se vuelven
senescentes

Los telómeros
desaparecen

Infancia y adolescencia

El crecimiento continúa durante la niñez y la adolescencia a medida que el cuerpo se desarrolla. Los telómeros continúan acortándose con cada ronda de división celular.

Edad adulta

En la edad adulta, el cuerpo deja de crecer y desarrollarse y se mantiene. Los telómeros siguen acortándose y algunas células dejan de dividirse por completo.

Vejez

El cuerpo decae en la vejez, en gran medida por una mayor senescencia celular: más células dejan de dividirse al ir acortándose y desapareciendo los telómeros.

SIGNOS DE ENVEJECIMIENTO

A medida que más y más células alcanzan la senescencia y dejan de dividirse, los tejidos del cuerpo ya no se reponen y los daños ya no se reparan. Esto da lugar a signos familiares de envejecimiento. Por ejemplo, el colágeno de la piel se descompone y, cuando ya no se repone al mismo ritmo, la piel comienza a arrugarse y a ceder. En el ojo se acumulan desechos celulares, lo que causa una afección común que afecta a la vista llamada degeneración macular.

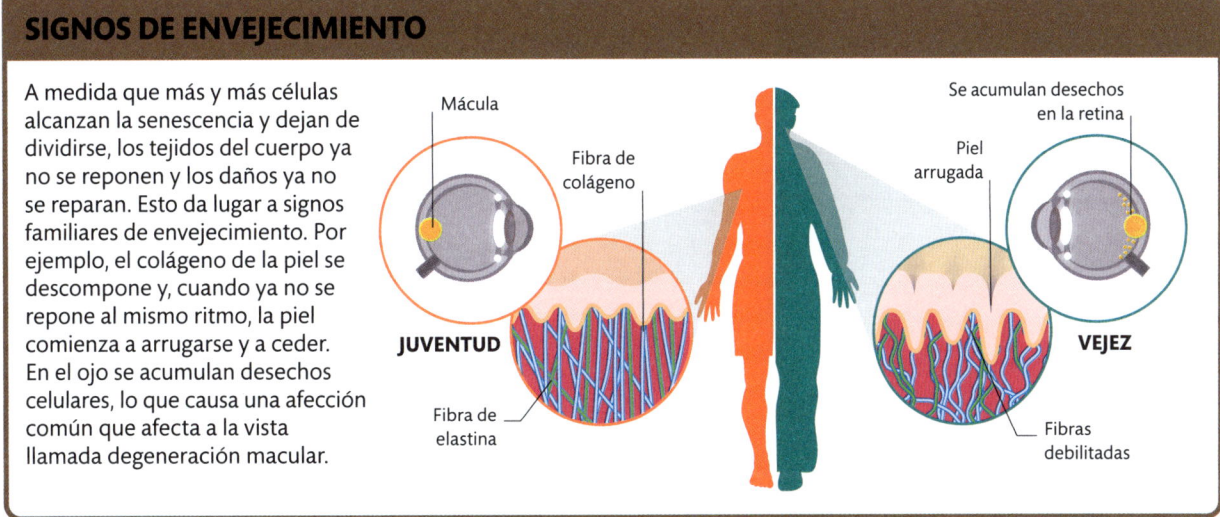

Mácula

Fibra de
colágeno

Se acumulan desechos
en la retina

Piel
arrugada

JUVENTUD

VEJEZ

Fibra de
elastina

Fibras
debilitadas

Reparar el cuerpo

Entre las tecnologías que pueden reemplazar partes del cuerpo o capacidades perdidas por enfermedad o lesión están la cirugía plástica, las prótesis y los dispositivos como marcapasos e implantes cocleares.

CEREBRO

Reemplazo de extremidades

Los médicos llevan cientos de años fabricando prótesis. Algunas prótesis modernas combinan tecnología electrónica y mecánica con un detallado entendimiento del sistema nervioso. Algunas de estas prótesis robóticas, aunque todavía son en gran medida experimentales, pueden devolver gran parte de la función de la extremidad, incluida la sensación del tacto.

1 **Señales del cerebro**
Una prótesis robótica de antebrazo recibe instrucciones del cerebro. Esto implica controlar las señales eléctricas en los nervios del brazo o en los músculos restantes del brazo.

2 **Señales interpretadas**
La computadora a bordo del brazo protésico interpreta las señales tras haber aprendido qué patrones de señales nerviosas se relacionan con qué movimiento intencionado.

Las neuronas motoras transportan señales desde el cerebro

Las neuronas sensoriales transportan señales de la mano al cerebro

Los sensores en las yemas de los dedos pueden detectar presión y vibración

Los enlaces mecánicos permiten numerosos movimientos

El motor eléctrico en la mano acciona piezas mecánicas

El microprocesador convierte señales entrantes y salientes del cerebro

CONECTOR

SENSORES

MÚSCULOS

Señal de los sensores de la mano hacia el procesador

Las señales de los sensores pasan al microprocesador

Los sensores captan pequeñas señales eléctricas en los músculos donde se coloca la prótesis

3 **Mano biónica**
Un procesador envía instrucciones a la mano, donde hay un potente motor eléctrico. El motor está conectado a los dedos con enlaces mecánicos (un sistema de varillas y bisagras).

¿CUÁL ES LA CAUSA PRINCIPAL DE PÉRDIDA DE MIEMBROS?

En muchos países, las úlceras y las infecciones en los pies por la diabetes son la principal causa de amputación. La segunda son los accidentes.

4 **Señales al cerebro**
Muchas prótesis robóticas también cuentan con retroalimentación sensorial. Los sensores de tacto y tensión en los dedos transmiten señales al procesador, que las transmite al cerebro a través de los nervios.

EN EE. UU. MÁS DE 500 PERSONAS PIERDEN UN MIEMBRO TODOS LOS DÍAS

Sentidos artificiales

Millones de personas carecen del sentido de la vista o del oído. Los biotecnólogos llevan años trabajando para encontrar soluciones que puedan proporcionar o restaurar esos sentidos. Según el motivo de la pérdida del sentido, las retinas artificiales pueden ayudar a recuperar la vista, y los implantes cocleares pueden devolver la audición. Aún queda mucho camino por recorrer antes de que las retinas artificiales sean efectivas, pero los implantes cocleares son ya más comunes.

1 **El micrófono capta el sonido**
Un micrófono colocado en el oído del usuario detecta el sonido y lo convierte en señales eléctricas. Un procesador de voz dentro del micrófono analiza las señales y mejora los sonidos que reconoce como voz humana.

Las señales filtradas pasan por medio de ondas de radio a través del cráneo

2 **Transmisor a receptor**
Las señales procesadas pasan a un transmisor, que se sujeta a la cabeza mediante un imán. El transmisor transmite la señal de forma inalámbrica a un receptor implantado dentro del cráneo.

3 **Conversión de las señales**
El receptor convierte las señales para que el cerebro pueda entenderlas y las envía a través de finos cables a la cóclea (p. 169) sin pasar por el oído medio.

Los impulsos eléctricos van hasta el cerebro por el nervio auditivo

TRANSMISOR

RECEPTOR

MICRÓFONO

Las ondas sonoras transmiten el habla y otros sonidos

CABLE

El cable transporta señales del receptor a la cóclea

El tímpano vibra, pero no se envían señales al cerebro

Las señales se introducen en la cóclea

NERVIO AUDITIVO

El nervio auditivo conecta la cóclea con el cerebro

CÓCLEA

4 **Señales al cerebro**
La cóclea transmite los impulsos eléctricos al nervio auditivo, que los lleva a la corteza auditiva, la parte del cerebro que procesa y percibe la información auditiva.

CANAL AUDITIVO

MEJORAS DEL CUERPO

En el futuro, podría haber sentidos artificiales o partes del cuerpo de tanta calidad que los seres humanos podrían instalárselos sin necesitarlos. De manera similar, diseñar y editar el genoma humano podría brindar a los nuevos sentidos, una enorme fuerza o resistencia a las enfermedades.

Las características físicas, como la altura, podrían modificarse

La inteligencia podría mejorarse enormemente

La visión podría mejorarse, quizá más allá del espectro visual

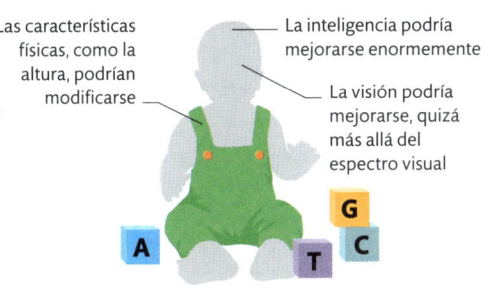

Biología sintética

La biología sintética proporciona a los científicos formas de crear genes, proteínas, cromosomas completos e incluso seres vivos enteros.

CONTAMINACIÓN POR PLOMO

Los genes sintéticos insertados en bacterias se activan en presencia de agua contaminada y producen una proteína fluorescente.

DETECTOR DE PATÓGENOS

Partes de células sintéticas liofilizadas en una tira de papel informan de la presencia de un patógeno al cambiar de color.

CARNE VEGANA

Podría ser posible producir carne con la textura y el sabor de la carne real creando proteínas e insertándolas en microorganismos.

LECHE CULTIVADA

Algún día será posible crear microorganismos con los que los productores puedan crear leche, sin necesidad de vacas.

COMPUESTOS DE FÁRMACOS

Algún día se podrán producir medicamentos a medida creando genes sintéticos e insertándolos en bacterias.

TELA DE ARAÑA

Microorganismos con genes sintéticos podrían producir proteínas tan fuertes y resistentes como una tela de araña.

PIGMENTOS SINTÉTICOS

Se trabaja en crear organismos sintéticos que puedan producir pigmentos de forma más sostenible que los pigmentos actuales, con los que teñir textiles a gran escala.

PROTECCIÓN DE LOS CULTIVOS

Las feromonas sintéticas de insectos, en un recipiente en el borde de un cultivo, podrían alejar a los insectos para reducir la necesidad insecticidas.

Aplicaciones prácticas

La creación de nuevos genes y proteínas es muy prometedora para la medicina, la ciencia de los materiales, la conservación del medio ambiente y muchas otras áreas de la tecnología. Biólogos sintéticos de todo el mundo están trabajando en distintos proyectos y han logrado resultados alentadores.

Proteínas a medida

La biología sintética va más allá de la ingeniería genética (pp. 206-207). En lugar de transferir genes existentes entre especies, los biólogos crean nuevos genes que codifican proteínas que no existen en la naturaleza. Se insertan genes sintéticos en organismos como las bacterias, y estas se ponen a producir nuevas proteínas. En general es la forma de una proteína lo que la hace útil. Determinar cuál será la forma de una proteína a partir de las instrucciones codificadas es un problema difícil, y esta tecnología aún está en sus primeros pasos.

ÁCIDO XENONUCLEICO (XNA)

Una área de investigación busca ampliar el código genético con seis bases en lugar de las cuatro habituales (p. 37). En las células vivas, los ácidos nucleicos resultantes codifican aminoácidos que no pueden producirse con el código natural y proteínas que no existirían en la naturaleza.

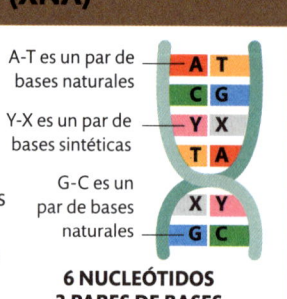

A-T es un par de bases naturales

Y-X es un par de bases sintéticas

G-C es un par de bases naturales

**6 NUCLEÓTIDOS
3 PARES DE BASES**

Organismos sintéticos

Como culminación de un proyecto para determinar el genoma más pequeño que podría sustentar un organismo vivo y reproducirse, se creó un organismo (llamado *Mycoplasma laboratorium*) con un genoma sintético. Era una bacteria simple, y su genoma se produjo en un laboratorio generando pares de bases uno a uno. El genoma, basado en el ADN de una bacteria, se insertó en células cuyo ADN natural había sido eliminado. La célula se replicó con éxito.

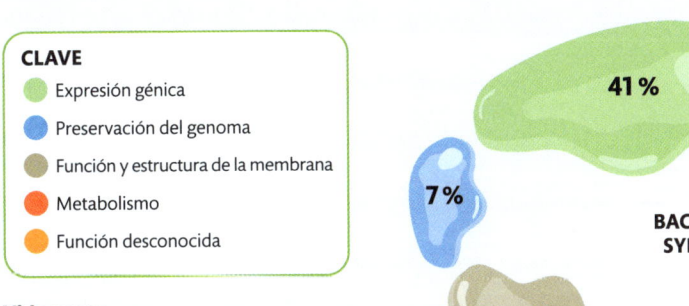

CLAVE
- 🟢 Expresión génica
- 🔵 Preservación del genoma
- 🟫 Función y estructura de la membrana
- 🔴 Metabolismo
- 🟠 Función desconocida

BACTERIA SYN-3.0

41 %
7 %
17 %
18 %
17 %

Vida nueva
El genoma de *Mycoplasma laboratorium* (o Syn-3.0) tiene 473 genes. Todo el código genético se copió de una bacteria existente, y algunas partes del genoma, aunque se ha demostrado que son esenciales para la vida, aún tienen una función desconocida.

¿POR QUÉ LA NASA EXPLORA LA VIDA ARTIFICIAL?

La creación de formas de vida que no existen en la Tierra puede ayudar a la NASA a comprender la posible biología de otros planetas, la exobiología.

SE HAN **ALMACENADO 154 SONETOS DE SHAKESPEARE** EN **ADN SINTÉTICO**

Aptámeros

Se pueden crear fragmentos cortos de ADN o de ARN sintético que se unirían a ciertas secuencias de ADN en los seres vivos. Son los aptámeros, y pueden actuar como fármacos dirigidos o sistemas de administración de fármacos. Algunos están diseñados para actuar como anticuerpos sintéticos o detectar enfermedades. El proceso de producción de aptámeros consiste en generar secuencias aleatorias de ARN o ADN y ver cuáles se ajustan a la molécula objetivo, como una parte específica de un patógeno que causa una enfermedad.

Entrega de fármacos dirigida
El objetivo de los diseñadores de aptámeros es que su forma tridimensional se acople a un patógeno y administre una molécula de fármaco de forma perfectamente dirigida. Este enfoque específico también podría curar enfermedades como el cáncer.

El objetivo de un aptámero suele ser una proteína de la membrana celular

El aptámero tiene éxito si la forma se adapta al objetivo

CÉLULA

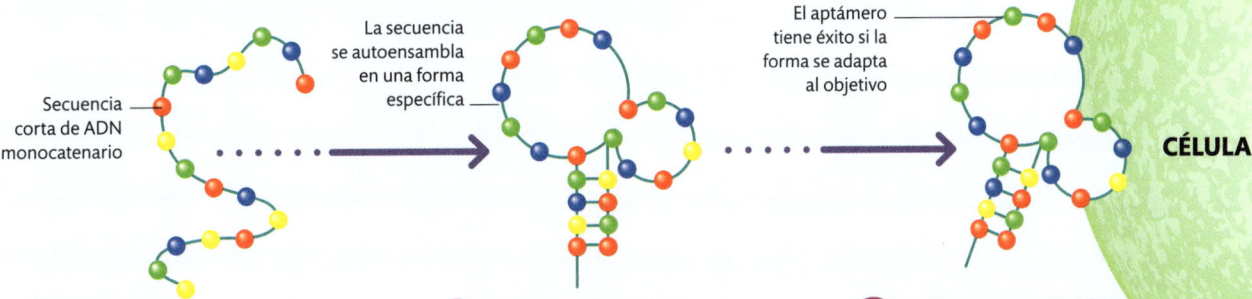

La secuencia se autoensambla en una forma específica

Secuencia corta de ADN monocatenario

1 Secuencia
Un aptámero es una secuencia de ADN o ARN monocatenario. Los investigadores suelen crear millones de secuencias posibles y luego, mediante prueba y error, encuentran la que produce la forma deseada.

2 Forma tridimensional
Mientras que las fuerzas entre las bases de una longitud de doble hebra de ADN hacen que se forme una doble hélice, esas mismas fuerzas hacen que una sola hebra se doble en forma tridimensional, igual que una proteína.

3 Doblarse para el objetivo
Los investigadores añaden una molécula de fármaco al aptámero creado. Cuando este entra en el cuerpo, se adhiere a una parte específica del patógeno objetivo o de la célula enferma y a ningún otro lugar.

Índice

Los números en **negrita** indican las entradas principales

Agradecimientos

DK desea agradecer a las siguientes personas que hayan colaborado en la preparación de este libro: a Tom Jackson por su ayuda en planificar la lista de contenidos; a Victoria Pyke por la edición adicional; a Helen Peters por compilar el índice; a Ann Baggaley por la revisión del texto; a Harish Aggarwal por el diseño sénior de maquetación; y a Priyanka Sharma por la coordinación editorial de las cubiertas.